物理学科核心素养学习备课参考

——中学物理新课程设计下的物理学史

聂馥玲　赵栓林　主编

中国科学技术出版社
·北　京·

图书在版编目（CIP）数据

物理学科核心素养学习备课参考：中学物理新课程设计下的物理学史 / 聂馥玲，赵栓林主编. -- 北京：中国科学技术出版社，2025. 7. -- ISBN 978-7-5236-1534-8

Ⅰ. G633.72

中国国家版本馆 CIP 数据核字第 2025172SR1 号

策划编辑	王晓义
责任编辑	付晓鑫
封面设计	郑子玥
正文设计	中文天地
责任校对	吕传新　张晓莉
责任印制	徐　飞

出　　版	中国科学技术出版社
发　　行	中国科学技术出版社有限公司
地　　址	北京市海淀区中关村南大街 16 号
邮　　编	100081
发行电话	010-62173865
传　　真	010-62173081
网　　址	http://www.cspbooks.com.cn

开　　本	720mm × 1000mm　1/16
字　　数	270 千字
印　　张	15.5
版　　次	2025 年 7 月第 1 版
印　　次	2025 年 7 月第 1 次印刷
印　　刷	北京荣泰印刷有限公司
书　　号	ISBN 978-7-5236-1534-8
定　　价	46.00 元

序

一本面向高中物理教师的物理学史

刘 兵

2017版《普通高中物理课程标准》是对2003年《普通高中物理课程标准（实验）》的全面修订。旧版标准已经明确以科学素养为导向，并将课程目标界定为“知识与技能，过程与方法，情感态度与价值观”这三个维度。2017版的高中物理课程标准在此基础上又有了新的调整，将课程目标与“学科核心素养”（即物理观念、科学思维、科学探究、科学态度与责任）关联起来。所谓学科核心素养，是指学生通过学科学习而逐步形成的适应人人终身发展和社会需要的正确价值观、必备品格和关键能力，是学生科学素养的关键成分。这一整合自有其合理性，把原来相对分离的“三维目标”融合为统一的核心素养框架，以知识为基础、以能力为核心，体现了更为先进和系统的教育理念。

然而，回顾“三维目标”的实施过程，许多物理教师对“情感、态度与价值观”维度仍觉无从下手。这在某种程度上与中学教师过去所受的教育背景有一定的关系：除传统的对科学知识的掌握之外，老师们在人文文化及将科学文化与人文文化融合方面的素养是比较薄弱的。早在半个多世纪之前，英国学者斯诺提出了“两种文化”分裂的问题，并极力倡导弥合科学文化与人文文化，此后，以各种可能的方式弥合两种文化也一直成为教育界的努力方向。但两种文化的分裂问题，在国内一直没有得到很好的解决。尽管国家课程标准等顶层文件已显露出弥合意图，但一旦落实到学校实践，往往大打折扣。如今，在学科核心素养的课程目标下，类似的困境依然存在。

在这样的背景下，我们会看到，无论是早期的“三维目标”还是当下的学科核心素养的培养目标，都有很鲜明的在科学教育中融入人文素养教育的要求。而要实现这样的要求，课程标准多次明确提出“在科学教育中运用科学史”“在物理教学中运用物理学史”的策略。然而，正因前述困境，我们深知绝大多数物理教师并没有受过系统的科学史训练，因而在如何运用科学史、如何使其精确服务于教学目标等方面，仍有很大的困难。

本书正是为回应前述困境而作，它以高中物理教师为核心读者，直接将物理学史与高中物理课程标准的要求及物理教学的实践相结合，是一部很有特色的物理学史读物。从整体的体例上看，它似乎仍是一部物理学发展的通史，但从细节上看，它依据课程标准对物理学史的教学需求，详略得当地剪裁史实，使教师在理解物理学史整体框架的前提下，能够精准对标课程标准要求，更具有教学上的实用性和可操作性。就科学史的范畴来说，它也可以算作是一本很有创意、对教学很有实用价值的“应用”物理学史。对于落实课程标准的要求，其现实意义是非常明显的。

因而，我诚挚地向广大高中物理教师——乃至有志于此的优秀学生——推荐这部“新式的物理学史”著作。

2022 年 5 月 6 日

于清华大学荷清苑

前　言

处在现代世界的大多数人，对现代世界的概念、体系早已习以为常，几乎难以设想其他世界观存在的可能性。从古代关于物质世界的认识，到亚里士多德关于运动的描述，再到中世纪关于运动的研究，直至伽利略、牛顿对运动的经典概括，等等，这些环环相扣的、对物质世界的认识的演进是如何影响了运动科学的形成，又如何导致了16、17世纪的物理学革命？我们习以为常的世界观又是如何一步一步演进形成的？而物理学又是怎样从古代那种直观的、经验的、基于常识概括总结的旧自然哲学，发展到近代更具抽象的、定量化的、模型化的，甚至反常识的新物理学？——所有这些问题都对理解物理学的思想与方法至关重要。它们不仅为我们现在学习的物理学提供历史参考，也奠定思想基础，因为每一个物理学史上重要的科学家（或自然哲学家）都是在他们前辈的思想滋养下获得进步的。在这本书中，我们将部分展现物理学思想进步的阶梯。正像科学史的奠基人乔治·萨顿（George Sarton）所言，“科学的历史虽然只是人类历史的一小部分，但却是其本质的部分，是唯一能够解释人类社会进步的那一部分”。物理学思想的进步，恰恰是这一进步的生动写照。

物理学史的发展可以划分为三个时期：古代物理学、经典物理学和现代物理学。其中，古代物理学始于米利都的泰勒斯（Thales of Miletus，公元前624—前546年），经典物理学始于1687年艾萨克·牛顿（Isaac Newton，1643—1727年）的《自然哲学的数学原理》问世，而现代物理学始于1900年马克斯·普朗克（Max Planck）提出量子概念。本书共分三部分：第一部分（第一章至第三章）新物理学的诞生；第二部分（第四章至第七章）经典物理学大厦的完成；第三部分（第八章、第九章）现代物理学的发展。此外，书中还穿插了部分物理学应用及物理学与社会关系的内容。

第一部分主要涉及古希腊和中世纪欧洲人对物理现象的认识。该部分重点在于论述亚里士多德的自然哲学体系，特别关注其关于物体“自然运动”的学说及其原因的解释，以及中世纪学者（如布里丹、奥雷姆等）对亚里士多德运动理论的系统性质疑与理论改进。上述论述的核心目的是揭示新物理学得以建立的历史逻辑——近代物理学革命的必然性。这部分要着重理解“新物理学”的“新”的内在意义。惯性定律是牛顿物理学的基石，也是近代科学革命中天文学、物理学发展的一个突破口。这部分的核心线索是对从亚里士多德到伽利略、牛顿关于惯性认识的论述。这些论述是理解物理学思想进步的关键阶梯。第二部分主要论述 19 世纪经典物理学理论体系的建立，系统考察热力学、电磁学和光学的发展过程。本部分需重点掌握牛顿经典力学的解释框架及其对热学、光学、电磁学发展的影响，理解上述物理学分支学科是如何在牛顿力学框架下达到统一、发展与完善的。第三部分主要论述现代物理学的发展，主要包括 20 世纪初期相对论和量子力学的建立过程。重点是理解牛顿经典力学框架的局限性，以及由此导致的量子力学、相对论的诞生与发展，并进一步理解由此导致的物理学观念的变革。

在整个物理学的发展过程中，从亚里士多德到经典物理学的跨越，远比经典物理学与现代物理学之间的跨越要大得多。经典物理学与古代科学之间的关系迥异于经典物理学与现代物理学的关系：经典物理学必须在重要问题上否定古代科学，并且需要努力摆脱它才得以建立；而经典物理学则是现代物理学的基础，现代物理学是在经典物理学基础上建立起来的。在本书中，从古代科学到经典力学的建立占了较大篇幅，目的是让读者从中理解物理学思想方法的形成，厘清其与古代自然哲学的根本区别。只有理解了这一点，才能真正理解物理学的思想，才能在此基础上真正掌握物理学的研究方法。

新一轮的物理学课程标准将“物理观念”“科学思维”“科学探究”和“科学态度与责任”4 个方面作为高中物理学课程的核心素养和课程宗旨，而这些内容恰恰都深埋于科学发现的过程中。因此，物理学史对于物理学教师之重要，犹如水分和土壤关乎植物生长之重要。本书正是在新一轮课程标准的框架下，结合新课标对物理学史的要求编写而成，希望能对中学物理教师在培养学生核心素养方面有所帮助，也希望对培养学生的学习兴趣、探索精神有所帮助，更希望通过物理学史的学习让学生对理解物理学的思想、方法有所帮助。

本书为呈现历史的整体性及连续性，除涵盖新课标要求的物理学史内容之外，还对相关的历史背景进行了简要讨论。鉴于每一部分历史内容均能培养学生的核心素养，但限于篇幅，本书对不同部分的历史叙述将侧重核心素养的不同维度。同时，为提升阅读方便性，本书采用以下标注与解读方式：各小节（个别小节作合并）均设有导读，内容包括新课标中要求的物理学史内容（标注★），关键内容提示，以及该部分物理学史的教学使用方法；为协助教师有效运用物理学史培养学生的核心素养，并避免学生产生“无意义感”，在文中恰当的位置设置边栏，用于解读相关物理学史内容，说明具体历史的教学应用方法。

通过物理学史融入物理学课堂，帮助师生更有效地理解科学技术的本质，是本书的根本宗旨。为便于读者准确理解核心素养的具体内涵，现将新课标具体的核心素养要求引述如下：

1.“物理观念”，主要包含物质观念、运动与相互作用观念、能量观念等要素。

2.“科学思维”，指从物理学视角出发，对客观事物的本质属性、内在规律及相互关系的认识方式；是基于经验事实构建物理模型的抽象概括过程；体现为分析综合、推理论证等方法在科学领域的具体运用；以及基于事实证据和科学推理对不同观点和结论进行质疑、批判、检验和修正，进而提出创造性见解的能力与品格。

3.“科学探究”，是基于观察和实验开展的系统性过程，包括提出物理问题、形成猜想和假设、设计实验与制订方案、获取和处理信息、基于证据得出结论并作出解释，以及对科学探究过程和结果进行交流、评估、反思的能力。

4.“科学态度与责任”，强调在认识科学本质，理解科学、技术、社会、环境关系的基础上，逐渐形成正确的科学态度和社会责任感。

在本书的编写过程中，除了参考国内学者编写的科学史著作，如《科学的历程》《电磁学发展史》《上帝掷骰子吗？量子物理史话》等，还参考了一些经典的科学史译著，如《剑桥科学史》（第四卷、第五卷）、科学源流丛书（《新物理学的诞生》《世界图景的机械化》）等。本书力图在适当的范围内反映较新的研究成果，注重思想性，以带给读者启发与思考。由于水平有限，书中若有不当之处，敬请读者批评指正。

特别需要感谢的是清华大学人文学院科学史系的刘兵教授。刘兵教授是科技史、科技哲学和科学文化传播等多个领域的著名学者，对科学教育的实践与研究也颇有建树，且一直参与物理新课标的讨论与制定。正是凭借其学术敏锐性与对科学教育的持续关注，刘兵教授于 2017 年 5 月在山西大学举办的第 17 届物理学会上，提议由我负责编写契合新课标的物理学史教材。编写过程中，刘兵教授就该教材的内容、写作重点、呈现形式等均给出极具针对性的意见，经多轮讨论与修订，方形成今日之面貌。在此，谨向刘兵教授致以衷心感谢。

在本书的编写中，汪涵虚提供了有关牛顿之前的部分初稿（约 4 万字），逄硕提供了物理学与技术的部分初稿（约 2 万字），侯嘉励提供了有关牛顿的内容（约 3 万字），范晓娟撰写了光学、电磁学的初稿（约 4 万字），在此一并表示感谢。

以新课标为纲撰写物理学史教材，尚属首次尝试，希望能助力学生物理核心素养的提升。本书不仅适用于中学生及中学物理教师，亦可供高等院校——尤其是师范类院校物理专业师生——参考使用。

聂馥玲
2025 年 3 月于呼和浩特

目　　录

CONTENTS

第一章
古代与中世纪对物理现象的认识

经典物理学由古代科学逐渐发展而来。如果我们想了解经典物理学的起源，就必须由果溯因，厘清各种思想的师承关系及其发展脉络。在这个过程中，我们最终无法避免地追溯到古希腊。

本节我们将主要讨论古希腊关于世界物质构成的一些看法。对于其他关于热、光、电磁等更为具体的物质性探索，我们将穿插在各部分相关内容之中。

第一节　古希腊对世界物质性的探讨

1. 新课标对世界物质性理解的要求

新课标中关于物理学史的教学目标主要分为两个层次：一是对具体历史事件的了解与认识，二是通过物理学史培养学生的物理学核心素养，包括物理观念、科学思维、科学探究以及科学态度与责任。其中关于物理观念的培养，要求学生能够从物理学视角形成关于物质、运动与相互作用、能量等的基本认识。关于世界的物质构成是物理观念中最基本的部分，但也是常常不被重视的内容。

2. 被忽视的基础：世界物质性观念与物理学发展

世界的物质观念构成是物理学及其各分支学科发展的源头，反映了物理学发展最根本的探索，也决定了物理学发展的方向。古希腊哲学远离原始神话的束缚，开始用理性探索世界本原，并寻找隐匿在万物背后的规律，是世界物质性探索的开端，开启了人类早期的思想启蒙。例如，古希腊哲学家泰勒斯提出“万物源于水”的观点，开启了对世界物质构成的理性思考。对世界的物质性构成的思考与探索，是区别于神话迈向科学理解世界的第一步，也是形成物理观念本质的要素之一。

3. 理解世界物质性探索的历史作用

古希腊是世界物质性探索的开端。教师可以在讲热、光、电磁的发展时，从古希腊有关世界的物质起源开始追溯物理学各分支学科的发展。这不仅是培养学生物质观念的极好素材，还能帮助学生理解物理学思想的发展脉络。

人类文明起源于大河流域。黄河流域孕育了华夏文明，印度河流域滋养了古印度文明，尼罗河流域培育了古埃及文明，而两河流域（幼发拉底河和底格里斯河）诞生了美索不达米亚文明。约公元前3500—前3000年，在美索不达米亚平原和尼罗河三角洲地区，出现了最早的城市。这些文明代表了青铜时代人类文明的高度成就。其科技成果通过东地中海贸易圈传播，特别是美索不达米亚的青铜冶炼技术和古埃及的象形文字系统。这些文明成果为古希腊文明的形成提供了物质、思想、方法和观念的基础。古希腊文明是古代世界各种知识汇合的结果。

一、希腊：世界物质性本源探索的开端

早期人们对自然的探索大多基于神创世界的各种神话，但古希腊的哲学家认识世界的方式却发生了根本的转变——他们开始关注世界的物质构成，第一次形成了独具特色的理性自然观。①

从第一个自然哲学家泰勒斯开始，到马其顿王亚历山大大帝征服全希腊为止的200多年，是希腊科学的古典时代。这一时代可以按时期和区域划分为3个阶段：爱奥尼亚阶段、南意大利阶段和雅典阶段。公元前6世纪，首先是爱琴海东岸的爱

① 吴国盛. 科学的历程（第二版）[M]. 北京：北京大学出版社，2002：60.

奥尼亚地区，形成了以探索世界物质构成为目标的爱奥尼亚学派。几乎与此同时，在西方的意大利南部，形成了以数的哲学为主要特色的南意大利学派。后来，这两个学派都相继随地区发展的衰落而衰落。公元前 5 世纪，雅典开始成为希腊的主要活动舞台。著名哲学家苏格拉底、柏拉图和亚里士多德便活跃在雅典的学术讲坛上。①

> 内容解读
>
> ★★★
>
> 从神创世界到对世界的物质构成的探索，是古希腊对世界认识的重大转变，这一转变成为科学发展的开端。

古希腊文明最显著的特征是城邦制。城邦是以城市为中心的独立政权，数以百计的独立城邦构成了希腊世界。城邦制度在公元前 8 世纪至公元前 6 世纪兴起、形成和发展起来，为希腊文明的开放、批判和理性的科学精神提供了一个独特而活跃的社会环境。各城邦之间的交流十分频繁，交流的内容包括人、产品、观念等。频繁的交流促进了思想和文化的传播，使得希腊世界在哲学、科学、艺术等领域迅速发展。此外，各城邦的对外移民运动加强了不同文化之间的交流，为希腊文明的发展不断提供新的材料和观点。

古希腊爱奥尼亚城邦之所以成为古希腊自然哲学的发源地，正是因为当地的自然哲学家最开始注意到宇宙本原、万物组成等问题，并且不断思考、反复辩驳，提出了各种观点，为后来人们探索自然提供了重要基础。

二、希腊物质本源的哲学探索

1. 世界之物质本源：泰勒斯之水

希腊的第一个自然哲学家是泰勒斯，他居住在爱奥尼亚地区东海岸的米利都。泰勒斯早年是一个商人，曾到过不少东方国家，曾赴埃及学习几何测量术，可能接触过土地丈量方法，还游历过美索不达米亚，在那里研习过巴比伦的天象记录系统。泰勒斯创立了最早的关于理性科学和哲学的学派——爱奥尼亚学派，也称米利都学派。这个学派进行了世界本原的研究、几何演绎的研究、地球所处空间状态的研究，以及生物演化的研究。

① 吴国盛. 科学的历程（第二版）[M]. 北京：北京大学出版社，2002：63.

泰勒斯注意到巴比伦人和埃及人关于创世的传说中，水都被视为原始的混沌状态，因此他设想万物起源于水，复归于水。而且，他认为大地是一个浮在水上的圆筒或圆盘，并且天上也是水，因此才会下雨。泰勒斯的学生阿那克西曼德进一步发展了宇宙观，提出宇宙是球状的，星辰镶嵌在圆球上，这一观点被认为是古希腊球面天文学的开端。

2. 世界物质性起源：阿那克西米尼之气、火

阿那克西曼德的学生阿那克西米尼认为万物都由气组成，气的浓密和稀疏造成了不同的物体。赫拉克利特是古希腊著名的哲学家，爱菲斯学派的主要代表人物，他对物质本原问题也进行了探索。他认为火是万物的本原和形象，燃烧的火焰象征着自然界中的发展和变迁。他提出，火是万物的基础，万物从火中产生，又归于火，并且火按一定分寸燃烧，又按一定分寸熄灭，这种不断变化的过程体现了自然界的动态平衡。

3. 世界的物质性构成：毕达哥拉斯学派之数

毕达哥拉斯出生在萨摩斯岛，为了躲避希腊和波斯的战争，他离开了自己的故乡，来到意大利南部的希腊殖民地克罗顿，在那里成立了一个献身于数学研究和宗教修养的秘密结社——毕达哥拉斯学派。在这个学派中，男女社员地位平等，一切财产都归公有，连他们在数学上的研究成果也被看作结社的公共财产，并且对外界保持绝对的秘密。直到公元前5世纪，毕达哥拉斯学派分裂为科学派和宗教派，科学派才把毕达哥拉斯学派的见解公之于众。

> 内容解读
>
> ★★★
>
> 毕达哥拉斯对世界的物质构成方式有了进一步的探讨。他认为，认识世界的关键不在于找出构成的实体，而在于找出构成的方式。在他看来，数为宇宙提供了一个概念模型，数量和形状决定了所有自然物体的形式。

在毕达哥拉斯学派看来，数为宇宙提供了一个概念模型，数量和形状决定了所有自然物体的形式。他们认为数是由单位点或者质点所构成的几何、物质和算术的实体。他们把这类单位点安排在各种几何图形的角上，称它们为三角形数、平方数等。他们认为，有了一个个的数，才有了几何上的点；有了点，才有线、面和立体；有了立体，才有火、气、水、土等元素，进而构成万物。毕达哥拉斯学派就是在这个意义上把数理解为自然物体的形式和形象。

根据现存文献记载，毕达哥拉斯学派将宇宙划分为 3 个部分：代表地球和月层下面部分的乌兰诺斯；代表以恒星为界的交接部分的考斯摩斯；代表诸神居所的奥林波斯。毕达哥拉斯学派认为，地球、天体和整个宇宙是一个球体，因为球形是一切几何立体中最完美的。除此之外，他们还提出了太阳、月亮和行星的匀速圆周运动假说。他们认为，宇宙中的天体都做匀速圆周运动，并且天体运动得越慢，其地位就越高。

4. 恩培多克勒的“四根说”

恩培多克勒出生于西西里岛的阿克拉加斯（今阿格里真托），是一位同时受到米利都学派和毕达哥拉斯学派影响的哲学家。他认为，万物都是土、水、气、火这 4 种元素在数量上不同比例的配合，使元素组合和分离的力量是爱与憎，这两种力量都包含在元素固有的本性之中。水与土联合在一起，是因为它们都具有冷的性质，然而它们同时又是对立的，因为水性湿而土性干。同样，气与火的性质都是热的，但一个湿另一个干。所以，从干、湿、冷、热这四个性质来看，任意两种元素之间都同时具有相同的性质与相反的性质。

恩培多克勒的“四根说”解决了之前哲学家们关于“哪一个是构成世界的真正物质元素”的争论。他提出了 4 种元素共同构成世界的观点。自然界所有变化和过程都离不开这 4 种元素的重新排列。这一理论是早期科学较持久的概念之一，持续了近 2000 年，直到 17 世纪近代科学的发展才逐渐被新的理论所取代。亚里士多德的四元素说正是源于此。

> 内容解读
>
> ★★★
>
> 古希腊原子论是探索世界的实体构成的第一个成熟的自然模型，它提出了原子不可分割的观点。直到 19 世纪末，原子不可分割的观点才被打破。不过，此时的“原子”非彼时的“原子”。

5. 世界物质构成的第一个模型：原子论

关于世界本原问题，原子论学派把物质观

又向前推进了一步。公元前 5 世纪中叶，留基伯提出原子论；约 30 年后，阿布德拉的德谟克利特加以完善。德谟克利特认为，世界由“充实”和“虚空”组成：充实部分可再分为不可再分的微小粒子——原子。原子的聚合与离散导致万物变化。宇宙中存在无数原子，它们在无限虚空中作旋涡运动，逐步形成地球、太阳及其他天体。

德谟克利特曾游历波斯或印度，受到东方思想影响。在他看来，原子从重而物质化到轻而精神化连续分布，既能解释物理变化，也能说明感觉、思想及一切心理现象。然而，古希腊的原子论仍显模糊且自相矛盾，总体上属于思辨的产物。但作为一种杰出的思想，原子论有其重要的历史地位。近代科学正是复兴了原子论，并在实验的基础上构造了物质世界的原子结构。①

三、古希腊自然哲学的集大成者：亚里士多德

公元前 384 年，亚里士多德生于希腊北部的斯塔吉拉，其父尼各马可是马其顿王阿明塔斯二世的御医。亚里士多德幼年时父母双亡，由亲戚抚养长大。17 岁时，他来到雅典，进入柏拉图的学园学习，直到柏拉图去世才离开，历时约 20 年。在此期间，他受到了良好的教育，柏拉图很器重他。但是后来他自己创立了与柏拉图非常不同的哲学体系，对此他说了一句名言：“我敬爱柏拉图，但我更爱真理”。今日我们常说的：“吾爱吾师，吾更爱真理”就是这句名言的另一种翻译。公元前 343 年，马其顿王腓力二世邀请亚里士多德担任其子亚历山大的私人教师，那年亚历山大才 13 岁。亚历山大长大后成为世界历史上著名的亚历山大大帝。公元前 335 年，亚里士多德重返雅典，在吕克昂建立了自己的学园，在这里，他从事教学和著述活动，创建了自己的学派——逍遥学派。

公元前 323 年，亚历山大大帝去世，雅典人开始奋起反对马其顿的统治。由于亚里士多德曾经是亚历山大的老师，受到牵连，不得不于公元前 322 年离开雅典，同年去世。

亚里士多德总结了前人的学术成果，并创造性地提出自己的理论体系。其

① 吴国盛. 科学的历程（第二版）[M]. 北京：北京大学出版社，2002：73.

研究涵盖当时几乎所有知识领域，包括形而上学、物理学、生物学、逻辑学、伦理学等，他是一位百科全书式的学者。他的哲学目的在于找出事物的本性和原因，因而发展了一套“物理学”，以穷究事物之道理。①

在古希腊众多的哲学家之中，亚里士多德堪称希腊哲学的集大成者。他曾被马克思称为古希腊哲学家中最博学的人物，被恩格斯称作“古代的黑格尔”。他在物理学方面的贡献也足以让其成为物理学中无可替代的一位学者。

第二节　亚里士多德物理学：常识性的看法

“看起来很奇怪，大多数人对运动的看法仍是亚里士多德物理学的一部分，而这个体系是在2000多年前提出的，并且至少在1400年前就已经在实验上证明是不对的了。”

——I. 伯纳德·科恩

1. 新课标关于亚里士多德的要求

了解亚里士多德关于力与运动的主要观点和研究方法。

2. 接受经典力学的基础：了解亚里士多德错在哪

由于亚里士多德的运动理论与日常观察现象表面吻合，也就是说，大多数人凭借直觉所相信和遵循的正是这种基于经验的物理观念。正如科学史家I. 伯纳德·科恩所言，科学教育领域通常将亚里士多德的运动理论称为“朴素物理学”。这种直觉认知在我们的思维中根深蒂固，因此我们最好知道它错在哪里，同时也需要知道它的错误是如何一步步被修正，直至被抛弃的。要想搞清楚上述问题，首先要了解亚里士多德运动理论的整体概念框架，在此基础上才能更好地理解亚里士多德关于力与运动关系的理论及研究方法，并从根本上看到亚里士多德的错误所在，这对于初学物理

① 吴国盛. 科学的历程（第二版）[M]. 北京：北京大学出版社，2002：79-81.

学的学生非常重要。理解了亚里士多德对于深入领会伽利略和牛顿的理论至关重要，同时有助于学生在学习物理学过程中摆脱常识的束缚，构建经典物理学思想的思想体系。

3. 了解亚里士多德关于力与运动的历史和作用

这部分内容在讲授惯性定律之前需要花一定的时间与学生讨论。可以先顺着亚里士多德的思路追问，让学生自己发现亚里士多德关于力与运动的论述的问题所在，然后试着反驳亚里士多德，这样学生能够从根本上认识亚里士多德错在哪里。核心素养之一的“科学思维”要求能够基于事实证据和科学推理对不同观点和结论提出质疑、批判、检验和修正，进而提出创造性见解。这部分内容可以用来引导学生理解亚里士多德的思维模式，学习中世纪学者如何反驳亚里士多德，弄明白其中的问题在哪儿。

亚里士多德是人类思想史上的重要人物，他的出现使古希腊自然哲学迎来一个转折点。亚里士多德指出，“所谓科学知识，是指只要我们把握了它，就能据此知道事物的东西。”他同时指出，“只有当我们知道一个事物的原因时，我们才有了该事物的知识。”因此，所谓知识，就是对事物原因的回答和解释。亚里士多德认为感官获得的知觉只是关于个别事物的认识，而知识则是对普遍事物的认识。所以感官不能获得普遍性的知识，只有通过证明才能获得普遍的知识。他强调指出：“我们无论如何都是通过证明获得知识的。我所谓的证明是指产生科学知识的三段论。”亚里士多德提倡的逻辑证明方法，就是从少数不加定义的基本概念和不加证明的基本命题出发，运用演绎推理推导出一系列结论。他强调指出：“我们的学习要么通过归纳，要么通过证明来进行。证明从普遍出发，归纳从特殊开始，但除非通过归纳，否则要认识普遍是不可能的。”① 我们将对亚里士多德物理学方面的思想进行分析，从中理解亚里士多德物理学研究的思想与方法。

① 胡化凯. 物理学史二十讲［M］. 合肥：中国科学技术大学出版社，2009：198.

一、亚里士多德对时空的认识

> 内容解读
>
> ★★★
>
> 亚里士多德的时空观对物理学发展有重要影响。亚里士多德的物理学是一套完整的逻辑体系，时空观是其运动理论的前提。因此，理解亚里士多德的时空观是理解其运动理论的基础。

在物理学史上，亚里士多德在古希腊乃至整个人类历史上，是第一个比较全面深入地讨论了时间、空间的基本属性的人。[①] 他的时空理论和运动学说主要集中在其《物理学》一书中。需要说明的是，这里的“物理学”并非现代意义上的物理学，而是“自然论”或“自然哲学”的意思。下面我们仅讨论与近代物理学相关的问题。

1. 亚里士多德对时间的认识

亚里士多德关于时间、空间的认识与其运动理论有紧密的联系，下面首先讨论亚里士多德的时空观。

（1）时间是物质运动和静止的尺度

亚里士多德指出：“时间不是运动，而是使运动成为可以计数的东西。”[②] 他还说：“时间是运动和运动存在的尺度。”他强调：“运动是有前后的，而前和后作为可数的事物就是时间”“时间是关于前和后的运动的数，并且是连续的数，因为运动是连续的。”事物运动的前和后是一个过程，是运动持续性的体现。这说明，亚里士多德认为时间是事物运动过程的量度。

亚里士多德还进一步指出，时间也是事物静止过程的量度：“既然时间是运动的尺度，附带地它也应是静止的尺度”“时间计量的是作为运动着的事物和作为静止着的事物。”静止和运动作为物质存在的两种形式，都经历一个过程，都是物质存在持续性的表现，都需要用时间来计量。亚里士多德关于时间是物质运动和静止过程的量度的认识，揭示了时间是物质持续性的量度这一基本属性。

---

① 胡化凯．物理学史二十讲［M］．合肥：中国科学技术大学出版社，2009：190.

② 亚里士多德．物理学［M］．张竹明，译．北京：商务印书馆，1982.

（2）时间具有独立性和单向均匀流逝性

亚里士多德指出："时间同等地出现于一切地方，和一切事物同在。"并且，宇宙中"有一个超过这些事物的存在、也超过计量它们存在时间的更长的时间存在着。"他认为，时间作为计量物质运动的工具，是独立于物质而存在的，并且宇宙中存在着统一的时间。这种认识在一定程度上符合经验事实，具有一定的合理性。亚里士多德也强调时间与运动的紧密联系，认为时间是由物质的运动过程表现出来的，因此离不开物质的运动和变化，而时间作为度量物质运动的工具，是独立于被度量的物质的。

亚里士多德认为："变化总是有快或慢之分，而时间本身没有快慢。"他论证说，因为事物变化的快慢是用时间来衡量的：所谓"快"，就是指在较短的时间内发生了较大的变化；所谓"慢"，则是指在较长的时间内发生了较小的变化。时间的快慢不能由时间自身来决定，也不能用运动已达到的量或变化已达到的质来决定。没有任何方法能够确定时间本身的快慢，时间是均匀地流逝的。关于时间不停地流逝，亚里士多德指出："正如运动总是在不停地继续着那样，时间也是不停地继续着的"。时间"永远处于开始和终结之中"。时间绝不会停止，它永远处于过去的结束和未来的开始之中，因此时间是单向持续流逝的。

只有认识了时间的独立性和单向均匀流逝性，才能用其合理地计算物体的运动。亚里士多德认为，判断一个物体运动的快慢有 3 种标准："要么是在相等的时间内通过较大的距离，要么是在较短的时间内通过相等的距离，要么是在较短的时间内通过较大的距离。"

（3）时间由周期性运动计量

亚里士多德指出："时间是通过运动体现的，运动完成了多少，总是被认为也说明时间也过去了多少。"他还说："我们不仅用时间计量运动，也用运动计量时间，因为它们是互相确定的。"并且，"时间计量运动是通过确定一个用以计量整个运动的运动来实现的。"这个"用以计量整个运动的运动"就是时间的单位。时间用物质的运动来计量，那么用什么形式的运动来计量时间比较合适？亚里士多德认为"整齐划一的循环运动"最适合作为时间的单位。他指出，物质的性质变化、数量增减都不是整齐划一的，只有位置移动能够整齐划一。这里所说的“整齐划一”的运动就是指周期性运动，之所以选择这种运动，是因为别的运动都可以用这种运动计量。周期性运动是古往今来最为合理的计时方式，如年、月、日都是采用周期性运动形式计量时间。

亚里士多德认为，时间是物质持续性的表现，离不开物质的运动和变化；时间作为物质运动的度量工具，具有相对的独立性；时间单向均匀地流逝着，由周期性运动计量。这些认识对于理解时间的性质，描述物体的运动，建立初步的运动理论，都是相当重要的。

2. 亚里士多德关于空间的认识

（1）空间是不能移动的容器

亚里士多德说：“如果不曾有某种空间方面的运动，也就不会有人想到空间方面去。”正是因为物体有位置移动和体积变化，所以“空间被认为是显然存在的”。亚里士多德进一步描述空间的形式，指出：“空间有三维：长、宽、高。”他比喻说：“恰如容器是能移动的空间那样，空间是不能移动的容器。”显然，亚里士多德对空间形式的描述是符合经验事实的，他认识到空间的三维性，并且认为它是不动的，这种对空间的理解为描述物体的运动、建立运动学的基础提供了重要的理论支持。

（2）共有空间和特有空间

亚里士多德认为，空间可以被分为两类：“一类是共有空间，即所有物体存在的场所；另一类是特有空间，即每个物体所直接占有的。”共有空间是所有的物体共同存在和运动的场所，特有空间是每个物体在共有空间中所占据的部分。亚里士多德也把后者称为“直接位置”，它是物体的直接包围者而又不属于物体的组成部分，它“既不大于也不小于内容物”。人们能够直接观测的是物体的特有空间，而对共有空间的认识是以关于特有空间的认识为基础的。共有空间与特有空间是整体与部分的关系。亚里士多德将空间分为这两种形式，有助于描述物体的形状和运动情况，是物理学认识的一个进步。牛顿力学关于绝对空间和相对空间的理论，可以看作对亚里士多德空间理论的进一步发展。

（3）空间独立于物质而存在

亚里士多德指出：“空间比什么都重要，离开它别的任何事物都不能存在，另外，它却可以离开别的事物而存在：当其内容物灭亡时，空间并不灭亡。”又指出：“空间可以在内容物离开后留下来，因而是可以分离的。”这些论述强调，物体无法离开空间而存在，空间则可以与内容物分离，是独立于物质而存在的。任何物体都占有一定的空间，没有空间，物体就无存在的场所，所以物质无法离开空间而存在。当一个物体从其位置移走后，其所占据的空间可以容纳别的物体，因而空间像容器一样独立于物质而存在。

在物理学史上，亚里士多德是古希腊乃至整个人类历史上第一个比较全面深入地讨论了时间和空间的基本属性的人。他关于时间和空间的论述，奠定了古代自然哲学的理论基础，为西方世界提供了一种朴素的时空观，这种时空观对欧洲科学的发展产生了深远的影响。①

二、亚里士多德关于力与运动的理论

1. 对于运动的分类

运动是物质存在的基本形式，所有的物质都处在运动变化之中。亚里士多德把物质的运动分为三类：“质方面的运动，量方面的运动和空间方面的运动。”其中第一类为物体性质的变化，第二类为物体数量的增减，第三类为物体空间位置的变化。他称“空间方面的运动”为“位移”。这里只有“位移”属于物理学研究的对象。根据物体运动的轨迹，亚里士多德把第三类运动分为直线运动、圆周运动和两者的混合运动。亚里士多德这种对机械运动的描述和分类，对后世产生了深远的影响。阿基米德把物体的螺旋式运动看作直线运动和圆周运动的合成，伽利略也是用直线运动与圆周运动合成的方法研究曲线运动。

（1）物体的“自然”运动

亚里士多德有一条基本原理，认为一切地球物体都是由土、水、气、火

① 胡化凯. 物理学史二十讲［M］. 合肥：中国科学技术大学出版社，2009.

"四种元素"构成的。亚里士多德注意到，地球上的物体似乎有重有轻。他把这种重或轻的属性归于物体中不同元素的比例：土是"自然地"重，火是"自然地"轻，水和气则介于这两种极端元素之间。重的物体，它的自然运动会向下，轻的物体，自然运动则会向上。例如，烟是轻的物体，所以只要没有风吹，它定会竖直上升，而石头、苹果或铁块释放后则会竖直下落。因此，在亚里士多德看来，地球物体的"自然"（或无阻碍的）运动是竖直向上或向下的运动。

根据产生运动原因的不同，亚里士多德把位移运动又划分为"自然运动"和"反自然运动"（或称作"强迫运动"）。他认为"一切运动不是强制的，就是自然的""运动事物，有的是自然地运动的，有的是被迫地即反自然地运动的"。所谓"自然运动"，是指物体的自发运动，如轻的物体上升，重的物体下落；所谓"反自然运动"，是指物体在外力作用下所做的运动。在亚里士多德看来，"如果没有外力影响的话，每一种自然物体都趋向自己特有的空间，有的向上，有的向下""每一物体都有各自的自然位置"。他认为，物体趋向其"自然位置"不需要外力的推动，但是"反自然运动"必须有推动者推动才能进行。

> 内容解读
>
> ★★★
>
> 亚里士多德的运动理论植根于古希腊自然哲学对世界本原的探讨。这种理解是对实在世界经验的、常识的、直观的看法，与伽利略、牛顿的理想化的、模型化的非实在世界的物理学有着根本的区别。了解这一点对于学生在学习中区分经验与物理世界是至关重要的。可以不夸张地说，这是建立物理学思想的基本点。新课标中要求理解亚里士多德关于运动的探讨是也正是基于这一点。

亚里士多德对"自然运动"和"反自然运动"的区分包含着如下观点：相信每一种事物都有其特定的"本性"；相信存在着一个有序的宇宙。也就是说，他相信存在着一些关于秩序的原则。根据这些原则，所有实在的存在物（自然地）形成了一个秩序井然的"统一整体"。这样的自然观念意味着，在宇宙中，所有事物都是（或应该是）以一种十分确定的方式分布和排列着。因此，所有的运动都意味着一种宇宙的失序，一种平衡的打破。

（2）“不朽的”天界

在亚里士多德的哲学中，天地有别。天体不是由构成地界物体的那 4 种元素（土、水、气、火）构成的，而是由“第五种元素”——“以太”所构成。以太是一种不发生变化的“不朽的”物质。因此，地球上有生灭变化，有事物的产生和消亡；而天上则永远不会发生变化，所有事物始终如一：同样的恒星，同样的行星，同样的太阳，同样的月亮。这些行星和恒星被认为是“完美的”，长期以来它们也一直因其不变性而被比作钻石或宝石。在天体中，只有月球能够被发现有某种变化或“不完美”，但它毕竟是距离地球最近的天体，因此被看作变化的（或可朽的）地界与永恒的（或不朽的）天界的分界点。亚里士多德将运动的研究分为月上区的运动和月下区的运动。

应当注意，在亚里士多德这一体系中，所有围绕地球运动的天体都被认为与地球不同。根据亚里士多德的理论，地球是静止的，而所有天体都在运动。此外，地球不仅不做“位置运动”，即不会从一个位置移到另一个位置，而且也不能假定它绕轴自转。根据亚里士多德的理论：地球做圆周运动是不“自然”的，因为不论是绕日公转还是绕轴自转，都将违反它的本性。①

内容解读

★★★

亚里士多德认为天、地有着根本的区别，构成的实体物质不同，遵循的运动规律也不同。这一思想影响深远，直到牛顿才将天、地的运动规律统一起来。

2. 对于运动过程的认识

（1）关于运动过程的实现

物体的运动是一个连续的过程，揭示这一过程是如何实现的，对深入理解各种运动形式是十分重要的。亚里士多德对于运动过程的实现是这样描述的：“事物在运动着的任何时候，总是一方面处在它所正在的状态下，另一方面又是在它变化所趋向的那个状态下。”物体做机械运动时，每个时刻必然处于某一位置，同时又在向下一位置过渡，既在运动又不在运动，

① I. 伯纳德·科恩．新物理学的诞生［M］．张卜天，译．长沙：湖南科学技术出版社，2010：11.

这种矛盾的连续产生和不断解决就是运动过程的实现。亚里士多德的这一论述，反映了他对运动的连续性和变化的理解。

（2）力学中各物理量之间的关系

在《物理学》中，亚里士多德提出了力（“推动者”）、物体（“运动者”）、距离和时间等基本概念，用这些概念描述物体的运动过程，并初步探讨了这些物理量之间的关系。在分析运动过程时，他认为在作用力不变的情况下，如果物体的质量减少一半，则在相等的时间里，其运动距离会增加一倍；在作用力不变的情况下，如果物体的质量减少一半，则在一半的时间里，可以通过相等的距离。这种认识的前一半是正确的，后一半是错误的。原因在于当物体受力而做加速运动时，其运动的距离与时间不是线性关系。亚里士多德认为，物体的运动距离与其受力和时间成线性正比关系，与物体的质量成反比关系，说明他并未真正正确认识力、物体、时间、距离这些物理量之间的关系。此外，亚里士多德认为，物体运动的快慢与作用力成正比，与物体的质量成反比，我们现在知道这是错误的。牛顿力学指出，力与物体的质量之比是加速度，而非速度。

> **内容解读**
>
> ★★★
>
> 我们现在知道，速度是描述物体运动状态的物理量，是物体在某一时刻或某一位置的物理量。因此可以说，速度这一状态物理量不需要力来维持，改变速度才需要力。运动是一个状态的函数。但是，亚里士多德认为运动是一个过程，所以维持这种运动过程就需要有外在的力的作用。
>
> 理解这一点是学生能够正确理解力与运动关系的关键。通过对比现代物理学与亚里士多德的观点，学生可以更好地理解惯性原理以及力的作用。

对于物体运动过程的认识，亚里士多德的主要贡献不在于是否揭示了力、质量、距离和时间这些物理量直接的关系，而在于开创了一种重要的研究方法。他着眼于探讨这些物理量之间的关系，并且引入符号语言和数学方法来描述运动，寻找物体运动的规律。正是这种研究方法使物理学向着精确性和严密化的方向发展，这种方法不仅对物理学的发展有重要的意义，而且还对整个西方科学的认识方式产生了重要的影响。另外，亚里士多德关于运动原因的认识，即认为力是维持运动的原因，是近代物理学革命的重要批判对象之一。

3. 运动与介质——运动原因探讨中的关键问题

亚里士多德的“运动者必为施动者所推动”的观点在解释抛体运动和落体运动时面临了一些挑战，这也是亚里士多德运动理论被质疑最多的部分。亚里士多德在解释抛出去的物体被什么推动的问题时，将介质作为其中必不可少的因素，因此他否定虚空中运动的可能性。

我们之前已经介绍了，亚里士多德将运动分为“自然运动”与“反自然运动”，其中“反自然运动”需要借助“推动者”，也就是外力来完成。那为什么射出去的箭和抛出去的石块在离开推动者之后还会继续运动呢？亚里士多德的解释是：物体刚离开推动者时，由于它向前冲而排开部分介质（如空气），就在它后面形成了一个暂时的虚空。自然界是不允许虚空存在的，所以周围的介质会立即填补这个虚空。这些介质对物体形成了一个向前的推力，物体也因此得以继续前进。

为了反对虚空的存在，亚里士多德描述了物体在虚空中的运动形式，并且认为这些运动形式在自然界中是不存在的。他在《物理学》中指出，如果存在虚空，物体在虚空里就会“或静止不动，或如果没有某一更有力的事物妨碍的话，必然无限地运动下去”。此外，他还提到“在没有介质的虚空里一切物体都会以同样的速度运动”。在亚里士多德时代，这些观点是不可理解的，因为当时人们普遍认为自

> 内容解读
>
> ★★★
>
> 亚里士多德在探讨运动的原因中认为介质阻力是物体运动的原因之一，因此也否认了真空的存在。这种观点在中世纪受到了学者们的质疑和挑战。
>
> 另外，亚里士多德认为自然运动是物体的本性，不需要外力，而反自然运动是违反本性的，需要外力。这样，在亚里士多德的理论中，不同形式的运动有不同的原因，核心问题仍然是基于常识和直观观察。这与自然具有简单性、统一性的观念不相容。直到牛顿时代才实现了对天上与地上运动的统一解释。

然界不存在虚空。

> 内容解读
>
> ★★★
>
> 亚里士多德的理论是一个整体，具有内在的逻辑关系，是对常识的严谨叙述。地球不动是亚里士多德运动理论的前提假设之一。
>
> 反复让学生体会亚里士多德朴素物理学的特点。正是这种基于常识而非理想的模型让亚里士多德的物理学与经典物理学有根本区别。

亚里士多德反对虚空存在的论述中隐含了惯性运动思想的萌芽，但由于这种运动在亚里士多德看来是不可想象的，因此他最终否定了这种运动的存在，同时也否定了虚空的存在。他在解释抛体运动的原因的时候，虚空不存在的观点得到了进一步加强。

在上述理论基础上，对于自由落体运动，亚里士多德认为，在其他条件相同的情况下，物体运动的快慢与其自身的轻重和所通过的介质有关。介质不同，对于在其中运动的物体所产生的阻力不同；而在介质相同的情况下，两个重量不同的物体在同一高度同时落下，重的物体比轻的物体下落得快。现在看来，这种认识显然是不正确的，但是之后的伽利略也正是通过对此问题的重新研究，才得出了正确的落体运动定律。

4. 地球不可能运动

如今，很少有读者会有“地球是否静止”这样的疑问，但在亚里士多德的著作《论天》中，这却是一个非常重要的问题。亚里士多德认为，有许多理由表明地球不可能运动。亚里士多德解释说，倘若地球在绕轴自转，那么它的每一部分都必须做圆周运动，但是对地球各部分的实际行为所做的研究表明，地界物体的自然运动是朝向中心的直线运动。另外，他还指出：“如果把重物用力沿直线上抛，那么即使力量大到能使物体升至无限距离，最后它也会回到其初始位置，而不是落在初始位置的西面”。这说明地球没有动。亚里士多德进一步论证说，在物体竖直上升和竖直下落期间（这些方向是相对于宇宙中心而言的），倘若地球正在移动，那么物体绝不可能恰好落在抛出地。因此，他得出结论：地球是静止的。

这些论证表明，亚里士多德是借助了关于自然运动和反自然运动的原理来证明地球不可能运动。但是亚里士多德的"运动定律"又如何呢？它与地球静止有何特殊关系？托勒密的《天文学大成》是论述地心天文学的古代权威著作，他一开头就给出了权威回答。托勒密认为，根据亚里士多德的原理，如果地球在运动，那么"由于它的尺寸要大很多，所以地球在运动时一定会超过所有其他落体，动物和所有重物都会被甩在后面，飘浮于空中，而地球高速运动的各个部分将会分崩离析，散落于宇宙中。"[①] 然而，现实中并没有出现这一现象，因此，地球是静止的。这一问题在哥白尼提出日心说之后仍然存在。直到惯性定律有明确的表述之后，这一问题才真正得到解决。

另外，亚里士多德不接受超距作用。在他看来，所有的运动传递都意味着某种相互接触。因此，他只承认有两种运动的传递方式：推和拉。当他发现某种与自己的理论不一致的现象时，他就先否认它；而当他不能否认这种现象时，他就解释它。正是在对现象（例如抛射体现象）的解释中，亚里士多德展示出了他全部的才华。

内容解读

★★★

因为亚里士多德认为运动是一个过程，所以维持运动必然需要外力的作用，并且这种力需要通过接触来传递。这种思想对物理学的发展产生了深远影响，直到牛顿时代，这种观点仍然在一定程度上影响着科学界。

亚里士多德的物理学是对常识的严谨叙述。然而，我们现在知道离开施动者的运动是惯性运动。惯性定律表明，物体在没有外力作用时将保持匀速直线运动或静止状态。这一观点与日常经验相悖，因此比较难理解。如果想要让学生相信那些与经验相反的陈述，应当给他们一些更加合理的解释。这些合理的解释，最终使学生有充分理由相信牛顿学说。这也是我们撰写这部分历史的意义所在。讲述这部分内容时，可以试着让学生反驳亚里士多德的观点，引导他们思考为什么亚里士多德的理论在某些情况下是不准确的。

① I. 伯纳德·科恩. 新物理学的诞生［M］. 张卜天，译. 长沙：湖南科学技术出版社，2010：18.

对运动原因的探讨，是古希腊、中世纪学者探讨的物理学的重要问题，它直接关系到近代科学革命中最为核心的问题——惯性定律的建立。惯性定律支持了哥白尼的地动学说，还对牛顿运动定律的建立有着重要的作用。亚里士多德研究物理学的目的是探求物体运动的终极原因，是为其自然哲学服务的。因此，他推导出了一些我们现在看来不正确的结论。亚里士多德认为，只有认识了一件事物的原因，才算真正认识了这一事物。正是这种对物体运动原因的追寻，才使亚里士多德提出了“力”这个重要概念，为物理学的发展奠定了重要的基础。

第三节　阿基米德的力学

如果说亚里士多德是古希腊时期最重要的自然哲学家，为古代物理学奠定了重要基础，那么阿基米德则是希腊化时期为物理学做出贡献的又一重要人物。希腊化时期是指公元前 323 年至公元前 31 年。希腊文明在这一时期传播到了更广大的地区。

希腊化文化城市中最耀眼的明珠是亚历山大在埃及建立的亚历山大里亚。该城以亚历山大大帝命名，产生了古代世界最杰出的科学成就，包括欧几里得的几何学、阿基米德的力学、埃拉托色尼的地理学、托勒密的天文学等。我们这里主要讲阿基米德。阿基米德是希腊化科学的杰出代表，他不仅在数理科学上是第一流的天才，而且在工程技术上也有颇多建树。

公元前 4 世纪，经过亚里士多德等学者的

新课标要求

★

物理新课标的课程目标第 2 条：“能从定性和定量两个方面进行科学推理，寻找规律，形成结论，并能运用科学思维方法解决问题。”

内容解读

★★★

阿基米德将公理化体系运用于力学和数学研究，是系统应用这一方法的先驱。公理化体系是希腊化时期科学成就桂冠上的一颗明珠，它为近代科学提供了重要范式。牛顿的《自然哲学的数学原理》同样是在这样的公理化体系下奠定了经典物理学大厦的基础。

工作，形式逻辑理论和公理化研究方法[①]已经建立起来。到了古希腊后期，逻辑证明方法已经被学者们普遍运用。欧几里得在《几何原本》中，从23个定义、5个公设和5个公理出发，证明了465个几何命题，建立了公理化的数学理论体系。他还将几何学知识引入光学研究，总结了前人的认识，以公理化方法撰写了《光学》和《镜面反射》两本著作。欧几里得在光学方面的贡献我们将放在第五章讨论，接下来讨论阿基米德的力学及公理化方法。

> 内容解读
>
> ★★★
>
> 关于杠杆原理和浮力现象的经验认识，在阿基米德之前已存在于古代工匠和学者的实践中。但只有经过阿基米德运用几何公理化方法进行严格证明后，这些经验知识才被提升为具有普遍必然性的科学定理。近代力学的发展正是延续了这一理论化－数学化的研究范式。古希腊发明的形式逻辑方法为科学理论的证明提供了强有力的工具。

阿基米德的物理学的贡献主要有两个方面：一是关于平衡问题的研究；二是关于浮力问题的研究。这是古希腊力学认识的杰出成就，正是阿基米德把数学研究和力学研究结合起来。阿基米德这两方面的工作记载于他的著作《论平面图形的平衡》和《论浮体》中。在《论平面图形的平衡》中，阿基米德用数学公理的方式提出了杠杆原理，即杠杆如果平衡，支点两端的力（重量）与力臂长度的乘积相等。在这里，重要的是他建立了杠杆的概念，其中包括支点、力臂等概念。对于一般的平面物即平板，为了使杠杆原理能够实用，阿基米德还建立了“重心”的概念。有了重心，任何平板的平衡问题都可以由杠杆原理解决，求重心也可以归结为纯几何学问题。

在《论浮体》中，阿基米德提出了著名的浮力定律，即浸入流体的物体所受浮力等于其排开流体的重量。

① 公理化研究方法是指：在数学理论系统中，选取尽可能少的原始概念和不证自明的公理，通过有限步的演绎推导得到所有可证明的定理，最终构建完整的形式演绎系统。它是随着数学逻辑发展与数学基础严格化进程的共同产物。

一、公理化方法 1——杠杆原理

阿基米德在《论平面图形的平衡》第一卷中，给出了杠杆原理的逻辑证明。首先，他给出了如下 7 个公设。

公设 1：相等距离上放置的相等重物是平衡的；而在不相等距离上放置的相等重物是不平衡的，且会向距离较远的一方倾斜。

公设 2：如果相隔一定距离的重物是平衡的，当在某一方增加重量时，平衡将被打破，且会向增加重量的一方倾斜。

公设 3：类似地，如果从某一方取掉一些重量，平衡也将被打破，且会向未取掉重量的一方倾斜。

公设 4：如果将全等的平面图形互相重叠，则它们的重心重合。

公设 5：大小不等但相似的图形，其重心在相似的位置上。相似图形中的相应点亦处于相似位置，即如果从这些点分别到相等的角作直线，则它们与对应边所成的角也相等。

公设 6：若在一定距离上的重物是平衡的，则另外两个与它们分别相等的重物在相同的距离上也是平衡的。

公设 7：周边凹向同侧的任何图形，其重心必在图形之内。

然后，他根据这 7 个公设，证明了 15 个命题。其中，第 6 个命题和第 7 个命题表述了杠杆平衡原理，即“可公度（命题 6）或不可公度（命题 7）的两个重量，当其距支点的距离与两重量成反比例时，处于平衡状态。”① “可公度”即可通约。在其他命题中，阿基米德还大量讨论了一些规则或不规则的平面图形的重心位置，以及多个重心之间的关系。

二、公理化方法 2——浮力定律

阿基米德在《论浮体》第一卷中证明了浮力原理。在该书的开头，他提出

① 阿基米德. 阿基米德全集［M］. 朱恩宽，李文铭，等译. 西安：陕西科学技术出版社，1998：189-202.

了关于流体的假设："公设：假设流体具有这样的特征，它的各部分处于平滑均匀和连续状态，受到推力较小的部分会被受到推力较大的部分推动；如果流体被渗入任何物体并受到任何其他物体的压缩，那么流体的各部分将受到在它上面的流体的垂直方向的推力。"基于这些假设，阿基米德证明了多个命题，其中命题5、命题6和命题7是浮力定律及其推论的具体表述。

"命题5：如果把比流体轻的固体放入流体中，它将刚好沉入到固体重量与它排开流体的重量相等的状态。"

"命题6：如果把比流体轻的固体施力沉入流体中，则固体会受到一种浮力作用，这种力等于它排开流体的重量与它本身重量的差。"

"命题7：如果把比流体重的固体放入流体中，它将沉至流体底部，若在流体中称量该物体，其重量等于其真实重量与其排开流体重量的差。"

古希腊人对物理现象的认识经历了从自然观察，经验记录到抽象推理的发展过程，并逐渐形成了实验研究和公理化方法。这一过程标志着物理学思想的萌芽，并初步建立了以逻辑和数学为基础的自然科学研究方式。然而，随着罗马帝国征服古希腊，以及后来基督教与古典多神教的冲突等原因，古希腊科学理论的系统性和统一性未能得到充分继承和发展。

第四节　中世纪关于力与运动关系的认识

1. 被忽视的历史过程：伽利略工作的基础

新课标虽未明确要求涵盖中世纪物理学史，但如果想深入理解亚里士多德自然哲学与近代经典力学之间的理论跨越，了解中世纪学者关于力与运动的讨论至关重要。中世纪学者在约1000多年的时间里，对亚里士多德的运动理论提出了诸多质疑和改进。然而，这些讨论仍局限于亚里士多德的自然哲学框架，未能彻底突破其核心概念，因而无法建立全新的物理学体系。

2. 了解抛弃朴素物理学有多难：正确理解力与运动的先决条件

中世纪学者经过 1000 多年的努力，仍没有建立关于相互作用与运动的正确理论关系。从这一历史过程让学生理解抛弃朴素物理学很困难，即跳出亚里士多德的知识框架很困难，因为它太符合我们的常识。正像科学史家 I. 伯纳德·科恩所说的，大多数人对运动的看法仍是亚里士多德自然哲学的一部分，我们今天很多人仍然像亚里士多德一样思考。正因如此，中世纪学者关于亚里士多德力与运动理论的研究成为理解亚里士多德的钥匙。只有抛弃朴素物理学，接受反常识的、抽象化的、模型化的思维模式，由伽利略和牛顿所建立的经典力学的思维方式才有可能在学生的头脑中建立起来。因此，理解中世纪学者对亚里士多德的批判与质疑，才能理解伽利略的工作基础，才能理解牛顿及其伟大之处。

3. 认识并理解中世纪关于力与运动的历史作用

引导学生顺着中世纪学者的思路去思考、去讨论，让学生对中世纪学者的观点提出问题。将这部分与第二节结合起来讨论，让学生真正理解亚里士多德的知识框架及其问题所在。另外，通过这个历史过程的学习，可以让学生体会对不同观点和结论提出质疑、批判、检验和修正的思维过程。

从公元前 500 年左右，古希腊开始最早的自然哲学研究，到希腊化时期，研究成果达到了顶峰。随着罗马人的不断扩张，古希腊的地域被罗马人占领。自公元 3 世纪起，罗马帝国走向衰落，希腊文化也逐渐受到冲击。基督教的兴起、西罗马的灭亡、柏拉图学园的关闭以及亚历山大图书馆被烧等，均可以看作古典文化衰落的标志。在科学史上，“中世纪”还用以表述自 5 世纪古罗马文明瓦解到 15 世纪意大利文艺复兴的长达 1000 年的漫长岁月。这是人类由希腊思想和罗马统治的高峰降落下来，再沿着现代知识的斜坡挣扎上去时经过的一个低谷，也是欧洲人所经历的一个“黑暗时代”。在科学发展史上，中世纪也通常被看作辉煌的古希腊科学与近代科学之间最黑暗的时期。但是，随着对中世纪的深入研究，发现中世纪在西方科学发展史上有其独特的价值，尤其是 11 世纪之后迎

> 内容解读
>
> ★★★
>
> 12、13世纪的翻译运动是把阿拉伯所保存的希腊典籍翻译成拉丁文的过程。在此过程中，阿拉伯人将希腊科学的相关资料传递给欧洲人，使欧洲人重新认识希腊科学。从古希腊到阿拉伯世界再到近代欧洲是古代科学中心的3次关键转移。

来的几次学术复兴。例如，12世纪的学术复兴通过翻译运动将大量希腊和阿拉伯的科学文献引入欧洲，为后来的科学进步奠定了基础。

物理学上对亚里士多德关于力与运动理论关系的探讨也多集中在11世纪之后，这与两次大翻译运动密不可分。

两次大翻译运动，第一次是指随着伊斯兰教的诞生和发展壮大，阿拉伯人在大举扩张领土和版图的同时，不断吸收被征服国家更为古老和丰富的文明。9—10世纪时，大量来自希腊和叙利亚的古典科学著作被翻译成阿拉伯文，这一翻译运动使希腊科学典籍得以保存，并形成了独特的阿拉伯科学体系，为其之后传播到西欧搭建了最重要的桥梁。第二次是指从12世纪开始，阿拉伯科学连同希腊科学一起传入欧洲，教堂学校成为吸引学生和授课教师的思想中心，随着12、13世纪大翻译时代的到来，大量阿拉伯文和希腊文的著作被翻译成拉丁文，其中科学和哲学著作占据着绝大部分。亚里士多德的自然哲学逐渐成为中世纪大学里授课的核心内容。亚里士多德的影响从12世纪末开始显现，之后范围逐渐扩大，到了13世纪下半叶，他的形而上学、宇宙论、物理学、气象学、心理学和生物学著作已经成为必修内容。受过大学教育的学生无不受过亚里士多德自然哲学的全面训练。因此，中世纪学者对物理学的研究与亚里士多德的形而上学和自然哲学是密切相关的，他们以亚里士多德的《物理学》等文本为出发点，致力于澄清含糊不清之处，就文本中难懂的或有争议的部分进行辩论，还对亚里士多德的原理作原创性的应用或拓展。他们并没有成为亚里士多德文本的奴隶，而是有意识地阅读和思考，并努力解释亚里士多德及其评注者和批判者的文本，希望在讨论和争论中展示自己的逻辑能力和创造力。在中世纪结束前的最后几个世纪里，哲学家们对光学、磁学和运动学等方面的研究都取得了一定的成就。

在中世纪，亚里士多德的运动理论得到较为广泛的传播与研究。经过中世纪学者的研究，亚里士多德关于运动的原因和真空等问题的观点受到了质疑，并且影响了欧洲人的研究工作。下面要通过几个特定的主题来考察中世纪关于运动理论研究的情况。

一、关于运动本性的探讨

古代和中世纪的自然哲学家在关注某个研究领域时，首先想知道的是有哪些与研究相关的事物存在。如果事物存在，那存在的事物的本性是什么？它们有哪些存在类型？它们又是如何变化的？如果研究对象是运动，则首先要弄清楚运动是否存在，如果存在，再弄明白运动到底是什么。

亚里士多德对运动问题的处理模糊不清，因此他的评注者不得不在许多方面反复琢磨。这里主要讨论在 13 世纪末出现的两种主要观点以及用来评判这两种观点的一些论证，进而勾勒出当时对运动本性问题研究的轮廓。其中一种观点后来被称为“流动的形式”，另一种观点是“形式的流动”。

前者认为运动并不是一种能与物体分离或区分的东西，运动包括运动物体及其相继占据的位置。“运动”一词并不指一个存在的东西，而是指一个运动物体占据相继位置的过程。这种观点被阿威罗伊和大阿尔伯特所发展。奥卡姆的威廉用严格的逻辑为“流动的形式”作辩护。在他看来，“运动”是一个抽象的虚构词项，它不对应于任何实际存在的东西。奥卡姆指出：“每一个运动的东西皆由推动者推动。”

后者“形式的流动”观点认为，除了运动物体及其相继占据的位置，运动物体中还存在着某种内在的东西。这种内在的东西随着中世纪学者对亚里士多德运动原因——介质的质疑与批判呈现出不同的观点，如把运动的原因归为内阻力、冲力等。①

二、内阻力和真空中的自然运动

正如第一节所讨论的，在古希腊时期，亚里士多德对下落与抛射现象的处理

① 戴克斯特豪斯. 世界图景的机械化［M］. 张卜天，译. 北京：商务印书馆，2015：196-198.

> 内容解读
>
> ★★★
>
> 中世纪学者对亚里士多德的“阻滞媒质”既是阻力也是动力的观点提出了质疑，认为阻滞媒质只能作为阻力。这一质疑使真空的存在变得顺理成章。这是对亚里士多德学说修正的一个重要方面。

留下了许多问题。虽然他对这些问题都有明确的看法，但他的理论还是遭到了许多质疑，中世纪的哲学家也对此作了广泛讨论。

在落体问题上，根据亚里士多德的说法，要维持运动就必须有相邻接的推动者，但在下落过程中，到底什么东西构成了这样一个相邻接的推动者？是阻滞媒质。

中世纪自然哲学家否定了亚里士多德关于阻滞媒质既是物质运动的动力又是物体运动的阻力的看法，认为阻滞媒质仅是物体运动的阻力，真空的存在也是可能的。

在亚里士多德的著作于12、13世纪到达西方之前，希腊和阿拉伯注释家在他们著述的大量文献中，对局部运动进行了细致深入的探讨，有时还对亚里士多德的观点持怀疑态度并做出重要批判。例如，6世纪希腊注释家菲洛波诺斯不仅否定了局部运动中阻滞媒质的必要性，而且还驳斥了把外部媒质（特别是空气）作为强制运动的动因的观点，并以一个无形注入的力取而代之。① 阿拉伯注释家对希腊注释家的著作经常进行修正和补充，这些观点随拉丁译本传到西欧。12世纪的阿维帕斯② 也否定了亚里士多德的观点。他指出，亚里士多德所说“运动时间正比于媒介密度”的观点有漏洞。阿维帕斯说：“如果从一点到另一点的运动所需时间仅仅归因于媒质的阻滞能力，那么天体在没有任何阻力的物质以太中飘然穿行，很明显，尽管没有媒质的有效阻力，行星的运动仍可以出现各种不同的有限速度。”由此，阿维帕斯总结说：“一个阻滞媒质对运动的发生不仅不是必需的，而且其唯一的功能只是阻滞运动。”③ 这一观点受到广泛关注。著名意大利经院学者托马斯·阿奎那是首先思考这个观点的人之一。他认为：“实际上，任何运动即使没有阻力，

①③ 爱德华·格兰特. 中世纪的物理科学思想［M］. 郝刘祥，译. 上海：复旦大学出版社，2000：44.

② 也译作阿劳巴塞，是一个西班牙籍的阿拉伯哲学家和科学家。

也可有一个来自动力与运动物体的比例的速度……从实例与推理上看这都很明显，天体运动不为任何运动所阻，但都在一定时间里有一定的运动……因此把速度的比例与阻力的比例相联系就完全必要了。”①

> **内容解读**
>
> ★★★
>
> 中世纪学者对物理运动原因的探讨，不论是“内阻力”“冲力”，还是“倾向”，都可以视为对亚里士多德自然哲学的进一步发展和修正。其中最核心的观点之一就是运动是需要力来维持的。

由于在没有媒介的空间中物体仍可运动，阿维帕斯和阿奎那都认为应该抛弃亚里士多德关于虚空中不可能有运动乃至虚空根本不存在的观点。但假设真空存在的话，设想把一个真实的物体置于真空中，这个物体一定会以自然运动上升或下落吗？如果它被猛烈地推一下能连续地运动吗？如果可以，是什么使得物体离开施动者的推动还能继续运动？“内阻力”概念的引入，是解决这些问题的初步尝试，它替代了亚里士多德的运动必须有外部媒质阻力作用的观点。

亚里士多德认为自然界的物质都是由四种元素构成的混合物，每一混合物中总有一种元素占主要地位且决定该物的自然运动。他提出，轻元素的合力共同对抗着相反方向的重元素的合力。如果轻元素占优势，就会产生向上的运动；如果重元素占优势，就会产生向下的运动。但中世纪学者逐渐认识到，仅仅看哪一种元素占的比例大就决定自然运动尚不够，还必须研究物体中元素的混合比例。混合物中重元素占的比例大，就应向下运动，但其中轻元素也要向上运动，由此就构成向下的自然运动的阻力。因此，在同一物中既有动力又有阻力，这就是“内阻力”的概念。

内阻力不仅解释了自然运动的原因，还解释了物体运动的快慢。在同一介质（如空气）中，由于混合物中轻重元素比例不一，各物体运动有快慢之分。在同种介质中，重元素占比大或轻元素占比小的物体会以较大速度下落。这种观点可以巧妙地解释虚空中自然运动，并由此可以推出真空及其在虚空中运动

① 爱德华·格兰特. 中世纪的物理科学思想［M］. 郝刘祥，译. 上海：复旦大学出版社，2000：45.

存在的可能性。

那么，单一元素构成的物体运动会怎样呢？单一元素构成的物体没有了内阻力，势必出现无限速度，这种观点在当时是无法接受的。

三、冲力理论和真空中的强制运动

与关于真空中自然运动的可能性的探讨相对照，真空中的强制运动（如抛物运动）的研究成果是中世纪物理学的一个重大突破。强制运动需要两个必备条件，即动力和阻力。对于真空中强制运动的可能性的研究，见于中世纪晚期物理学尼科尔·奥里斯姆的一个陈述中。尼科尔·奥里斯姆认为，在一个强制运动中，一些非永久的、短暂的形式注入运动体内，只要该形式持续存在，真空中的运动就是可能的，当它消失时，运动便停止。这个简洁的陈述浓缩了中世纪晚期物理学绝大部分关键的内容，陈述中把注入的力描述为“非永久的、短暂的形式”，在中世纪称为“冲力”。

> 内容解读
>
> ★★★
>
> 承认真空的存在是对亚里士多德学说的重要修正，也是科学进步的体现。但是，该立场仍主张一切运动皆需持续外力推动，这一动力在中世纪被称为“内阻力”“注入力”成“冲力”。

前文所提到的菲洛波诺斯早在他那个时代就提出了强制运动在真空中比在媒质中更容易出现的观点，因为真空中没有任何外部阻力阻碍注入力的作用。穆斯林作家进一步细致地修正了菲洛波诺斯的解释，他们称“注入力”为“倾向”。阿维森纳进一步将“倾向”定量化，认为一个物体所受的强制倾向与其自身的重量成比例。这就解释了为什么能把一个小铅球掷得比一块轻木或一片羽毛更远。阿维森纳认为倾向是一个永恒的属性，在没有外部阻力时它会永存于物体内。由此他得出结论：如果一个物体在一个虚空中强制运动，它将无限运动下去，因为没有任何理由让它停下来。可由于经验没有显示这种运动，阿维森纳同样否认了真空的存在。

14 世纪，让·布里丹发展了“注入力”思想，完善了“冲力”理论。布里丹把冲力想象成一个由初始推动者传给运动物体的力，它的强度用物体的速度与重量来衡量。他认为，如果两个物体体积和形状相同，一个重而稠密的物体就比一个轻而稀薄的物体具有更多的物质，因此也具有更多的冲力。借此布里丹解释了一些运动现象，例如，当体积、形状一样的一块铁和一块木头以相同的初速度运动时，铁块运动的距离会大于木块的距离。这是因为越重的物体具有的冲力越多，能保持较长的运动时间，以克服外部的阻力。

同阿维森纳一样，布里丹也认为冲力是永存的，但是一旦推动者将冲力赋予运动的物体，它就会被作用于物体的阻力所消耗。在这里，布里丹暗示，如果能排除外部的阻力，物体将会永恒地运动下去。布里丹的研究已经涉及惯性的思想，但由于他仍在亚里士多德概念框架下工作，无法设想出一个永不停息的直线运动。尽管如此，冲力理论依然是 17 世纪之前解释物体运动的主流理论。

中世纪学者对古希腊科学遗产的研究与质疑为欧洲科学革命奠定了基础。西方学者一方面从古希腊及中世纪遗产中汲取思想的养分，另一方面在相对自由的学术氛围里对诸多古希腊及中世纪的僵化学说和制度提出了批评和挑战。

第二章
新宇宙体系与新物理学

在以往1500多年人类心智所面对和克服的所有智力困难中，最令人惊奇、影响范围最大的就是运动问题。

——赫伯特·巴特菲尔德

与本书主题更直接相关的是，对亚里士多德地静理论以及与此相关的动力学问题提出的质疑。关于力与运动关系的探讨，这部分与其说是为了表明伽利略的局限性，不如说是为了说明要想彻底清除旧物理学的遗存和表述完整的惯性定律是多么困难。

第一节　新宇宙体系的诞生

1. 新课标中于宇宙体系的要求

了解古希腊的宇宙观与中国古代的宇宙观。了解哥白尼日心说对宇宙观的冲击。

2. 物理学与宇宙观的关系

与亚里士多德名字相联系的旧物理学体系是以静止地球为宇宙中心的完备体系，要想用运动的地球来推翻这一体系，首先需要建立惯性定律来解释在亚里士多德体系下地球运动所产生的一系列无法解释的现象，这样对力与运动关系的新的认识就需要一门新物理学。而新物理学的诞生要从新的宇宙体系的诞生谈起。

3. 了解古希腊与哥白尼宇宙体系的历史地位和作用

第一，惯性定律的建立与哥白尼宇宙体系的建立有直接关系，所以这部分历史的学习可以帮助学生理解惯性定律建立的过程，以及在此过程中人类智力的发展；第二，这段历史的学习可以让学生理解哥白尼宇宙体系对人类认识的冲击，知道其改变了人类对自身价值的认识。地心说将人类置于宇宙的中心，而地动说、日心说把人置于与其他行星并无什么不同的位置——地球不是宇宙的中心，人也不是宇宙的主宰。伽利略望远镜的一系列新发现打破了古代权威，惯性定律解释了一直困扰着人们的无法解释的现象。所以，通过这段历史的学习可以理解惯性定律的建立对科学的历史发展的意义。与亚里士多德的宇宙体系相联系的自然哲学我们可以称作旧物理学，与伽利略、牛顿宇宙体系相关的物理学可以称作新物理学。而亚里士多德自然哲学的两条基本假设一是地球不动，二是地界四元素的物理学与天界五元素的物理学之间的区分，这两条假设与当时的宇宙体系直接关联，因此新物理学的诞生首先要从旧的宇宙体系打开缺口。

一、旧的宇宙体系

在古希腊，天文学与哲学有着密切关系，尤其是柏拉图哲学。在柏拉图哲学中，全部现实知识是符合于形式或理念的超感世界的，可感知世界不过是理念的模糊反映或粗糙仿造。在柏拉图的可感知世界与理念世界中，数学占据着重要的位置。在这样的哲学倾向下，柏拉图的天文学不涉及可见天体的可感知运动，而只与想象的天空运动中的数学点的完美描述有关，这些点能描绘出均匀的圆周。因此，古希腊天文学家的工作就是用各种匀速圆周运动的组合来解释天体运动及其不规则性。

在柏拉图原则的指导下，一个与柏拉图同时代的年轻人欧多克斯提出了天体的同心球理论，对行星的运动做出了巧妙的解释。但是，同心球体系存在一些

> **内容解读**
>
> ★★★
>
> 同心球理论认为天体都在以地球为中心的同心球壳上运动。
>
> 古希腊的宇宙模型是对天体结构的一种构想，如果实测结果与理论不符合，再修正理论模型，这就是所谓的“拯救现象”。古希腊的天文学就是在此情形下发展起来的。
>
> 为了解决实测与理论模型的矛盾，例如行星的不规则运动、逆行等现象，构造出了本轮、均轮体系。
>
> 哥白尼仍然采用了本轮、均轮体系，直到开普勒提出椭圆轨道，本轮、均轮体系才变得没有必要。

严重缺点，比如，同心球模型中行星与地球中心之间的距离不会发生变化，但实测结果表明行星的亮度有变化，这强烈提示行星与地球之间的距离是有变化的。

希腊化时期的数学家阿波罗尼乌斯为解决行星运动的不规则问题，提出了两种方案。第一个方案是，行星绕地球做匀速圆周运动，但地球并不位于圆周的中心，而是偏向一边；第二种方案是，行星在一个较小的圆周（本轮）上做匀速圆周运动，而本轮的中心则在另一个大轮（均轮）上做匀速圆周运动，地球位于均轮的中心。在第二种方案中，行星的运动会产生一条带有一连串圆环或尖角的曲线，该曲线显然距离圆心时近时远，而且也有驻点，如图 2-1 所示。为使这种运动与观测到的现象相符，只需恰当选择本轮和均轮的相对大小和相对转速即可。

从数学上看，行星在偏心圆上的运动与在本轮、均轮上的运动是等价的。这些方案对行星的不规则运动都有较为理想的解释。这些思想被托勒密所继承，他于约公元 145 年写成了集古代天文学之大成的著作《至大论》，提供了宇宙的几何模型：地球不是天体运动的中心，但静止不动。因此，托勒密的体系被称为“地静说”比“地心说”更为恰当。在托勒密的模型中，包括日月在内的所有行星和恒星均围绕地球运行。托勒密的理论能对日、月和其他五大行星这 7 个天体的运动给出相当精确的预测。借助《至大论》，数理天文学家和星占学家可以计算出任何时刻的行星星历表，准确地给出行星的位置。直到 16 世纪，天文学家的思想实际上还受《至大论》的支配。

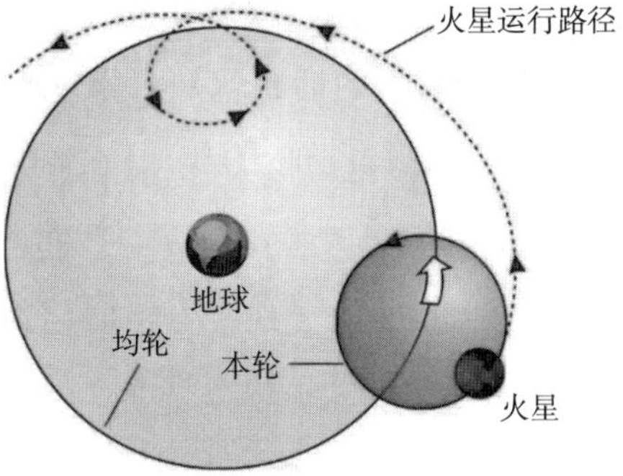

图 2-1　本轮、均轮示意图

在《至大论》导言中，托勒密论述了不能把地球看作运动的星体，这一观点从根本上说来自亚里士多德的自然哲学。他承认从数学上可以把星空的周日运动看作是地球绕自转轴的周日运动的反映，但他却坚持认为这在物理上是荒谬的。他的主要论据是：如果地球从西向东旋转，我们应该可以看到地球上所有的物体向西移动，而不是与地球紧紧相随。这个反驳意见在以后的很长时间内不断被提出，用于反对地球运动的说法。前面所提到的一块石头垂直向上抛出，其落点应该在投掷点的西边而不会落在原地的说法，正是这一反驳意见的延续与变化。

随着欧洲学术的复兴，托勒密所代表的希腊宇宙理论开始深入人心。特别是托马斯·阿奎那将亚里士多德理论融入基督教神学之后，地球中心理论获得了正统地位。地球位于宇宙中心的思想被赋予了宗教意义：人类及其居所被置于上帝的怀抱中，上帝位于宇宙的最外层，推动着宇宙的运行，注视着人类的一举一动。托勒密的宇宙体系还被附会于一种人间的等级结构：天上的高贵，地下的卑贱，越往高处越进入神圣美妙的境地。这种等级体系体现在它们的物质构成之中，正如第一章所言，地上物体由土、水、气、火四种元素组成，而天上物体则是由第五种透明、无重量的以太构成。地上的物质是速朽的，而天上的以太是永恒不朽的。

至于天上是否“真的”存在本轮和均轮，托勒密在著作中从未明确说明。事实上，在他看来，他所描述的体系更有可能是宇宙的一个“模型”，而并不必然是其“真实”图景。希腊人的理想就是构造一个模型，使天文学家能够预言所观察到的现象，或者用希腊人的话说就是“拯救现象”。这种理想在托勒密的著作中达到了顶点。① 凭借聪慧的大脑，天文学家借助托勒密体系几乎能够描述观察到的一切行星运动。但是，本轮、均轮的应用有多种组合方式，从而形成了非常复杂的体系。许多学者无法相信，一个有着80多个“轮中轮”的体系能够在天上转动，那样的话世界实在是太复杂了！一位著名的天文学家无法相信宇宙体系竟会如此复杂。据说他在初学托勒密体系时曾这样评论：“如果上帝在创世之前曾与我商讨，我一定建议他把世界弄得简单点儿”。

第一，复杂性部分源于：表示行星视运动的曲线是圆的组合。如果能用一个方程来表示这样的尖头曲线，那么研究工作就会简单得多。不过不要忘了，在托勒密时代还没有解析几何。

根据亚里士多德和柏拉图所确立的传统，天体的运动一定要通过一套自然运动系统来解释——也许是因为圆周运动既没有开始，也没有结束，因此最适合于不变不朽、永远在运动的行星。托勒密体系不仅可用、设计得也很得体，而且可以同亚里士多德的物理学体系完美地结合起来。恒星和行星被赋予了圆周运动或圆周运动的组合，即它们的“自然运动”，地球则静止于宇宙中心，这里是它的“自然位置”。所以在托勒密体系中，并不需要另找一个新的物理学体系，因为它已经与同心球体系符合得相当好。

第二，为了更准确地描述和预测行星的运动，托勒密的后继者引入了越来越多的本轮，其体系的复杂程度大大背离了中世纪的柏拉图主义者所追求的数学上的简单性和完美性。

哥白尼认为天体应该呈现简单完美的运动，也应该有简单完美的数学描述。在哥白尼看来，托勒密体系在这一点上还不能算“合格”。所以，他想到如果宇宙的中心是太阳而不是地球，那么对天体运行的理解和描述就可能会简单得多。

---

① I. 伯纳德·科恩. 新物理学的诞生[M]. 张卜天，译. 长沙：湖南科学技术出版社，2010：22-24.

二、哥白尼的世界体系

> 新课标要求
>
> ★
>
> 选修2-1模块侧重涵盖物理学与社会发展的关联内容，由“物理学与人类文明”“物理学与技术变革”“物理学与现代社会生活”3个主题组成。

事实上，早在公元前3世纪，古希腊的阿里斯塔克就曾提出，地球可能一边绕轴周日自转，一边沿着圆形轨道绕太阳做周年公转。然而，这种日心说模型并没有取代地心说体系的主导地位。直到1543年，哥白尼在《天体运行论》中系统提出日心说时，该理论仍然没有立即被学界接受。尽管如此，这场革命以牛顿经典力学的建立为顶点，哥白尼的著作已经包含了整个科学革命的种子。

1. 哥白尼的宇宙体系

尼古拉·哥白尼，1473年2月19日诞生于波兰托伦市的一个富商之家。10岁丧父后，由其舅父抚养。其后多年在波兰学习天文学、数学和宗教知识。哥白尼在1496—1506年间到文艺复兴的中心意大利留学，阅读了大量古希腊时期的著作，受到了其中有关地球运动的思想启发。之后他回到波兰，在波罗的海边的弗劳恩堡担任牧师职务，在担任牧师职务期间，他进行了大量天文观测和新的宇宙体系的研究。

从1512年起，他开始在新假说基础上推算行星的位置，并开始思考如何把宇宙中心移到太阳上去。由于担心受到教会的谴责，他迟迟没有公开发表自己的见解。1514年之前，哥白尼将他的学说写成题为《短论》的纲要，以手稿的形式在友人中传阅。知道他学说的人逐渐多了起来，并吸引了一位数学家乔治·莱迪克斯的注意。莱迪克斯和哥白尼一同研究了两年，并在公元1540年第一次公开出版介绍哥白尼日心说的著作《初述》。哥白尼本人的著作于1543年出版，传说第一本书送到哥白尼手里几小时之后，他就与世长辞了，那是1543年5月24日。

该书的初版被冠以《托伦的尼古拉·哥白尼论天体运行轨道》（共六册）的名称，后来一般简称为《天体运行论》（亦被译成《天球运行论》）。《天体运行论》的原始手稿在17世纪下落不明，直至1840年在布拉格重新发现。1873年慕尼黑出版的《哥白尼全集》第一卷收录了校勘本。

哥白尼学说的革新内容集中体现在《天体运行论》的第一卷。在第一卷中，哥白尼描绘了他的宇宙图景：太阳静止于宇宙中心，水星、金星、地球（带着月亮）、火星、木星和土星依次绕着太阳运行，最外围是静止的恒星天层。根据这幅宇宙图像，哥白尼可以很简洁地解释行星视运动中的“留”“逆行”等不规则运动现象。而在托勒密体系中，为了解释上述同样的现象，需要引入许多特设的假定，从而破坏了理论的完整性。

哥白尼声称他的宇宙体系比托勒密体系优越，是因为他的体系更简单和完美。这点在《天体运行论》的第一卷中得到了淋漓尽致的体现，但从第二至第六卷中的论述却在简单和完美性方面打了折扣。在具体描述和推算行星的运动时，哥白尼也不得不引入偏心圆和本轮，从而在数学上，太阳就不能完全“安居于”行星的绕转中心。因此，通常称“哥白尼”体系为“日心说”是不完全准确的，更准确的称呼应为“地动说”。另外，哥白尼共引入34个本轮来推算行星的运动，这比托勒密体系本轮少多了，但是推算过程仍不能称简单。或许对哥白尼声称的学说的简单性可以这样理解：只有在对行星运动进行定性描述时，它才是简洁的、和谐的。

毋庸讳言，哥白尼从托勒密那里获益匪浅。他从托勒密《至大论》中得到许多观测数据和几何方法，以及编制星表的资料。有些问题的处理完全沿袭了《至大论》。哥白尼甚至比托勒密还接近古希腊的天文学家和哲学家，他坚持用匀速圆周运动这种天体所应有的“完美运动”来描述行星的运动，以致当代一些学者评论说，《天体运行论》与其说是在解释宇宙，还不如说是在对托勒密体系进行修正和简化。

2. 哥白尼宇宙体系面临的挑战

哥白尼所提出的体系与托勒密体系有许多相似之处。哥白尼非常钦佩托勒密，因此，他的著作《天体运行论》在内容组织、章节编排和主题次序上都效仿了托勒密的《至大论》。

从地静体系变为日静体系要做一些新的说明。为此，需要首先考虑最简单的日静宇宙。太阳静止于宇宙中心，水星、金星、地球、火星、木星、土星则依次围绕太阳运行。哥白尼用地球每日绕轴自转一周来解释太阳、月球、恒星和行星的周日视运动。至于其他主要现象则是源于地球的第二种运动，即地球和其他行星一样也绕太阳公转。每颗行星的旋转周期各有不同，距离太阳越远，行星周期也越长。这样，逆行很容易得到解释。① 此外，哥白尼体系还可以计算行星到太阳的距离，并且可以精确地确定各个行星围绕太阳运转一周所需的时间，即行星周期。

哥白尼体系的第一个优点是，它能简洁地解释行星的逆行现象，说明为什么逆行由行星与太阳的相对位置所决定。哥白尼体系的第二个优点在于它能够确定行星与太阳之间的距离。

说哥白尼体系是一种巨大的简化，这其实是误解。② 把哥白尼体系理解成各个行星分别沿圆形轨道绕太阳运动的初等模式，这种说法在一定程度上是能够成立的。但这个纯粹由简单圆周构成的体系只可能是一种粗糙的近似，哥白尼对此一清二楚。

《天体运行论》出版之后，有少数数学家接受了哥白尼的学说，而一些著名学者如天文学家第谷·布拉赫认为其缺乏恒星视差观测证据而拒绝日心说。此外，哥白尼的学说在当时并未构成对已被纳入经院学派的托勒密学说的强烈冲击，主要原因是按照当时的物理学和天文学知识，人们还无法理解地球在运动这一事实。因此，哥白尼的学说仍遭受着各种“合理”的责难。

责难的一个主要原因是观察不到恒星的周年视差。视差现象是从两个不同位置看同一物体时所产生的视觉变化。火炮以及照相机的测距仪都是根据这种原理制造的。哥白尼以及同时代的天文学家无法通过半年期的观察来确定恒星的任何视差，在哥白尼之后几百年，天文学家大大改进了望远镜才观测到这样一种恒星视差。而在当时，视差的存在只能被天文学家当作一种假设来接受。

除了天文观测，还有力学方面的难题。如何解释地球上的物体运动呢？即

①② I. 伯纳德·科恩. 新物理学的诞生［M］. 张卜天，译. 长沙：湖南科学技术出版社，2010：36.

如果地球在运动，向上抛出的物体也将随着地球运动，那么抛出的物体就不可能恰好落在抛出地，但这与我们的观察相悖。毕竟我们看到落体依然竖直下落，飞鸟也不会失踪。哥白尼体系的解释并不能让人满意，他的解释是，这是因为空气以某种方式附着于地球，地球附近的空气以某种方式“连在”地球上，所以会参与地球的运动。空气将会与地球一起旋转，并且在太空中运行。当地球绕轴自转和绕太阳公转时，空气会使物体在下落时保持与地球的相对位置，所以（在地球上的观察者看来）它们会竖直下落。于是，落体有“双重”运动——“直线运动与圆周运动的复合”。但这个论证不能推至月球，因为哥白尼认为，只有距离地球相对较近的空气才能被地球携带着行进。如果距离地球过远，则“那部分空气不会再与地球一起运动”。

月球问题难以解答，而另一个问题在某种意义上更具难度，那便是太阳系的本质。如果哥白尼仍然坚持亚里士多德的自然哲学原理（他从未发明一门新物理学来取代亚里士多德的自然哲学），那么，他如何能够解释地球的周日自转和周年公转这两种“违反本性”的运动呢？事实上，哥白尼不得不说，绕太阳运动的地球“只不过是另一颗行星”。但宣称地球“只不过是另一颗行星”似乎已经违背了亚里士多德的理论，因为亚里士多德认为，地球和行星由不同物质所构成，服从不同的物理法则，因此行为方式是不同的。要让地球围绕太阳做圆周运动，似乎意味着地球在做强制运动，但是根据亚里士多德的自然哲学，做自然直线运动的只是由地界物质构成的物体，而不是整个地球。事实上，在旧的亚里士多德自然哲学中，地球根本不可能运动，无论是自然运动还是强制运动。哥白尼提出“旋转对于球体来说是自然的”，于是得出结论说，由于地球是球形，“如果有人相信地球在旋转，那么他一定会认为地球的运动是自然的，而不是受迫的”。虽然这里哥白尼正在拓展亚里士多德的运动理论，引入一些有违亚里士多德基本准则（比如地球不可能运动）的观念，但他并没有提出一个完全可行的新的物理学体系，以解决由地动所引出的一系列问题。①

至此，我们讨论了哥白尼体系的两个方面：第一，哥白尼体系仍然需要本

① I. 伯纳德·科恩. 新物理学的诞生［M］. 张卜天，译. 长沙：湖南科学技术出版社，2010：38.

轮、均轮体系，这方面与托勒密体系同样复杂；第二，假如接受哥白尼体系，那么就会引出一些显然无法解决的物理学问题。哥白尼体系中还有一些其他困难，因此我们很容易理解，1543 年《天体运行论》的出版本身并不构成物理学或天文学思想的一场革命。①

此外，除了纯科学的问题，哥白尼宇宙的日心观念还对当时的思想构成了很大的挑战。归根结底，人类宁愿认为自己的居所在太空中固定不动，并且被安排在适当的位置，而不是一粒可有可无的微尘，在浩瀚无限的宇宙中漫无目的地飘荡。

这样，哥白尼新的宇宙体系必定会撼动科学的整个结构和人们的自我认识。哥白尼的著作最终动摇了亚里士多德关于宇宙本性和地球的看法，引起了深刻巨变。正因如此，历史学家才把哥白尼到牛顿发生的一系列科学上的变革称为科学革命，而可以将科学革命的第一步定在 1543 年《天体运行论》的诞生。它所提出的问题及其内涵直指物理学和天文学的基础。物理科学的进步改变了整个科学的面貌。

哥白尼的工作最重要的意义在于为理解行星的运动开辟了一条新的途径——动力学途径。这个体系启发了开普勒去发现行星运动的真实规律。

> 内容解读
>
> ★★★
>
> 哥白尼对旧的宇宙观的冲击：地球运动，地球不是宇宙中心，这对人在宇宙中的位置造成了巨大冲击。

第二节　新方法与新世界

1. 新课标要求

通过物理学史学习，认识开普勒定律作为万有引力定律的理论基础作用。理解伽利略对经典力学的奠基性贡献。

① I. 伯纳德·科恩. 新物理学的诞生［M］. 张卜天，译. 长沙：湖南科学技术出版社，2010：36-38.

2. 开普勒行星运动三定律与经典力学的建立

根据开普勒第二定律（面积定律）和第三定律（周期定律），尤其是第三定律，太阳必定按照行星与太阳的相对距离而支配行星的运动。那么，是什么力量在支配着行星的运动？即使开普勒所提出的“施动灵魂”与磁力等观点不得不被抛弃，也无法否定行星与太阳之间存在着某种相互作用，这种相互作用使行星能够维持轨道运动。继续探索这种相互作用则揭开了天体动力学研究的序幕。最后，由牛顿的万有引力定律解决了行星运动的动力学问题。

古希腊哲学家对圆形轨道的迷恋几乎一直无人质疑，直到开普勒在这方面做出了重大突破。开普勒发现行星轨道并非完美的圆形，而是椭圆形，这一发现进一步打破了旧有的宇宙观念，同时也为建立新的宇宙模型提出了新的问题。

3. 伽利略观察到的新世界与哥白尼的世界的关系

古希腊构造的天体结构，尽管是人为构造的，但对人们的影响是深远的。地球不动且是宇宙的中心，这些观念已成为人们根深蒂固的信念。虽然哥白尼提出了日心说，但在当时却很少有人相信，因此并不足以推翻旧世界建立新世界。是伽利略用望远镜亲眼观测到的现象，对古希腊的看法产生了真正的冲击。用望远镜观测天体是伽利略实验方法的重要组成部分，他看到的新世界不仅为人们接受哥白尼学说扫清了认识上的障碍，而且为新科学方法的应用提供了可靠的基础。

4. 理解新方法与新世界的历史作用

开普勒三定律的发现要结合万有引力定律的发现讲述，让学生体会科学史上环环相扣的发现之间的内在逻辑。把伽利略的新发现与哥白尼日心说对旧观念的冲击结合起来讲述，让学生理解历史事件不是孤立的，新理论的接受也不是即时的，新理论的接受需要时间，需要不断的新证据、新发现为其提供必要的支撑。通过这部分物理学史的学习引导学生体会基于观察和实验提出物理问题、形成猜想和假设，以及基于证据得出结论并做出解释的科学探究过程。

一、开普勒行星运动三定律的提出

上面提到，哥白尼为了让天体结构变得简单，把宇宙中心放在太阳上，可是因为他保留了圆形轨道，所以仍然不得不引入本轮、均轮体系解释行星运动的不规则现象，以致哥白尼体系在简单性上大打折扣。抛弃本轮、均轮是开普勒在第谷·布拉赫的观测数据基础上完成的。

> 内容解读
>
> ★★★
>
> 开普勒提出的行星运动椭圆轨道是天体轨道认识上的重大突破。复杂的本轮、均轮不再有必要，椭圆轨道真正使行星运动达到了简单、和谐。行星的运动方式得到了解决之后，人们的关注点又集中到行星为什么会做椭圆轨道运动的物理原因的探讨上。牛顿的万有引力定律最终解决了此问题。

第谷·布拉赫是丹麦天文学家，出生于一个贵族家庭，自幼喜欢观察星辰。1559 年进入哥本哈根大学学习法律，他的伯父希望他成为一个律师，但第谷并不热衷于此。1560 年，通过一次预测的日偏食观察，他的注意力转向了天文学。他通过对行星在星空方位的观察和计算，发现当时的行星位置图表有严重的错误。想要建立一个满意的行星理论，就必须有高度精确的星表，而这就需要长期进行新的、准确的天文观测。1576 年，在丹麦国王腓特烈二世的资助下，他在厄勒海峡的汶岛上建立了一所宏大的综合研究机构，他称之为天堡，包含一些车间、一个私人印刷厂和一座天文台。他在这里和许许多多的助手一起进行了长达 20 年的天文观测工作，收集了大量的行星运行数据，精度极高。有科学史家评价，第谷的观测几乎达到了那个时代肉眼观察所能达到的极限。

1588 年，腓特烈二世死后，他的继承者克里斯蒂安四世并没有继续资助第谷，所以第谷从丹麦去了布拉格，拜见了神圣罗马帝国的皇帝鲁道夫二世，担任御前天文学家。① 开普勒从小就喜欢天文学，在还不到 10 岁的时候，他就

---

① 乔安妮·贝克. 你不可不知的 50 个物理知识［M］. 马潇潇，译. 北京：人民邮电出版社，2010：11-13.

在日记中记录下了 1577 年的大彗星和 1580 年的月食。在格拉茨新教学校教书时，开普勒提出了宇宙学理论，并发表了《宇宙的奥秘》。[①] 书中，开普勒以数学的和谐性来解释哥白尼体系中行星的轨道排列。1596 年，他怀着敬意把《宇宙的奥秘》寄给了第谷。第谷看完这本书后，尽管他对书中的部分理论不太满意，但对开普勒的想象力和数学才能却很赏识，于是邀请开普勒到布拉格共同研究天文数据。

1600 年，开普勒应第谷的邀请来到布拉格。在这里，两位天文学上的巨匠相会了。在第谷的安排下，开普勒觐见了国王，接受了“帝国数学家”的头衔。开普勒和第谷有不同的研究特点和兴趣：第谷重视并善于实际观察，而开普勒则更醉心于数学和理论思考。第谷的精确观察与开普勒的深刻研究相结合得到了丰硕的成果。第谷多年精心观测得到的宝贵资料，为开普勒日后发现行星运动定律奠定了基础。可惜的是，他们相处没多久，第谷就去世了。

第谷去世以后，开普勒完整继承了第谷的天文观测数据。他试图用第谷留下的数据，描出太阳系主要行星的轨道。经过筛选，他选取火星作为研究对象。开始时，取一段不闭合的圆周，可以勉强同大部分观测值符合，但在有的地方，观测值与所设的圆轨道相差甚大。他相信第谷的观测是足够准确的，其误差不应有这么大。因此，他猜想这个圆轨道是不合适的，于是他又改用卵形状的曲线来拟合，剔除了一些较大的误差，但仍不够理想。经过长达 4 年刻苦的计算，最终他确定椭圆才是火星轨道的真实形状，由此使计算值与观测值实现完美吻合。

在 1609 年出版的《新天文学》中，开普勒论述了关于行星运动的两条定律：每一个行星沿一个以太阳为焦点的椭圆轨道运动；行星与太阳的连线在相等时间内扫过相等的面积。这就是开普勒行星运动定律的轨道定律和面积定律。1619 年，开普勒在《世界的和谐》中论述了行星运动的第三条定律，即行星公转周期的平方与其轨道半长轴的立方成正比，这就是周期定律。

开普勒通过三大定律，描述了太阳系中行星轨道的运动规律。在经典力学框架下，这三大定律适用于二体系统中的天体运动——包括太阳系中的彗星、

---

① 乔安妮·贝克. 你不可不知的 50 个物理知识 [M]. 马潇潇，译. 北京：人民邮电出版社，2010：11-13.

小行星、天然卫星（如月球），以及其他星系中的行星。

值得一提的是，在开普勒的研究中，他并未把哥白尼体系视为纯粹的数学虚构，而是把它作为物理实在接受，并进一步考察行星绕日运动的物理原因。起初，开普勒曾怀着神秘的想法，认为行星具有“灵魂”或“意志”，并假设这些精神因素驱使行星运动。然而，在发现行星运动速度与其轨道半径成反比的关系后，开普勒逐渐放弃了这种灵魂驱动的想法。当时，英国自然哲学家威廉·吉尔伯特把地球看作一个大磁体。开普勒受吉尔伯特的启发，推测行星受到磁力的推动而运动。他认为，这种力是由太阳发出的，力的大小与行星到太阳的距离成反比。尽管这一假说后来被证明是错误的，但它为后续研究天体运动的原因提供了思想启发，并间接为牛顿建立万有引力理论奠定了基础。

> 新课标要求
>
> ★
>
> 必修Ⅰ课程：注重在机械运动情境下培养学生的运动与相互作用观念和模型建构能力等物理核心素养。通过直线运动和牛顿运动定律的学习，引导学生理解物理学是对自然现象的描述与解释。
>
> 重点了解：近代实验科学产生的历史背景，认识科学实验在物理学发展中的推动作用；了解并讨论伽利略关于物体运动实验研究对科学发展和人类进步的重大意义；学习伽利略的实验方法和逻辑推理方法，分析这些方法如何为经典力学体系的建立奠定基础。

二、伽利略观察到的新世界

人们把“哥白尼革命”视为科学革命的第一阶段，是因为《天体运行论》包含了当时关于地动宇宙的最完整的论述。虽然哥白尼体系并不像通常所说的那样简单或具有革命性，但他的著作的确提出了自古以来隐藏在每一种宇宙体系背后的所有问题。不过，由于哥白尼理论对人们在天文学、物理学上提出的问题难以解释，哥白尼的学说还不能被多数人接受。

历史研究表明，国际学术界对哥白尼学说的接受程度在 17 世纪初发生关键转折。在 1609 年之前，哥白尼体系似乎只是一种数学思辨，是为“拯救现象”提出的一种模型。但是过了 1609 年，开普勒的两个运动定律的发现和宇宙的真实模样被伽利略的望远镜揭示之后，人们不得不接受一个事实——望远镜所表明的世界既不是托勒密式的，也不是亚里士多德式的，而是一个新的世界。

1564 年，伽利略出生于意大利的比萨。伽利略的父亲文森西奥·伽利莱是当时一位著名的音乐理论家兼数学家，他的学术研究对伽利略有很大的影响。但他希望儿子学医而不是数学，因为这样会有一个好的收入。1581 年，伽利略到比萨大学学习医学。1583 年，由于听了几次关于欧几里得几何学的演讲，伽利略很快对数学着迷。他执意不学习医学，所以未取得学位就于 1585 年离开了比萨大学。此后伽利略专心研究欧几里得的几何学和阿基米德的物理学，很快声名远扬。1589 年，伽利略获得了比萨大学数学教授的职位。1592 年，他转任帕多瓦大学数学系教授，并在这里度过了 18 年比较稳定的生活。

1610 年，伽利略回到了故乡佛罗伦萨，继续从事物理学和天文学研究。望远镜的使用让伽利略发现了许多新的天文现象，也使他对哥白尼体系有了明确的认同。1624 年至 1630 年间，伽利略断断续续地写作他的著作《关于托勒密和哥白尼两大世界体系的对话》。该书出版颇费周折，最终于 1632 年问世，但很快遭到罗马教会的查禁。1633 年，伽利略因宣传“日心说”被判终身监禁。此后，他一直受到监视。尽管身处困境，但伽利略并未停止科学研究。从 1634 年开始，他致力于撰写另外一部著作《关于力学和局部运动的两门新科学的对话和数学证明》。该书稿于 1637 年最终完成，但由于罗马教廷禁止出版伽利略的任何著作，出版过程面临重重困难。在朋友们的帮助

内容解读

★★★

伽利略通过望远镜观察到的天文现象（如木星的卫星、月球的环形山等）的意义，不仅在于这些新发现本身，更重要的是它们为哥白尼的“日心说”提供了观测证据。同时，这些发现挑战了古希腊自然哲学家的宇宙观。这为否定旧的宇宙观提供了证据，为新宇宙观的建立奠定了基础。

下，这本书最终于1638年在荷兰莱顿出版。此时的伽利略已经双目失明，一位青年数学家维维亚尼来到了伽利略的住处，为他处理日常事务，并记录了伽利略口述的一些生平轶事。1642年1月，伽利略安然离世。

下面介绍伽利略通过望远镜发现的新世界及其重大意义。

望远镜其实是一个荷兰的眼镜商发明的，但是在1609年，伽利略独立改进并首次用望远镜对天空进行了系统的天文观测。正如英国科学史家亚瑟·贝里所言“他持之以恒地考察一个个对象，只要有可能得出合理的结果，他就会锲而不舍地追寻线索，并会以独立的思想来解释观测结果，尤其是他能够洞悉这些结果在天文学上的重要性。”①

此外，伽利略还在发表的著作中第一次描述了通过望远镜所看到的宇宙景象。望远镜的各种发现深刻地影响了伽利略的生活，这一点怎么形容都不过分。

事实上，这些发现不仅对伽利略的个人生活和思想产生了影响，而且对整个科学思想史也产生了重要影响。伽利略也许是清晰地看到宇宙实际状态的第一人。他发现的所有证据均支持哥白尼体系而反对托勒密体系，至少是削弱了古人的权威。这些发现标志着近代物理学的开端。伽利略所著的《星际信使》的构题和扉页就可以说明这一点。书的副标题写着“伟大、非凡、惊人的奇景，供每个人，尤其是哲学家和天文学家思考。”书的扉页宣称，这些新近观察到的现象可见于“月球表面、无数的恒星、星云，特别是以不同距离和周期围绕木星快速运转的四颗游动的星星，在作者最近观察到它们并决定将其命名为美第奇星之前，从未有人知晓它们。”②

正因如此，1609年以后，伽利略为支持哥白尼学说提供了新的观测证据——天体并非完美，地球并非独一无二，地球与其他行星一样是运动的。

1. 证据一——发现月球并不完美

伽利略认为第一个需要研究的天体是月球，它是除太阳之外最为显眼的天体，而且离我们最近。1609年12月，伽利略用他自制的望远镜观测月球，

①② I. 伯纳德·科恩. 新物理学的诞生［M］. 张卜天，译. 长沙：湖南科学技术出版社，2010：44-45.

发现月球没有颜色，毫无生机，月球似乎是一个缩微的地球，有山、有谷、有海洋、有岛屿。这一发现表明，月球表面并非是一个平滑的、均匀的、完美的球体，而是粗糙不平的，充满了山脉和深谷，与地球表面并无多少不同。月球表面现象的发现反驳了古代哲学家关于天体完美的说法，也为地球并非独一无二提供了证据。

2. 证据二——伽利略发现了木星的卫星

木星宛如一个小型的哥白尼体系——4 个小天体在绕着木星运动，就像行星绕着太阳一样。既然木星可以带着它的 4 颗卫星在轨道上运行，地球为何不能带着月球运转？更重要的是，如果木星有 4 颗卫星，那么就不能认为宇宙中只有地球带有卫星，而且是独一无二的。另外，伽利略还发现金星与月亮一样，不时从新月变成满月，这就表明金星是自身不发光的球体，它是被太阳照亮而发光的。这意味着，金星有与月球类似的发光机制。这些发现进一步消除了古代关于天地之间的哲学壁垒。

伽利略还发现了太阳黑子。1613 年，他在《关于太阳黑子的书信》中详细记录了太阳黑子现象。太阳黑子证明了连太阳都不是古人所描述的完美的天体，而且伽利略还从中推出太阳在旋转，甚至计算出太阳绕轴自转的周期。这些发现表明哥白尼体系与新的观测事实能够很好地符合，为哥白尼体系提供了有力的观测证据。在当时，发现新行星被誉为发现了“新大陆”。①

在伽利略通过望远镜做出一系列重要发现之前，哥白尼体系仅仅是一套计算工具，而不涉及天体结构的真假。但在这之后，哥白尼体系成为一种实在，如何解决地动带来的物理学问题就变得更加迫切了。伽利略在这方面用功甚多，成绩斐然，他为近代运动学奠定了基础。他试图解决两个独立问题：一是落体在运动的地球上为何会表现出与假定地球静止时完全相同的行为；二是为一般落体运动建立新的原理。

---

① I. 伯纳德·科恩. 新物理学的诞生［M］. 张卜天，译. 长沙：湖南科学技术出版社，2010：44-45.

第三节　伽利略的运动科学

学习伽利略运动科学产生的历史有什么用?

1. 新课标关于伽利略的要求

在新课标中不论是选修部分（机械运动与物理模型），还是必修部分（物理学与人类认识），分别有“了解伽利略研究自由落体运动的实验和推理方法”“了解伽利略的实验研究工作，认识伽利略有关实验的科学思想和方法”“了解伽利略的实验方法和逻辑方法对经典力学诞生的贡献”的要求，同时还强调“体会物理学中实验或理论推导的方法，以及化繁为简的研究方法”。

2. 伽利略的科学方法与亚里士多德的逻辑方法的区别

新物理学与旧自然哲学的根本区别除基本概念及其框架不同之外，最突出的莫过于研究方法了。依赖于常识、经验再加上严密的逻辑推理构成了亚里士多德自然哲学的主要研究方法。而伽利略的研究方法是通过实验观察、建立模型，再通过数学将运动描述出来，是以实验为基础，以定量化描述为手段的严密的逻辑体系。通过本节伽利略发现运动规律的历史的学习，可以让学生体会伽利略创造性的思维所体现出的抽象与现实、理论观念与实验数据之间不断的相互作用的思想方法，以及将研究对象抽象化、模型化的处理方式，这是有别于亚里士多德及中世纪学者的研究方法的关键之处，也是新物理学区别于旧自然哲学的关键之处。

3. 了解伽利略运动科学发展的历史

要结合亚里士多德、中世纪学者对落体运动的认识讨论伽利略处理这些问题的方式，体会伽利略研究方法的特殊之处。这对于理解经典力学研究的思想方法非常重要，也是能够理解经典物理学的关键所在。

伽利略利用望远镜做出的新发现使得亚里士多德关于“地球静止、独一无二且为宇宙中心”等权威观念及概念体系开始动摇。但是要想推翻亚里士多德的概念体系，只有这些还远远不够。事实上，中世纪学者中早已经有人对于亚里士多德的学说持怀疑态度，并进行修正。可是，这些怀疑及观点并没有造成深远的影响，因为只注意到亚里士多德的某一条错误陈述，不能如同推倒多米诺骨牌一样而引起连锁反应从而推翻其整个学说。推翻亚里士多德学说不能只靠孤立的事实，必须从他的整个知识体系入手，通过从根本上改变研究自然现象的方法才能奏效。

这一工作从哥白尼开始，到开普勒、伽利略直到牛顿才得以完成，而其中伽利略在方法上的贡献是这一链条上关键的一环。

下面主要分析伽利略在运动学及动力学方面的贡献，从这些贡献中可以看到伽利略把力学研究引向一门全新的科学。

伽利略的物理学成就主要集中体现在其两本著作中，一本是公元 1632 年出版的《关于托勒密和哥白尼两大世界体系的对话》(以下简称为《两大世界体系的对话》)，另一本是 1638 年出版的《关于两门新科学的对话》。《两大世界体系的对话》以三人对话的形式写成，三人中一人是亚里士多德宇宙学说的倡导者辛普里丘，另一人是哥白尼日心说的支持者萨尔维亚蒂，还有一人是态度中立者萨格利多。前两人都试图说服第三人接受自己的观点。对话分四天进行，每天的对话都有一个主题：第一天的对话批判了以亚里士多德学说为主的地心宇宙体系；第二天的对话以大量事实论证了地球的自转运动，提出了相对性运动原理、惯性和运动叠加的思想；第三天的对话以大量观测事实论证了地球的轨道运动，证明了日心宇宙体系的简单性与和谐性；第四天的对话讨论了潮汐问题。伽利略通过书中的人物来阐明各家学说，用这种写作方式，避免声明自己对任何一方的赞同。但事实上，对话的内容有力地批判了亚里士多德和托勒密的宇宙学说，支持了哥白尼日心说的合理性。因此，这部书在当时被罗马宗教裁判所列为禁书，伽利略也因“强烈怀疑异端”受到审判，被判有罪并终身软禁。

《关于两门新科学的对话》仍然以三人对话的形式写成。所谓“两门新科学”，一门是指关于材料强度的科学，另一门是指关于物体运动的科学。对话在四天中进行：第一天和第二天讨论了材料的强度、形状和受力问题；第三天讨论了物体的匀速运动和加速运动；第四天讨论了抛体运动。这部书从第二天的对话开始，就以公理化体系组织内容，第二天的对话证明了关于材料强度和受力的8个命题；在第三天的对话中，先提出了1个匀速运动的定义和4个运动公理，然后证明了匀速运动的6个定理和命题，接着证明了加速运动的22个定理和38个命题；第四天的对话证明了关于抛体运动的7个定理和14个命题。伽利略的这种论证方法，是继欧几里得、阿基米德之后公理化方法在运动学方面最成功的运用。下面主要以落体运动及惯性规律的发现过程为例来追寻伽利略的思想轨迹。

我们前面讲过，在伽利略之前，人们对落体运动有两个看似合理而实际上又是错误的观念：第一，物体因重下落，所以物体越重，下落越快；第二，把介质的影响看作是落体运动必不可少的组成部分，而不是后来所认识到的干扰因素。中世纪学者虽然对上述观点提出质疑，但终究没有给出正确的说法。这些观念与亚里士多德的影响有关，也与当时数学的发展有关，更主要的是与处理问题的方式有关。因为如果考虑到阻力，会立刻增加解决落体运动的数学困难。阻力和落体的瞬时速度有关，而瞬时速度又和落体先前时刻所受的阻力有关，这个阻力又依赖于在这些时刻所获得的速度，这是一个很复杂的数学问题，超出了中世纪学者的数学能力。另外，缺乏经验研究也是一个重要因素。只是对落体进行表面观察，如树叶飘落和石头下落相比较，容易得出重物比轻物下落快的结论。处理落体和抛射体运动方式的转变是由伽利略完成的。

> **核心素养的培养**
>
> ★★
>
> 从亚里士多德到中世纪，再到伽利略关于力与运动关系的探讨过程，体现了运动与相互作用观念的形成过程。同时，在探讨运动原因的过程中，体现了对前人不同程度的质疑、修正与进步，展示了科学进步的阶梯。理解这些进阶过程对于理解近代物理学思想、方法非常有帮助，也是情境教学的良好素材。

17世纪之前，亚里士多德自然哲学是被人们奉为权威来讲授的。伽利略认为，亚里士多德的自然哲学中有许多错误，对此，他毫不隐瞒，甚至公开抨击过亚里士多德的运动学观点。有个众所周知的典故称，伽利略为了证明亚里士多德认为的“重物下落得比轻物快”的观点是错误的，在比萨斜塔做了自由落体实验。但是无论是在《论运动》中，还是在他的任何一部更晚的著作中，伽利略都未明确提及比萨斜塔实验。事实上，无论是伽利略本人还是他的反对者，都未留下任何直接记录证明该实验确实发生过。这些所谓的“实验”很可能仅仅是思想实验，或者仅作为一种理论上的反驳方式被描述。而且，即使伽利略真做了比萨斜塔的自由落体实验，仅凭这一个实验也不足以打破亚里士多德对思想的统治，科学家需要做的远不止是证明某种现象与他的某一个言论相抵触。更重要的是，需要有基本的物理学原理能够解释运动地球上新观察到的现象而且要用数学将这类现象描述出来。

一、自由落体运动定律

> 新课标要求
>
> ★
>
> 查阅资料，了解伽利略研究自由落体运动的实验和推理方法。通过实验，探究质量相同、大小和形状不同的物体在空气中下落的情况，了解空气阻力对落体运动的影响。

伽利略在《关于两门新科学的对话》中谈道：“在自然界中，也许没有什么东西比运动更古老了；关于运动，哲学家们写的书数量不少，部头也不小。尽管如此，我发现了运动的许多性质，它们是值得知道的，而且迄今还不曾有人注意过，更不要说演示了。”①

伽利略认识到，在他之前曾有人注意到下落重物的自然运动是连续加速的，但他说自己的成就是发现了“这种加速所依照的比例”。

他很自豪自己第一次认识到“从静止开始下落的物体在相等时段内经过的距离等于从1开始的奇数比的关系”。他还证明“炮弹或抛射体”并不仅仅描出某种曲线路径，这一路径实际上是抛物线。在《关于两门新科学的对话》的第三天对话中，伽利略将运动分为匀速运动和匀加速运动两类，首先给出了匀速运动的定义，即任意

① I. 伯纳德·科恩. 新物理学的诞生［M］. 张卜天，译. 长沙：湖南科学技术出版社，2010：72.

相等的时间内通过的距离相等，他特别强调在定义匀速运动时，必须把“任意”一词包括在内，否则这个定义就失去了意义。① 然后给出了匀加速运动的定义：“一种运动被称为等加速运动，如果从静止开始，它的运动的量在相等的时间内获得相等的增量。”② 接着，伽利略提出了等末速假设：“同一物体沿不同倾角的斜面下滑，当斜面的高度相等时，物体得到的速率也相等。”他认为，物体在下落过程中得到的速度只由下落的垂直高度决定，与下落路径无关。然后，伽利略用了同中世纪的奥里斯姆相同的方法证明了“中速度定理”，并根据“中速度定理”证明了匀加速运动的定理：“一个从静止开始以均匀加速度运动的物体，不同时段通过的空间距离之比等于所用时段的平方之比。”

这里，伽利略用数学证明了由静止开始的匀加速运动（即任何相等时段内速度的改变都相同）所走过的距离与时间的平方成正比。

自由落体运动是否符合他所提出的初速度为零的匀加速运动定理呢？伽利略认为应该通过实验做出检测，但由于竖直方向的自由落体下落的速度很快，做定量的观测在当时是十分困难的。伽利略为了“减缓”下落运动设计了“冲淡重力”的光滑斜面的实验，即利用下滑运动代替自由落体运动。根据这个结果，伽利略推理说，自由落体运动便是这种匀加速运动

> **内容解读**
>
> ★★★
>
> 空气阻力在运动中充当什么角色？该如何处理它？这些一直是动力学研究的重要问题。亚里士多德认为介质阻力是运动的原因，中世纪学者否定了这一说法，认为介质阻力只是阻碍运动的因素。因为介质阻力与运动速度相关，所以这是一个非常复杂的物理量。如何处理现实世界的复杂情况，这是物理学中理想模型建立的根本出发点。伽利略在这一问题上采取了简化问题的方法，如在自由落体运动中忽略介质阻力。

① I. 伯纳德·科恩．新物理学的诞生［M］．张卜天，译．长沙：湖南科学技术出版社，2010：73.

② 伽利略．关于托勒密和哥白尼两大世界体系的对话［M］．周煦良，等译．北京：北京大学出版社，2006.

的一个例子。在没有任何空气阻力的情况下，自由落体运动的加速将总是遵循这个定律。

大约 30 年后，当波义耳能够将汽缸排空时，他表明在这样一种真空中，所有物体不论形状如何，都会以相同速度下落。这样便证明了伽利略的断言（一种经验的外推），即所有物体都会以相同的加速度下落。于是，如果像通常那样忽视空气阻力的因素，则落体的速度只依赖于下落时间，而不会像亚里士多德所认为的依赖于物体的重量或推动物体的力。

一般的观点认为，科学研究通常的做法是收集大量观察事实，或者做一系列实验，然后对结果进行分类和一般化，寻找数学关系，最后找到一条定律。而伽利略的做法却有所不同，他是通过思考、创造观念，并结合实验验证，通常用笔和纸来工作。当然，伽利略并不是一个纯粹的书斋哲学家或思辨者。我们现在知道，伽利略一直在做实验，其创造性的思维体现于抽象与现实、理论观念与实验数据之间不断的相互作用。然而，在《关于两门新科学的对话》中，伽利略强调了“自然是简单的”这条一般原则。他寻找的是初级的简单关系，而不是更高级的关系。他希望找到不会导致矛盾的最简单的关系。然而，即使实验曾经是其思想发展的指导力量，但在最终表述时，斜面实验更多地起了一种验证作用，而不仅仅是探究性的实验。也就是说，伽利略的斜面实验并不是为了发现定律，而是为了确定伽利略讨论的这些加速运动也许在自然中真的存在。①

通过以上内容我们可以发现，伽利略是先通过逻辑推理得出数学关系，然后再进行实验验证。先假设后求证的方法，是伽利略科学研究的特点。他曾说过：“假设一旦被适当选择的实验所确证，就变成整个上层结构的基础。”②

二、惯性运动的思想

伽利略坚持数学抽象与经验世界之间存在着一种精确的关系。接下来我们

① I. 伯纳德·科恩. 新物理学的诞生［M］. 张卜天，译. 长沙：湖南科学技术出版社，2010：77-78.

② 霍金. 站在巨人的肩膀上：物理学和天文学的伟大著作集［M］. 张卜天，等译. 沈阳：辽宁教育出版社，2004.

再对这种科学方法论的贡献做一些讨论。例如，伽利略所宣称的大多数运动定律只有在没有任何空气阻力的真空中才能成立，而在实在世界中，必须处理物体在各种阻力介质之中的运动。如果要把伽利略的定律运用于周围的实在世界，就必须知道介质阻力到底会产生多大影响。特别是，伽利略能够表明，对于形状使得空气不会对运动产生很大阻力的重物来说，空气的影响几乎可以忽略不计。从一定高度释放的轻物和重物的下落时间之所以会有些细微差别，正是因为这种微弱的空气阻力所致。这一差别很重要，因为它表明空气会起到一定的阻碍作用，而差别很小则表明这种阻碍通常只会产生微弱的效应。

依伽利略所言，空气阻力会“依据抛射体的形状、重量、速度等的多种情况，以无限多样的方式”对运动产生干扰。然后他解释说：“就速度来说，速度越大，空气所引起的阻力也越大；当运动物体不那么致密时，这种阻力就较大。因此，虽然下落物体应该正比于运动时间的平方而变化其位置。但是，不论物体多么重，如果它从一个相当大的高度下落，空气阻力都将阻止其速度不断增大，终将使其运动变成匀速运动。而且，当运动物体较轻时，这种匀速性将更快地达成。”

在这个非常有趣的结论中，伽利略说，如果物体下落足够长的距离，那么空气阻力将按照某一比例随速度而增加，直到空气阻力把物体引向地球，并与其重量相平衡。如果两个物体尺寸相同，且由于形状相似而有相同的阻力，那么较重的物体将会加速更长时间，因为它的重量较大。它将一直加速，直到阻力（与速度成正比，速度又与时间成正比）等于重量。我们感兴趣的不是这个重要结果，而是伽利略的一般结论：当阻力变得足够大，以至于等于下落物体的重量时，速度便不会再有任何增加，产生匀速运动。这就是说，如果作用于物体上的所有力（这里是向下的重力和向上的阻力）之和相互抵消或净值为零，物体便会继续运动，而且是匀速运动。这不符合亚里士多德的学说，因为亚里士多德认为，推动力等于阻力时，速度就为零！我们看到，它是牛顿第一运动定律或惯性原理的一种有限形式的陈述。根据这一原理，净外力为零将使物体或以恒定速度沿直线运动，或保持静止，从而在匀速直线运动与静止之间建立了一种等价性，这一原理或许可以看作牛顿物理学的主要基础之一。

然而，伽利略的原理果真与牛顿的相同吗？我们注意到，在伽利略的陈述中并未提及一般的惯性定律，而只是提到了下落运动这一特殊情形。这是一种受限的运动，因为只有在落体碰到地面以前它才能继续下去。这种运动不可能像牛顿更一般的陈述那样，沿直线地无限继续下去。①

三、平抛运动研究

《关于两门新科学的对话》中，伽利略研究了抛射体的路径试图表明它是一条抛物线，并主要讨论了惯性问题。他把平抛运动看作是水平方向的惯性运动和竖直方向的匀加速运动的合成，确定了平抛运动的正确轨迹。伽利略的这一工作不仅描绘了平抛运动的正确轨迹，还创立了将复杂运动分解为简单运动的合成的运动学研究方法。同时，他也对惯性有了进一步思考。

新课标要求

★

必修 2 的学业要求中提出能认识平抛运动和圆周运动的物理学模型特征。并在具体要求 2.2.2 中明确提出“会运用运动合成与分解的方法分析平抛运动，体会将复杂运动分解为简单运动的物理思想。”

内容解读

★★★

伽利略用数学工具解决了平抛运动的实际问题。

《关于两门新科学的对话》第四天的对话讨论了抛射体的运动，其中给出的第一个定理就是关于平抛运动轨道的：“由匀速水平运动和匀加速的竖直运动合成的抛射体，其轨迹是一条抛物线。”

这些对抛物线路径的分析完全是基于伽利略的运动合成原理，即把一个复合运动分解成两个彼此垂直的运动（或分量）。他明确提出物体可以同时参与水平的匀速运动和竖直的加速运动，并且两者间互不影响。其中，合成运动的水平分量表明，物体虽然脱离了与匀速运动母体的物理接触，但仍然具有沿直线做匀速运动的倾向，或者说物体有一种反抗自己的运动状态遭到任何改变的倾向。这种性质在后来被牛顿称为“惯性”。

我们要注意到，在分析抛物线路径时，伽

① I. 伯纳德·科恩. 新物理学的诞生［M］. 张卜天，译. 长沙：湖南科学技术出版社，2010：88-91.

利略偏离之前的运动学，做了一些动力学思考。加速之所以存在于运动的竖直分量中而不是水平分量中，是因为重力在水平方向上没有作用。尽管伽利略没有把力当作抽象的东西，但也没有将其一般化，从而发现一种定性版本的牛顿第二定律。不过，后来的科学家还是在伽利略的这部分工作中看出了动力学的萌芽。①

四、单摆运动研究

1583 年，伽利略通过观察比萨大教堂的吊灯发现了摆的等时性。在 1602 年研究力学时，他提出了“弦定理”，即一个物体从竖直圆上任意一点沿无摩擦弦自然下落到最低点的时间相等。当时他给出了初步的几何证明。后来在《关于两门新科学的对话》第三天的对话中，又以命题的形式对此进行了更严格的证明。他据此推论，如果在一竖直面上从一点出发画任意多不同倾斜程度的直线斜面，使同样数量的重物同时从这一点沿不同线下滑，那么在相同时间内它们到达的各点将形成一个圆周。

弦定理被发现之后，伽利略转向单摆实验研究。1602 年 11 月，伽利略在写给吉多波德的信中描述了一个单摆实验：使用两根等长的细线（2—3 米），末端悬挂相同铅球，分别拉开至 80° 和 10° 后同时释放。但他在信中明确指出“大角度摆动比小角度稍慢”，这表明他当时尚未完全确认严格的等时性。直到 1604 年，伽利略通过小角度（＜ 10°）实验才最终验证了摆的近似等时性。他在 1632 年出版的《两大世界体系的对话》中首次提出单摆可用于时间测量。

五、伽利略的科学研究方法

经过科学史家的研究发现，伽利略在《关于两门新科学的对话》中介绍斜面实验显然是为了检验他通过抽象和数学方法所导出的原理是否真的适用于自然界。在读者看来，确保伽利略落体定律为真的首先是逻辑和定义的正确性，以及自然规律的简洁性和一致性得到验证。伽利略强调的是事物的本性和必然关系，而不仅仅是一系列实验或观测。根据伽利略的说法，即使面对与理

① I. 伯纳德·科恩．新物理学的诞生［M］．张卜天，译．长沙：湖南科学技术出版社，2010：94.

论相悖的感官证据（以实验或观察的形式表现出来）正确的结论也要坚持。

伽利略善于运用思想实验方法，这是他科学活动的一个特点。所谓思想实验，是在思想中进行的一种逻辑推理过程，它虽然不是真实的物质实验，但也需要在推理中设想出和真实实验相似的实验设备、实验条件和实验过程。

另外，伽利略在研究运动定律过程中，不是仅仅研究某一运动现象，而是研究某一类运动的性质。在研究运动的性质时，他相信简单性原则，如“最简单的变化是变化本身是恒定的”。[①] 即他寻找的是初级的简单关系，而不是更复杂的关系。

总之，要想深入理解伽利略的发现，必须认识到抽象思维的重要性，认识到伽利略对它的运用。对于科学来说，完善的抽象思维是比望远镜更具革命性的工具。伽利略表明了抽象思维如何能够与经验世界相关联，如何通过对“事物本性”的思考推导出与直接观察有关的定律。在这一过程中，实验对伽利略有至关重要的意义。[②] 比实验更重要的是将逻辑演绎、数学分析和实验结合在一起，这种方法完全有别于亚里士多德经验的、尝试的、思辨的自然哲学，为近代新物理的发展从方法上奠定了坚实的基础。伽利略在科学史上的意义正在于此。

> **核心素养的培养**
>
> ★★
>
> 伽利略的思想实验是一种很重要的研究方法。思想实验是探究物质世界本质的思维工具。思想实验在科学史上具有重要作用，牛顿、伽利略、爱因斯坦等都见证了思想实验的作用。没有思想实验，现代物理学几乎不可能。
>
> 另外，抽象化、简单化的物理学模型也是伽利略的一种重要方法。
>
> 让人们猜测实验结果，这种方法具有教学价值。思想实验对专业研究者具有重要作用，对心智发展本身也具有重要作用。用这种方法，教师和学生都将受益良多。

① I. 伯纳德·科恩. 新物理学的诞生［M］. 张卜天，译. 长沙：湖南科学技术出版社，2010：73.

② I. 伯纳德·科恩. 新物理学的诞生［M］. 张卜天，译. 长沙：湖南科学技术出版社，2010：71.

第三章 经典力学体系的建立

常人只见月亮悬于天际，而牛顿所见，乃是月亮永恒地向地球坠落。

——保罗·瓦莱里

从前面的论述中我们知道，伽利略本人并未试图展示完整的力的框架以说明行星或卫星的运动。至于哥白尼，其《天体运行论》中并未包含对天体力学的重要洞见。开普勒虽然试图提供一种天体的机械论，但结果并不令人满意。他主张太阳所流射出来的“施动灵魂”可以使行星环绕着太阳做圆周运动，并且还认为，太阳与行星之间的磁相互作用能够使行星的圆周轨道变为椭圆。牛顿在上述巨人的肩膀上走了完美的一步。

有人说，伟人在一定程度上是时代的产物。牛顿生活在一个在文化上已经为新的宇宙观做好准备的时代。哥白尼、第谷、开普勒和伽利略已经奠定了科学基础。正如牛顿自己所说，他站在“巨人的肩上”。1687 年，牛顿将他的发现及自己对力学体系框架的思考结果写成《自然哲学的数学原理》出版，这标志着牛顿力学体系的初步建立。因此，在科学史上一个普遍的观点，是从古代和中世纪向近代科学（经典科学）的转变是由牛顿完成的。本章将讨论牛顿的力学体系和引力理论的建立过程。

第一节 牛顿及其《自然哲学的数学原理》

1. 新课标关于统一性观念的要求

新课标虽然没有明确要求学生深入理解牛顿知识体系和惯性定律的发展历史，但从前面的导读中我们知道，了解惯性定律的建立对于理解新物理学体系的构建具有重要的意义。

2. 惯性定律与万有引力的关系

惯性定律可能是历史上最富成果的科学概念。它摧毁了亚里士多德关于运动的观念基础，引导牛顿以新的视角看待一种特殊的力：引力。

一个落向地面的苹果和一个高悬在天空中的月亮，它们在表面上看起来截然不同——除形状之外似乎毫无相似之处。亚里士多德会说，使月亮做圆周运动不需要力，因为这是它的自然运动。然而，惯性观点则认为，为了使月亮偏离直线运动，必须有一个力作用于它。这个力指向地心，就像作用于苹果上的力一样。牛顿假设这个力与拉苹果向下的力的来源相同，都是地球的引力。牛顿在看似无关的现象之间找到了相似之处：无论是落向地面的苹果，还是高悬于天空的月亮，它们的运动都可以归因于同一种力——地球的引力。

对惯性的普遍性的理解是由牛顿完成的。开普勒的天文学、惯性定律与有关运动定律相结合，引导牛顿发现了万有引力定律。更重要的是，惯性定律、万有引力定律提供了普遍的自然法则。这是牛顿自然观的重要组成部分，对物理学以及大众文化都有重要的影响。

3. 了解牛顿《自然哲学的数学原理》及其对惯性定律完整表述的历史

力与相互作用的关系是新课标中关于物理学观念理解的重要内容之一（另外两个是物质概念、能量概念）。牛顿完整地表述了惯性定律，并在此基础上建立了经典力学，力与相互作用的关系才清晰。其间耗费了智者近2000年的时间！讲授牛顿三大运动定律之前，利用这部分历史让学生理解牛顿力学的知识体系、公理化的研究方法以及统一性观念。

一、牛顿及其贡献

艾萨克·牛顿是英国物理学家、数学家、天文学家，在多个科学领域中都有重要贡献。在数学上，他与莱布尼茨各自独立发明了微积分；在天文学上，他提出万有引力定律，开辟了天文学的新纪元；在力学中，他系统总结了三大运动定律，建立了完整的经典力学体系；在光学中，他通过棱镜实验发现白光由不同颜色光组成，提出光的微粒说，设计了反射式望远镜。牛顿的每一项成就都足以让他名垂千古，而他一个人做出了所有这些工作，堪称科学史上的巨人。

> 内容解读
>
> ★★★
>
> 亚里士多德描述了我们的经验世界，而伽利略、牛顿描述的并非我们的经验世界，而是仅仅处理经验的某些情况的某些方面，而且是以模型化、抽象化的处理方法处理的。事实上，科学本身就不是把经验作为一个整体来处理。理解这一点对于建立物理学研究的思想、方法非常重要。

牛顿诞生于英格兰林肯郡格兰瑟姆附近的伍尔索普庄园。牛顿小时候就很擅长制作机械玩具。当时他制造的一个水钟在他离开格兰瑟姆后仍为人们所用。1661 年，牛顿进入了剑桥大学的三一学院。1665 年 8 月，为了躲避瘟疫，牛顿回到家乡。在回乡期间，他提出了广义二项式定理，建立了“流数术”系统（现代微积分雏形），开始进行光学方面的实验，并进行万有引力理论的研究。1667 年 4 月，牛顿通过拉丁语神学答辩当选为三一学院的院士。

1669 年 10 月，牛顿正式接替恩师艾萨克·巴罗出任剑桥大学卢卡斯数学教授。这时，他又恢复了中断的光学研究，发现了太阳光并非单色光，而是由折射率不同的单色光组成的。1671 年，他设计了牛顿式反射望远镜，首次实现无色差观测。1672 年，他向皇家学会提交了《关于光与色的新理论》。1696 年，他被任命为造币厂督办，任务就是监督铸造成色十足的银币。1699 年，在完成了督办的任务后被任命为造币厂厂长，同年当选为法兰西科学院外籍院士。1701 年，他辞去了三一学院的研究员和卢卡斯教授的职位，准备《光学》的出版和《自然哲学的数学原理》的再版。1703 年，牛顿当选为皇家学会会长。1705 年，牛顿获封骑士爵位。他还曾与莱布尼茨以及胡克等人因为一些原理的归属权而发生争论。

牛顿一生最主要的成就被编入了两部经典著作:《自然哲学的数学原理》（1687 年出版）和《光学》（1704 年出版）。《自然哲学的数学原理》的出版是整个物理学史上的重大事件之一。数千年来，人类一直在探索世界的运行规律，力和运动的原理，以及物体在不同介质中的运动。《自然哲学的数学原理》的出版可以说是这些努力的顶峰。

二、牛顿力学的公理化体系

牛顿的《自然哲学的数学原理》是用公理化方法组织材料写成的。他既运用了分析方法，又运用了综合方法：通过演绎方法证明定理，同时用实验方法验证结论。他的力学研究既继承了亚里士多德探讨物体运动原因的动力学传统，也继承了伽利略描述物体运动形式的运动学传统。

在《自然哲学的数学原理》的第一版序言中，牛顿说明了自己的研究方法和该书的体系结构。他写道:“我将在本书中致力于发展与哲学相关的数学。古代人从两方面考察力学，其一是理性的，讲究精确地演算，再就是实用的。”牛顿在自己著作中所说的“哲学”一般是指自然科学。力学有理论研究和实用研究两种传统，而牛顿强调的是理论研究传统。理论研究需要运用几何学的逻辑证明方法，牛顿已经认识到这种方法的重要性。他指出:“几何学的荣耀在于，它从别处借用的原理很少，却能产生如此众多的成就。”牛顿接着写道:“理性的力学是一门精确地提出问题并加以演示的科学，旨在研究某种力所产生的运动，以及某种运动所需要的力。”“我的这部著作论述哲学的数学原理，因为哲学的全部困难在于：由运动现象去研究自然力，再由这些力去推演其他现象。为此，我在本书的第一篇和第二篇中推导出若干普适命题；在第三篇中，我示范了把它们应用于宇宙体系，用前两篇中数学证明的命题，从天文现象推演出使物体倾向于太阳和行星的重力。再用其他数学命题，由这些力推算出行星、彗星、月球和海洋的运动。我希望其他的自然现象也同样能由力学原理推导出来……”。

尽管牛顿并没有声称自己要构造一个体系，但他实际上构建了一个人类有史以来最为宏伟的体系。他所说的力，主要是重力（我们今天称为引力，或万有引力），以及由重力所派生出来的摩擦力、阻力和海洋的潮汐力等。而他所研究的运动则涵盖了当时已知的各种形式和现象，包括落体、抛体、球体滚动、单摆与复摆、流体运动，以及行星的自转与公转、回归点、轨道章动等。简而言之，牛顿的目标是用统一的力学原理去解释从地面物体到天体的所有运动和现象。①

《自然哲学的数学原理》由逻辑公理部分和第一篇、第二篇、第三篇 4 个部分组成。逻辑公理部分包括“定义”和“运动的公理和定律”两节内容。其中，“定义”部分给出了质量、动量、惯性、力、向心力、加速度等 8 个定义，以及关于时间、空间和运动的 4 个附注。而“运动的公理和定律”部分给出了 3 个运动基本定律和 5 个推论。关于第一定律，在牛顿之前已有不少人有所认识，而第二定律和第三定律则是牛顿独立发现的。第二定律包含两层意思：一是物体惯性运动状态的变化与作用力的关系；二是作用力与惯性质量和加速度的定量关系。这个定律是牛顿在推导引力定律过程中发现的。在笛卡尔和惠更斯等人研究工作基础上，牛顿进一步研究了碰撞运动，从而发现了第三定律。

第一篇“物体的运动”包括 14 章，证明了 29 个引理和 98 个命题（其中包括 50 个定理和 48 个问题），内容包括向心力的确定、物体的圆锥曲线运动、物体的直线上升或下降运动、物体在向心力作用下的运动、物体的摆动、物体在引力作用下的运动、球形物体和非球形物体的引力计算等。

第二篇“物体在阻滞介质中的运动”包括 9 章，证明了 7 个引理和 53 个命题（其中包括 41 个定理和 12 个问题），内容包括物体在介质阻力与物体运动速度成正比和与运动速度平方成正比两种情况下的运动、物体在阻滞介质中的圆周运动、流体的密度和压力、流体静力学、物体在阻滞介质中的摆动、流体的运动、运动在流体中传播、流体的圆运动等。

第三篇“宇宙体系”将前面讨论过的定理应用于天体力学现象，提出了 4 条“哲学推理规则”，证明了 11 个引理和 43 个命题（其中包括 22 个定理和 21 个问题）。其中，定理 7 的内容是：“对于一切物体存在着一种引力，它正比于

① 牛顿. 自然哲学的数学原理［M］. 王克迪，译. 北京：北京大学出版社，2007：5.

各物体所包含的物质的量”。附在这个定理后的推论 2 指出：“指向任意物体的各个相同粒子的引力，反比于到这些粒子距离的平方。”将这个定理与推论结合起来，就给出了万有引力定律的完整表述。第三篇还讨论了行星、卫星和彗星的运动，分析了落体运动、抛体运动、岁差和潮汐现象等。以《自然哲学的数学原理》为标志，牛顿建立了科学史上第一个公理化的力学理论体系。这一体系既吸收了前人的研究成果，又包含了牛顿自己的天才发现和创造。牛顿的《自然哲学的数学原理》实现了物理学发展史上第一次大综合。

虽然《自然哲学的数学原理》中的经典力学理论现在已经受到挑战（见第八章），但对于天体力学和宏观物理学中的很多问题，我们至今仍然像 300 多年前的牛顿那样解决。这足以证明牛顿的科学天才。牛顿的天体力学理论至今仍然是现代航天工程的核心基础。

三、惯性定律的最终表述

在上一小节关于伽利略的介绍中，我们重点讨论了伽利略处理物体运动及惯性问题的思考方式。我们看到，伽利略并没有完整表述一般惯性定律。伽利略认为，不受外界影响的质点，将保持以地心为中心的圆周运动。在距离不大的情况下，这种运动可以近似看作直线运动，其本质是圆周惯性。

牛顿关于惯性定律的表述出现在《自然哲学的数学原理》的第一卷中。牛顿明确指出，这部分内容是数学的而不是物理的。牛顿认为，物体的自然状态是保持静止或做匀速直线运动，这种惯性运动是物体的基本属性。牛顿进一步指出，这种惯性运动不仅适用于地球上的物体，也适用于天体，包括行星的运动。

然而，行星并非沿直线运动，而是沿椭圆轨道运动。牛顿认识到行星的运动可分解为两种基本运动：一种是惯性运动（匀速直线运动）；另一种是由引力产生的使其不断偏离直线路径的向心运动。牛顿指出，行星的轨道运动是宇宙中可以观察到的惯性运动的最好例证。如果没有惯性运动的分量，那么持续不断地拉着行星的引力就会把行星拉向太阳，直到两者相撞。

对于伽利略而言，纯粹的圆周运动仍然可以被视为一种惯性运动。比如，在地球表面或接近地球表面的物体，其圆周运动可以被看作一种自然的、无须外力维持的运动。但是，牛顿指出，纯粹的圆周运动并不是惯性运动，而是加速运动。同样地，行星的椭圆轨道运动也并非纯粹的惯性运动，而是需要有外力的持续作用，这种力就是万有引力。

在这样的认识前提下，牛顿对惯性有了更加深刻的理解，由此提出了我们现在所说的惯性定律的一般表述。惯性现象是一个远离人们日常经验的、被抽象化和被理想化了的现象，它在日常生活中无法直接观察到。正因如此，从亚里士多德到中世纪学者，甚至到伽利略，都没有完整认识到惯性定律的普遍性。直到牛顿，才完整表述了这一定律。我们在前面提到的哥白尼理论无法解释的力学问题，正是惯性定律的发现从力学上为哥白尼学说提供了支撑。正是由于惯性定律的发现，新物理学才能够顺利诞生。可以毫不夸张地说，惯性定律是经典力学的基石。

第二节　万有引力定律的发现

“在中世纪到17世纪初，当人们追问‘什么使行星环绕太阳运行？’时，主流解释是天体由透明晶体球层承载，或如开普勒本人在《新天文学》中猜测存在某种‘推动灵魂’——这好比说有一群天使在行星后方扇动翅膀推其前行。”

——理查德·费曼

1. 新课标中关于万有引力定律的要求

（1）让学生了解万有引力建立的过程，认识开普勒定律在牛顿发现万有引力定律中的作用，体会数学方法在物理学发展及探索自然规律中的重要性。

（2）通过科学史实，理解万有引力定律的发现过程，掌握万有引力定律的内容。认识该定律在科学史上的重大意义，理解科学定律对人类探索未知世界的作用。

（3）以万有引力定律为例，理解科学认识中的统一性观念，认识自然界基本规律的普适性。

2. 万有引力定律与牛顿经典力学的建立有何关系？

上一节谈到惯性定律的认识与万有引力定律的发现有关联，而牛顿第三定律，即作用力与反作用力定律，是在研究万有引力定律的过程中发现的。牛顿的三大运动定律都与万有引力定律的发现有着密不可分的关系。

3. 如何使用万有引力定律发现的历史？

万有引力定律的发现过程是一个逐步深入的科学探索过程。首先，牛顿认识到行星与太阳之间存在相互作用力。其次，牛顿猜测这种力的大小与行星到太阳的距离平方成反比。最后，牛顿通过数学证明和实验验证，确立了平方反比定律。通过回顾这一历史过程，可培养学生新课标中要求的“科学思维”能力，即让学生体会从物理学视角认识客观事物的本质属性、内在规律及相互关系，培养他们将分析综合、推理论证等方法在科学领域的具体运用的能力与品格。

自行星运动的正圆轨道被开普勒打破后，天文学家开始关注这样的问题：行星为什么总是绕太阳做封闭曲线运动，而不是做直线运动跑离太阳呢？天体运动的动力学在 17 世纪末成为人们关注的重要问题。根据开普勒定律，尤其是第三定律（周期定律）和第二定律（面积定律），太阳必定按照行星与太阳的相对距离而支配（至少是影响）行星的运动。这种支配行星运动的力是什么？尽管开普勒提出的机制（如“施动灵魂”与“磁力”）并未被广泛认可，但人们普遍相信行星与太阳之间确实存在着某种相互作用，使行星能够维持在轨道上。

不仅如此，在开普勒之后，人们开始猜测任何从太阳流出来的力都必须沿四面八方扩展，其强度大概与到太阳距离的平方成反比。但这样的猜测与通过数学来证明它是非常不同的。因为证明它需要有一整套物理学，包括可以解决所有相关问题的数学方法。

该问题的解决是从两个方面推进的。一方面是提出引力与距离的平方成反比的假设。在这方面，胡克、哈雷等人都对此做出了贡献。另一方面，如果引力与距离的平方成反比，需要证明行星按照椭圆轨道运行。这一步是由牛顿完成的。

牛顿进入剑桥大学后，系统研读了开普勒的《折光学》、笛卡尔的《几何学》和《哲学原理》、伽利略的《两大世界体系的对话》以及胡克的《显微图谱》等著作，基本上掌握了当时最前沿的数学和光学知识，也了解了法国天文学家布里阿德在1645年提出的“太阳力随距离平方减弱”的假说。这些学术积累使牛顿对天文学和力学产生了极大的兴趣，对牛顿思考动力学和引力问题起到了重要作用。

一、胡克等人对引力的思考与贡献

事实上，在1680年前后，不少人已认识到引力与距离平方成反比的关系。除胡克之外，哈雷与雷恩均独立得出该结论。1684年1月，哈雷根据开普勒第三定律，推测出向心力必定与距离的平方成反比的结论。1684年1月的某个星期三，哈雷、雷恩和胡克三人在雷恩家中聚会，讨论行星运动轨道问题。当讨论到怎样才能推导出行星运动的轨道形状时，胡克声称自己能够推导出来，但他说只有在等到别人都推导不出来时他才去做，以便给别人提供一个尝试的机会。雷恩愿意提供价值40先令（约2610元人民币）的一本书作为奖品，奖励在两个月内能得出结果的人。几个月过去了，包括胡克在内，没有人能够推导出结果。1684年8月，哈雷为解决这个问题，专程去剑桥请教牛顿。牛顿告诉哈雷，他在5年前已经证明，如果天体受到的引力与距离平方成反比，则其运动轨迹是椭圆。但是，当时牛顿没有找到以前证明的手稿。牛顿向哈雷承诺，可以再重新做一次证明。1684年11月，牛顿向哈雷提供了一份证明手稿。

根据牛顿在1684年8月至10月间写的《论回转物体的运动》手稿，他明确提出了向心力及其定义，并证明了椭圆轨道运动的平方反比关系。手稿中的关键内容包括：“定义1：一个物体拉向一中心的力称作向心力。”“问题3：设一物体在椭圆轨道上运动，求指向椭圆的一个焦点的向心力定律。”“定理4：设向心力与离中心的距离的平方成反比，则运动周期的平方随横轴的立方而改变。”定理4就是哈雷要求牛顿证明的问题：如果向心力与距离的平方成反比，怎样证明物体运行的轨道是个椭圆？在这份手稿中，牛顿根据开普勒第三定律和向心力定律，运用几何方法和求极限方法完成了证明。虽然哈雷和胡克都意识到引力的平方反比关系，但是只有牛顿能够完成证明。关键是牛顿不仅对于离心力、向心力与引力之间的关系有比别人更为深刻的理解，而且他具有卓越的数学才能。

二、牛顿提出万有引力的步骤①

哈雷来访之后，1684 年秋天，牛顿撰写了《论运动》。在这部手稿中，他证明了以下关键命题：根据开普勒第二定律（面积定律），椭圆运动要求有一个中央的或向心的平方反比力指向计算相等面积所参照的点。由于行星以太阳为一个焦点沿椭圆轨道运动，而且太阳到行星的连线在任何相等时间内扫过相等的面积，牛顿得出结论：必定有一个力从每个行星指向太阳；这种指向太阳的力与距离的平方成反比。牛顿带着发现行星运动定律的自豪感写道，他已经证明："主要的行星沿着以太阳为中心的一个焦点的椭圆运转，从行星到太阳所画的半径描出的面积与时间成正比，这与开普勒的假定完全相符。"

事实上，牛顿的早期观点并不完全准确，也没有持续很长时间。正如牛顿后来意识到的，行星并非完全按照面积定律沿着以太阳为焦点的单纯的开普勒椭圆轨道运动。实际上，行星轨道的焦点位于公共的质量中心，因为不仅太阳吸引每颗行星，每颗行星也吸引太阳，而且行星之间也存在相互吸引。倘若牛顿早已提出了他的万有引力定律，他就不会提出并认为他已经证明了这一存在局限性的命题。

> 内容解读
>
> ★★★
>
> 开普勒定律主要适用于单体系统，即一个中心天体（如太阳）和一个绕其运动的行星组成的系统。

牛顿很快就认识到，他还没有证明行星完全按照椭圆轨道定律和面积定律运动。他只是发现，开普勒的这两条行星定律仅对于单体"系统"才成立，即单个质点在初始的惯性运动分量下，在中央力场中运动。牛顿承认，这种单体系统并不对应于现实世界，而是对应于一种更容易用数学进行研究的人为状况。在这

① I. 伯纳德·科恩. 新物理学的诞生［M］. 张卜天，译. 长沙：湖南科学技术出版社，2010：201-206（附录 16）.

种模型中，地球被简化为一个质点，太阳被视为一个不动的力的中心。

> **核心素养的培养**
>
> ★★
>
> 这里再次强调，物理学的思想并非体现在处理实际问题而是在于处理模型化了的问题，这是学习物理学需要建立的重要物理学观念。

事实上，宇宙间的相互作用并不是单体，而是多体相互作用。这需要考虑我们所说的牛顿第三定律，即每一个作用都必定有一个大小相等、方向相反的作用。对于太阳和行星（比如地球）来说，这一定律意味着，如果太阳给地球施加一个引力，使其保持在轨道上，那么地球也必定给太阳施加一个相等的引力。从理论上讲，这两个物体会彼此牵拉，结果是每一个物体都围绕它们公共的重心作轨道运动。那么，公共重心的位置如何确定呢？牛顿证明了，由于地球的质量与太阳的质量相比微不足道，所以它们的公共重心实际上就在太阳的中心。因此，太阳的运动几乎可以忽略不计。

在完成了《论运动》第一稿之后，牛顿关于作用和反作用的思想进一步发展，并被系统地阐述在《自然哲学的数学原理》第一卷的开篇几节中。在第一卷的第 11 节的引言中，牛顿解释说，他首先考虑了一种“在现实世界中几乎不存在”的理想情况，即“物体被引向一个不动中心的运动”。这种理想化的单体模型是人为的，因为“如果有两个物体，那么无论是吸引者还是被吸引者，都不可能保持静止”。相反，“这两个物体会围绕公共的中心旋转，就像受到相互吸引一样。”

牛顿已经认识到，如果太阳牵引地球，那么根据第三定律，地球也必定以相等大小的力牵引太阳。在这个二体系统中，地球并非沿着一个简单的轨道围绕太阳运转，而是太阳和地球都围绕着它们的公共重心运转。牛顿进一步将这一思想推至多体系统。他指出，每颗行星既是一个引力中心，又是一个被吸引的物体。因此，行星不仅吸引太阳且被太阳所吸引，还彼此吸引。这一认识是牛顿第三定律的重要推论，从一个相互作用的二体系统跃入了一个相互作用的多体系统。

1684 年 12 月，牛顿完成了《论运动》的修订稿，描述了相互作用的多体系统背景下的行星运动。与早先的草稿不同，修订稿的结论是："行星既不会完全沿椭圆运动，也不会在同一轨道上旋转两周"。牛顿进一步指出："行星运转多少周就有多少条轨道，比如月球的运动，任何行星的轨道都取决于所有行星的联合运动，更不用说所有这些行星都彼此作用了。"他接着写道："如果我没有说错的话，要想同时考虑运动的所有这些原因，并通过它们来确定这些运动，的确超出了整个人类的智慧"。

将天体看作质点的合理性是发现万有引力的关键点之一，而这一合理性需要从数学上证明。1685 年，牛顿用他创立的微积分，证明了一个所有与球心等距离的点上的密度都相等的球体在吸引一个外部质点时，其引力效果等同于全部质量都集中在球心。这一证明为牛顿将太阳系各天体视为有质量无体积的质点提供了坚实的数学基础，成为发现万有引力定律的重大突破。据说，面对越来越强烈的成功预感，牛顿激动得算不下去，只好让他的朋友替他完成后续的计算工作。

牛顿天体动力学的一个革命性特征就是他所做的这样一个区分：在数学领域，开普勒定律被视为精确的定律；而在物理学领域，开普勒定律则被视为一些"假说"或近似。

1685 年春，就在修订《论运动》的几个月后，牛顿即将完成《自然哲学的数学原理》的初稿。在《宇宙体系》的最初版本中，他阐述了使他想到行星引力相互作用概念的步骤。在这些步骤中，牛顿第三定律（作用与反作用定律）起了主要作用。牛顿指出，根据这一定律，所有物体必定彼此吸引。这一结论不仅适用于行星与太阳之间的引力，还适用于所有物体之间的相互作用。牛顿自豪地给出了这一结论，并解释了为什么在日常生活中无法观察到这种引力。他写道，"只有对于巨大的行星，才可能观察到这些力量"。

《自然哲学的数学原理》第三卷关注的也是宇宙体系，但其数学性更强。在这一卷中，牛顿以更加严谨的方式讨论了引力主题。首先，在所谓的"月球检验"中，牛顿将地球的重力扩展到月球，并且表明这种力与距离的平方成反比。然后，他将这种地球的力等同于太阳对行星的力以及行星对卫星的力。他把所有这些力都统称为"引力"，并借助于第三定律，将太阳对行星的力的概念转变为太阳与行星之间的相互作用力。同样，他也把行星对卫星的力的概念转变为行星与卫星之间的相互作用力，以及卫星之间的相互作用力。最后，牛顿提出了所有物体都相互吸引这一普遍原理。

我们可以看到，牛顿创造性的想象力是如何引导他走向万有引力概念的。使他得出行星之间相互作用力的论证也可应用于卫星系统、地球和苹果。最终，这一思路导出了大胆的结论，即宇宙中任何地方的任何两个物体都会彼此产生引力作用。于是，物理学的逻辑在一种创造性数学直觉的指导下，造就了一条适用于天地万物的相互作用力的定律。这条定律在宇宙中任何地方都适用。这种力与距离的平方成反比，与产生吸引的质量成正比，比例系数为万有引力常数。

这一过程表明了牛顿思考物理学的丰富方式，其中数学被用于外部世界的描述和解释，也被实验和批判性观察所揭示。这种创造性的科学推理模式曾被称为“牛顿风格”。牛顿的伟大著作《自然哲学的数学原理》的名称便是这一风格的明证。

> 内容解读
>
> ★★★
>
> 牛顿第三定律（作用与反作用定律）在类比和推演过程中成为万有引力概念的重要思想来源。在古代，人们普遍认为天、地有别，构成物质不同，遵循的运动规律不同。万有引力定律将天上的物理学与地上的物理学统一了起来，这是了解统一性观念在科学认识中的作用的典型案例。而且，同一观念体现在牛顿力学的各个方面，用牛顿运动定律可以解决任何形式的运动问题。

1798 年，英国物理学家卡文迪许做了测量万有引力常数的经典实验，证实了万有引力定律的正确性，并测定了该常数的数值为 $6.67\times10^{-11}\mathrm{N\cdot m^2/kg^2}$。这标志着万有引力定律的最后完成。

三、万有引力定律的科学预见：海王星

牛顿的伟大之处不仅仅在于他研究力学的广度和才能，也不仅仅是因为他做出了独创和优美的数学证明，更在于他能够把每一个想法发展成为最丰

新课标要求

★

必修2：2.2.4 认识科学定律对人类探索未知世界的作用。

核心素养的培养

★★

一个好的科学理论应具有解释力、预见力。万有引力定律的发现，不仅很好地解释了天体的运动原因，还预见了海王星的存在，并最终被证实，这些充分显示了万有引力定律的理论威力。

富成果的种种细节。其中，预见新的行星就是一个典型的例子。预见并发现新的行星显示了万有引力理论的威力。在牛顿逝世100多年后，他的万有引力定律究竟是怎样帮助人类发现新的行星的？一位物理学家曾说过："除了一支笔，一瓶墨水和一张纸外，再不凭任何别的武器，就预言了一个未知的、极其遥远的星球，在从未见过以前就计算出它的轨道，并能够对一个观测天文学家说，把你的望远镜在某个时间瞄准某个方向，你将会看到人们过去从不知道的一颗行星——这样的事情无论什么时候都是极其引人入胜的……"①

1781年，英国天文学家威廉·赫歇尔用自制望远镜观察天空，发现了现在称为天王星的行星。发现天王星后，它的运动轨迹就成了天文学家不断研究的主题。之前积累的资料表明，天王星的运动有某些不规则性。但这些不规则性不能简单归因于牛顿引力定律所描述的已知天体的引力干扰。牛顿的引力定律已经成功解释了太阳系内行星、行星的卫星、彗星的运行，以及海洋潮汐的产生。根据牛顿的理论，行星之间的运动确实会受到相互引力的干扰②，但这些已知的引力干扰无法完全解释天王星的轨道不规则性。天文学家开始猜测，在天王星之外可能有一个未曾预料到的行星。这颗未知行星对天王星的轨道产生了附加的干扰作用。这个想法引起了剑桥大学一位青年学生亚当斯的兴趣。他使用万有引力定律，从观察到的天王星

① 霍尔顿，布拉什. 物理科学的概念与理论导论（上）[M]. 张大卫，等译. 北京：人民教育出版社，1980：232.

② 牛顿. 自然哲学的数学原理[M]. 王克迪，译. 北京：北京大学出版社，2007：389-595.

的运动数据出发，来计算这颗未知行星的位置。这是一项极其艰巨且困难的数学工作。通过复杂的数学计算，1845 年，他得出了该问题的数学结果，并推断出新行星在特定时刻出现在轨道上的位置。随后，亚当斯写信给格林尼治皇家天文台，请求他们用强大的望远镜在预言的位置上寻觅这颗假设的新行星。然而，因为亚当斯当时还是一个不出名的青年数学家，他的请求没有受到足够的重视。

> **内容解读**
>
> ★★★
>
> 海王星的发现是机械决定论的一次胜利。机械决定论的特征：如果有一种智慧能了解在某一特定时刻支配自然界的所有力，以及组成它的实体的各自位置，并且这种智慧足够强大，能够分析所有这些事物，那么它就能够用一个单独的公式概括出宇宙万物的运动。从最大的天体到最小的原子，无一例外，而且对于未来，就如同对于过去一样，都能一目了然。

1846 年 6 月，另一位法国青年天文学家勒维耶发表了类似的独立计算结果，他给出的这颗被猜测的行星位置很接近于亚当斯的预言位置。后来英国终于决定对亚当斯的理论计算予以验证，当英国人正在迟缓地进行某些观测时，勒维耶把他的预言送交柏林天文台时任台长恩克那里。恩克收到信后，恰好手边有一幅有助于寻觅该行星的行星图。于是他亲自寻觅，并在非常靠近预言位置的天区辨认出了这颗行星。这颗行星就是海王星，它于 1846 年被正式确认为太阳系的第八颗行星。这确实是万有引力定律的一次辉煌胜利！[①] 之后，海王星成为天文学家仔细观察的对象。然而，当时的观测数据显示，天王星和海王星的轨道似乎仍存在无法用已知天体引力完全解释的微小摄动，一些天文学家因此再次提出了太阳系还存在未知行星的假说。经过长达 25 年的观测和搜索之后，终于在 1930 年由美国天文学家汤博发现了冥王星。

按照牛顿的思维模式，给定一个初始条件，又知道作用的法则（如万有引力定律），那么我们就可以通过数学推导得出一个确定的结果。在数学工具的

① 申先甲，等. 物理学史简编［M］. 济南：山东教育出版社，1985：264-269.

帮助下，利用万有引力定律对天王星运动的测量数据进行计算，在没有借助望远镜的前提下便发现了新的行星，这说明了科学定律可指导人们更好地认识和探索世界，也说明了牛顿力学的巨大威力。

牛顿在 1687 年总结的万有引力定律可以表述为：“宇宙中的所有物体都相互吸引，引力的方向沿着两物体的连线，其大小与各物体的质量成正比，与两物体之间距离的平方成反比。”[①] 其重要意义如下。

第一，万有引力定律为人们提供了一种统一的计算方法。它不仅是一个抽象的数学模型，更揭示了自然界中确实存在一种物体自身产生的吸引力。通过这一定律，人们可以计算出那些看不见、摸不着的引力。

第二，万有引力定律消除了人们对天体运动的神秘感，把天上的行星运动与地上的苹果落地的原因统一起来了。牛顿自己曾说，他发现这个定律是通过“不停地思考”。牛顿对万有引力问题的贡献主要体现在两点：一是肯定了地球上物体的引力和天体之间的引力的同一性，打破了亚里士多德“月上”与“月下”两个世界的划分；二是用数学方法表达了万有引力定律。

第三，万有引力定律第一次科学地解释了一种基本相互作用力——引力。它是 17 世纪自然科学界伟大的成果，是人类认识自然界的一座里程碑。牛顿让我们认识了作为自然界四种基本力之一的万有引力（其他三种分别是电磁力、强力和弱力）。万有引力至今仍是科学家研究的重要内容。

四、牛顿的世界观：机械的宇宙

在 16、17 世纪，新的日心天文学和惯性物理学迎来了一种新的哲学和宗教观点，我们称其为“牛顿世界”。牛顿世界的核心是牛顿物理学，特别是他的万有引力定律和运动规律。这些理论对牛顿之后的物理学以及大众文化产生了深远的影响。

在西方世界，牛顿之前的中世纪欧洲将基督教神学、托勒密体系的地心天文学和亚里士多德自然哲学结合在一起。这一世界观的核心是目的论概念，

① 乔安妮·贝克. 你不可不知的 50 个物理知识［M］. 马潇潇，译. 北京：人民邮电出版社，2010：14-15.

即自然现象和宇宙秩序均指向某种终极目的。在欧洲中世纪，经院哲学与大众文化共同形成一种信念，认为万物皆有目的，而且宇宙的终极目的与人类密切相关——人类被视为上帝创造的中心。托勒密体系的地心天文学和亚里士多德自然哲学中“自然位置”的目的性运动理论，均与这一目的论框架高度契合。这种世界观同时反映了中世纪欧洲的封建等级社会结构：在基督教的解释下，社会被描绘为由上帝安排的国王、土地贵族，以及依附于土地的农奴和佃农。

中世纪以后的天文学和物理学逐渐摒弃了地心天文学和亚里士多德的自然哲学。哥白尼把地球从宇宙的中心移开，开普勒用椭圆轨道取代了行星的“自然的”圆轨道，而伽利略、笛卡儿则宣称物体运动并不是因为它们有什么目的，而仅仅是由于没有什么东西使它们停下来。自然位置的层级性、地球的特殊地位、人类中心论，以及目的论的宇宙观，这一切都被一扫而光。

争取宗教自由和政治自由的思潮在近代科学革命时期的兴起并非偶然。随着分层级的宇宙论开始瓦解，人们不再认为应该遵循旧的等级制的文化习俗。新科学把普遍的自然法则而不是某个特定的人或宗教信仰确立为人类行为的终极准则。于是，宗教改革家如马丁·路德就得以挣脱束缚，向中世纪基督教传统发起挑战。政治改革家杰斐逊就能够起草《独立宣言》，这个宣言摒弃了英王王权神授的观念，强调“天赋人权不可侵犯”，为现代民主制度奠定了基础。科学革命不仅改变了人们对自然界的理解，还深刻影响了宗教、社会和政治领域。

伽利略追求的只是描述事物的行为，而不追求为什么它们会有这样的行为。他并不关心物理现象的目的。把复杂的物理现象分解成最简单的成分，并对这些成分进行研究的分析方法是他的重要工具之一。这种分析方法导向对物质基本组分的研究。皮埃尔·伽桑狄等 17 世纪学者将古希腊原子论与新兴力学结合，最终通过牛顿《光学》中的“坚固质点”表述，使机械论原子观成为经典物理学的框架之一。

在中世纪经院哲学的传统观点中，上帝持续地、能动地存在于整个宇宙，不断地赋予万物目的性。而近代科学革命催生的新观点认为，上帝顶多是一位不干预的立法者。笛卡儿和伽利略相信，需要上帝来建立自然法则并使宇宙启动，然而一旦启动，整个宇宙就自主运转了。

一台机器，特别是像钟表这样精巧协调的机器，是对牛顿世界观的一个极好的比喻。一旦主人开动了它们，钟表就会按照其内部的工作原理自己走下去。牛顿及其同时代的物理学奠基人把宇宙设想成与时钟的机制类似，其工作原理是自然法则，而其基本组分是原子。由于这种观点强调宇宙的机械性质，我们称其为机械宇宙观。

事实上，牛顿物理学的一个主要推论是每个物理系统都是完全可以预测的，就像一个完美的钟。举一个简单的例子，牛顿物理学能准确预测一个自由落体在任何指定时间内下落的距离。这种像钟表一样的可预测性具有惊人的含义。为了理解这些含义，想象一个简单、孤立且自成系统的原子集合，这些原子按照牛顿物理学的规律运动和相互作用。假设我们确定了一个特定时刻每个原子的精确位置和速度，那么根据牛顿的运动理论，就可以精确预言这个系统在任何时刻的全部未来行为。牛顿的观点是，宇宙本身就是这样的一个原子集合。因此，未来完全由宇宙中所有原子在某一特定时刻的行为决定。

根据牛顿世界观，进入你头脑的每个想法或每种感觉都可归结为你的头脑里和别的地方的原子的运动。所以，你的思想、感觉和行动全都是预先决定的，且可以被预言。这样一个机械论的宇宙，自由意志的丧失和缺少一位持续创造的上帝，使许多传统奉行者感到冷酷无情。然而，从 17 世纪到 20 世纪，这些观念影响了许多受过教育的人。牛顿物理学是如此成功，以致与其相伴的哲学几乎毫无异议地被接受。人们在不知不觉中吸收了类似时钟机构的宇宙观念，最终把所有的现象和问题都简化为机械解释，而且这种机械宇宙观使牛顿解决的问题不仅包罗万象，而且十分有效。《自然哲学的数学原理》中的内容构成了物理学和工程技术的重要基础，而牛顿富有成效的方法，也成功指导了物理学的研究。

第三节　牛顿之后的物理学

1. 新课标关于力与相互作用的要求

物理学科核心素养的内容之一是对物理观念形成基本认识，其中的内容之一是从物理学视角形成运动与相互作用（另外两个是物质、能量）的基本认识，并指出是从物理学视角解释自然现象和解决实际问题的基础。

2. 力与相互作用的物理观念在牛顿力学中的重要性

可以毫不夸张地说，力与相互作用的观念是贯穿牛顿力学一种解释纲领——力学解释纲领，也是牛顿机械自然观的核心内容。19 世纪的物理学明确规定了能用力学纲领解释的科学为物理学。因此，通过了解牛顿之后的力学以及物理学发展的大致轮廓，可以让学生更好体会力与相互作用观念的实践及发展。

3. 了解牛顿之后的物理学发展的历史

讲述力、热、光、电、原子物理的各部分内容时，都可以利用这部分内容，让学生理解牛顿的力与相互作用观念对上述各分支学科发展的影响，深刻体会这种观念在物理学发展中的作用。

《自然哲学的数学原理》一书的出版标志着始于哥白尼《天体运行论》的科学革命在理论层面达到成熟阶段。哥白尼和开普勒用他们在天文学领域的发现，削弱了亚里士多德的天体理论。伽利略一方面以其望远镜的发现支持哥白尼体系，另一方面，他从力学的领域发起有力的攻击——牛顿的万有引力定律最终驳斥了亚里士多德的观念，即认为统管天体（被认为完美）的运动与地球（被认为不完美）的运动有所不同。牛顿的运动定律和万有引力定律，将天体和地球的各类运动统一起来。自此，宇宙不再具有那种特殊的神圣性，一个受力学支配的宇宙诞生了。

内容解读

★★★

新课标要求的物理观念包括物质观、运动与相互作用观和能量观。关于“力”的争论，正是体现了其中后两个观念的争论。

一、牛顿之后关于“力”的讨论

牛顿最大的贡献在于对经典力学体系的构建和对力作为运动原因的探讨。牛顿之后，力学的发展并没有停滞。关于什么是“力”，如何量度力成为科学界广泛关注的问题。这些问题的探讨一方面推动了动能、动量等力学概念及其数学规律的发现；另一方面，也扩展了牛顿力学的研究范畴。17 至 18 世纪，这些问题的探讨在自然科学中占据核心地位。

关于什么是“力”的争论主要在笛卡尔学派和莱布尼茨学派之间展开，其争论的焦点是运动物体所受力的正确测量方法，即应该用运动的量（mv），还是活力（mv^2）来量度。这场争论持续了数十年。如果不说明历史背景，读者就难以理解这种表述的物理意义。牛顿认为，力是作用在物体上的一种效应并使物体产生加速度，所以他把力看作是物体运动状态改变的原因。

但是，我们知道，一个正在运动的物体具有使另一物体产生运动的能力，例如推动物体或者使它向前滚动，以及克服阻力的能力。这种使物体产生机械效应的能力被当时的学者称为“力”，显然，问题是“这个力决定于哪些量，以及它是如何依赖于这些量的？”笛卡尔认为，这种力等同于中世纪所谓的“冲力”，其大小由物体质量与速度的乘积决定。笛卡尔通常称这个量为“运动量”，有时也称为“动力”。牛顿后来采用的正式术语是“动量”，尽管他本人也沿用“运动”这一表述。此外，笛卡尔提出自然界中“运动量”的总和是恒定不变的。这与笛卡尔自然哲学的基本原则相一致，即基于不变性的形而上学假设，认为在所有物质过程中，所包含的一切物体的总“力”不变。

然而，莱布尼茨对笛卡尔的这一原则提出了挑战。作为与牛顿同时独立发明微积分的数学家，莱布尼茨致力于将微积分方法应用于力学研究。他提出了“活力”和“死力”的概念。一个运动物体的“活力”指该物体做功的能力，大小和物体的质量及速度平方成正比。而“死力”指静止物体对支撑点施加的力，实质上等于物体的重量。莱布尼茨主张，物体的力不决定于 mv 而决定于 mv^2，并认为在所有自然过程中保持不变的不是 $\sum mv$，而是 $\sum mv^2$，即总活力。18 世纪 20 年代，这场争论再度兴起。到 18 世纪中叶，争论在未达成共识的情况下逐渐平息。从现在的视角看，这场争论反映了对物质本性的不同理解（如果组成物质的终极粒子完全是非弹性的原子，活力就不能守恒）。此外，这场争论还来自这一事实：尽管有了牛顿的工作，但对冲量、动量、功、功率等各个力学量的定义，还没有清楚的区分，但上述关于“力”的争论却将力学引向纵深发展的方向。

二、牛顿之后力学研究方向的拓展

18 世纪的数学家们在阐明这些力学量的区别和在更确定的基础上建立力学诸原理上有了主要进展。有几位力学家值得我们关注。一位是让·勒·隆·达朗贝尔，他的《动力学论著》（1743 年）在力学领域中很有影响，将牛顿第二定律中表述的运动方程看作是每一瞬间的平衡力系，由此以公式化形式提出了“达朗贝尔原理”，该原理的引入使动力学问题转化为静力学问题。另外，牛顿运动定律是就单个质点而言的，达朗贝尔将它扩展到受约束的质点系的运动。而且达朗贝尔还提出了这样一个问题：力学是数学的一个分支还是一门经验的科学？达朗贝尔的回答是赞成前者。

另一位值得关注的是莱昂哈德·欧拉。欧拉是一位伟大的数学家。他的《分析力学或分析的运动学》（二卷本，1736 年）是第一部系统的力学教科书。在这本书中，他首次用分析方法取代了牛顿的几何方法，使力学问题的处理变得更加清晰。欧拉阐述了一种研究刚体运动的分析方法。他把牛顿讨论单个粒子的动力学的许多工作用微积分这种数学语言再现，以求更精确地定义“力”这个概念。1750 年，欧拉宣布了适用于一切力学系统的“一条新力学原理”，这个原理就是现在普遍被称为“牛顿第二定律”的解析表述，即动量定理。在认识到这一原理的普适性之后，欧拉进一步推出了刚体运动基本方程（现称欧拉方程）。

另外，动量矩原理（又称角动量定理）在这一时期内建立并发展成为非常普遍的一条重要的力学原理。它的原始形式出现在雅各布·伯努利、他的侄子丹尼尔·伯努利和欧拉的著作中，最终欧拉在 1775 年宣布它是力学的一个独立

> 内容解读
>
> ★★★
>
> 在牛顿经典力学的基础上，19世纪物理学的发展不仅把力、热、光、电和磁当作运动形式来研究，同时发展出了以能量作为基本出发点的研究方向。理解牛顿之后的力学发展对于这一方面的理解很有帮助，尤其是能量的观念点。

的公理。他们还发展出适用于比牛顿研究范围更广的物理系统的原理，如流体力学和弹性力学中的相关原理。

流体中的内压力是另一个得到类似的澄清和推广的概念。牛顿在《自然哲学的数学原理》的第二篇中提出了流体静力学的几个命题，但没有做进一步的讨论；约翰·伯努利在他的《流体力学》(1738年)中，明确建立管内流动的压力概念；达朗贝尔于1749年、欧拉于1755年更漂亮地把流体的压力概念推广至任意空间区域的流体运动，并且结合动量原理，构建了系统的流体力学理论。在约瑟夫·路易·拉格朗日(1736—1813年)1788年出版的巨著《分析力学》里，所有这些原理被统一整合到一组描写物体系统的运动的基本方程中。

18世纪力学发展呈现出一个显著的特点：其理论建构与实验探索严重脱节。虽然物理问题提供了最初的研究动机，但是绝大多数工作都是基于纯数学考量，导致许多方程解缺乏物理实用性——在许多情况下，为了使得问题在数学上易于处理而不得不引入不现实的假设。正如丹尼尔·伯努利在抱怨达朗贝尔关于风的研究时所说的：“一个人读过他的文章后，并不比读之前对风了解得更多。”亚力克西－克洛德·克莱罗等人在18世纪30年代和40年代关于地球形状的数学讨论，和同一时期巴黎科学院的成员们在他们著名的拉普兰和秘鲁的探险活动中所进行的测量事实上毫无关系。这种倾向最终将上述力学家引向几乎抛开了物理问题而偏向于对数学函数性质的讨论。18世纪的力学在很大程度上成为数学的一个分支，而不是实验科学。①

三、牛顿之后物理学其他分支学科的发展

19世纪的一百年是物理学发展的一个特别时期。在这100年中，物理学涉

① 波特. 剑桥科学史(第四卷)：18世纪科学[M]. 方在庆，等译. 郑州：大象出版社，2010：354-355.

及的范围不断扩大。在 18 世纪晚期，物理学在定量化和寻求数学的规律性的基础上，根据力学解释纲领，在力学、热学、光学、电磁学、原子物理等方面有了各自的发展，建立了统一的经典物理学体系。

19 世纪的早期，“物理学”已以近代的更加专门的意义，用来表示用数学方法和实验方法去研究力学、电学和光学的科学。詹姆斯·克拉克·麦克斯韦在 19 世纪 70 年代出版的《不列颠百科全书》第九版的一个题为“物理科学”的条目中，明确规定了能用力学纲领解释的科学为物理学，首次明确了 17 世纪以来逐步形成的“世界的机械论图像”的历史地位，亦即表明了运用力学体系的结构和运动定律解释物理现象在观念上是正确的。约翰·伯恩哈德·斯特洛在 1881 年的《近代物理学的概念和理论》一书中，写了一篇针对当时的物理学理论的评论文章，文章中对物理学的理论框架下了一个更加详尽的定义：

> 物理科学，除研究动力学的普遍定律并将这些定律应用于固体、液体、气体的相互作用系统之外，还包括那些所谓的不可称量因素的理论，亦即包括所谓光、热、电和磁等的理论；再者，所有这一切眼下都一并作为不同的运动形式来看待，亦即作为一样的基本能量却以不同的表述方式来加以对待。[①]

能量概念为物理学提供了一个全新的、统一的理论框架，借此，包括热、光、电及力学在内的所有物理现象都可以在力学自然观的范畴内，采用统一的概念框架给予解释。19 世纪物理学发展的主题是根据力学自然观，假定运动着的物质是一切物理现象的基础。

接下来，我们将讨论 19 世纪物理学发展状况，即以建立能量守恒定律为统一原理，以力学解释纲领作为物理理论支柱的基础上展示物理学各分支学科的发展历史。

---

① 哈曼．19 世纪物理学概念的发展：能量、力和物质［M］．龚少明，译．上海：复旦大学出版社，2000：2.

第四章
能量守恒与热力学理论的建立

能量的概念像一些强有力的科学概念一样，说明并统一了多种多样的物理现象。与牛顿定律不同，能量的原理适用于一切现象：从小到原子核、基本粒子到大到宇宙。

第一节　关于热本质的认识

1. 新课标关于物质观念的要求

核心素养之一的“物理观念”之一要求从物理学视角形成关于世界物质构成的基本认识，并能用其解释自然现象和解决实际问题。能从受力、动量守恒、能量守恒等不同角度思考物理问题。关于热的本质的探讨是世界物质构成观念的重要组成部分，是热学发展的基础。能量守恒定律正是在此基础上建立起来的。

2. 热本质的探讨与能量守恒定律的关系

通过热到底是一种物质还是一种运动的讨论，发现热的物质说在解释现象中遇到困难，并通过实验观察发现热的物质说的问题所在，提出了热是一种运动的假设，后通过实验得到验证。热是一种运动的本质探讨，将热现象与力学联系起来，为能量守恒定律的发现提供了必要的基础。

3. 了解热本质探讨的历史作用

新课标要求学生具有科学探究意识，能在观察和实验中发现问题、提出合理的猜想与假设；具有设计探究方案和获取证据的能力，能正确实施探究方案等能力。热本质的探讨，包括后面关于光的本质、电磁的本质的探讨的历史都可以让学生体会这种科学探究的方法。

一、热的物质说

关于对热本质的认识，历史上有热质说与热运动说之争。这两种学说在当时都能解释一些现象，但也都存在问题。直到 19 世纪中叶，能量守恒定律和分子运动理论建立之后，人们才真正认识了热的本质。

古希腊哲学家亚里士多德提出宇宙是由土、水、气、火四种元素组成，并把火看作四元素之一。随着古希腊原子论思想的复兴，热是某种特殊的物质实体的观点也得到流传。在这种认识背景下，一些人把热看作某种特殊的物质微粒，提出了“火原子”“热粒子”“燃素”等概念，并在此基础上建立了一些解释热现象的理论。法国哲学家伽桑狄认为，运动着的原子是构成万物的原始的、不可再分的要素。同样，热和冷也都是由特殊的“热原子”和“冷原子”引起的。这种观念把人们引向了“热质说”。荷兰医生博尔哈弗首次明确地阐述了热质说。后经过法国化学家拉瓦锡和英国化学家布莱克等人的阐述，热质说成为热理论的基础。在 1789 年的《化学基础》中，拉瓦锡明确把热物质作为一种元素引入，并把这种物质称为热质。在 18 世纪末到 19 世纪初大约 1/3 的时间中，热质说在物理学中占据着主流位置。[①] 基于该理论，热学研究取得

> **核心素养的培养**
>
> ★★
>
> 对热本质的探讨是能量守恒定律发现的基础，是古希腊物质实体构成思想发展的具体表现，这部分能够对学生物质观念的形成有所帮助。
>
> **内容解读**
>
> ★★★
>
> 能量守恒定律深刻地揭示了物质世界的普遍联系，它不仅是经验事实的概括，而且成为科学地理解世界的基本出发点。

① 广重彻. 物理学史［M］. 李醒民，译. 北京：求实出版社，1988：209.

> **内容解读**
>
> ★★★
>
> 现在看来，热质说虽然是错误的，但是在当时却能用统一的观点来研究和解释完全不同的现象，构筑了热学的科学基础。而且作为解释热现象的理论发挥着作用。这个案例对培养学生的科学思维很有帮助，科学是在不断纠错中成长的。

了一些重要成果，如1822年，法国物理学家傅立叶在热质守恒思想的指导下发表《热的解析理论》，建立热传导方程；1823年，法国物理学家泊松从热质说概念出发推导出绝热方程；1824年，法国工程师卡诺基于热质守恒思想提出卡诺定理。可以说，直到19世纪40年代末，英国物理学家焦耳通过系列实验精确测定热功当量之前，热质说一直在热学研究中居于重要地位。①

热现象物理学的定量化发展始于布莱克比热容量理论的提出，他首次把温度和热量明确地区别开来，为热现象研究打下了坚实的基础。布莱克的研究正是基于把热看作物质实体的想法，这在当时推动了热学的发展。

布莱克的热理论研究是在科学测量装置——华伦海特温度计发明的基础上进行的。他以热的总量保持不变为前提，系统研究了不同温度物质的混合实验。虽然温度计为热现象提供了量化工具，但是起初人们仍不清楚温度和热量的区别。早期学者博尔哈弗认为温度等同于热质密度，“同体积物体温度与其热质含量成正比”。荷兰著名物理学家穆欣布罗克也说过，热在各物体中的分布与其体积成正比。1757年，布莱克通过水银－水混合实验取得突破：将温度不同而质量相同的水银和水混合起来，所测得的温度并不是二者初始温度的中间值。布莱克从这个事实出发，得出了水和水银对于热具有不同容量的结论。在1762年冰熔解实验中，布莱克发现物质在发生物态变化时需持续加热而温度不变，在讲义中首次定义：潜热是“改变物态而不影响温度的热质”。他指出使冰熔解的过程是潜热发生的过程，使水凝固的过程是潜热移出的过程。在讲义中，布莱克还首次系统阐述了热平衡的动力学解释。他指出，所谓热平衡不仅仅是简

① 胡化凯. 物理学史二十讲［M］. 合肥：中国科学技术大学出版社，2009：244-245.

单的温度等同，而是当物体间的热质流动速率相互抵消时，达到的稳定状态。这一现象进一步清楚地说明了温度和热量的本质区别。

布莱克的上述成就使热质说有了明确的理论表示，热容量的概念是热这种实体从普通物质中独立出来的表现。而且，布莱克以这种实体的热在物体之间的移动作为基础，定义了热平衡。从此以后直到 19 世纪初，热学就在热容量和热平衡的基础上发展起来了。布莱克之所以能够发现热容量和潜热，正是借助于热质说的缘故。[①]

热质说可以成功解释当时发现的热现象，如热的传导、对流和辐射、气体的对流和扩散、物态变化、比热和潜热、化学反应等，甚至对摩擦生热现象也给出了牵强的解释。而当时的热运动说由于缺乏科学实验依据，没多少人相信。到 18 世纪 80 年代，热质说占据了热学研究的各个领域，当时几乎整个欧洲的学者都相信热质说。但随着实验的不断发展，热质说遇到了无法解释的实验现象，如摩擦生热的现象。在热质说论者看来，摩擦之所以生热，只是因为摩擦把热逼出来，热质的量并没有增加。此外，物体所含有的热的绝对总量与温度、体积、压力等函数关系，也与当时的实验结果相矛盾。要解决这些问题必须等到热运动说的完成。

二、热运动说

热运动说和近代物理学一样古老。波义耳、胡克、惠更斯、牛顿等人都可以算在支持者之列。在 18 世纪，欧拉和俄国的罗蒙诺索大都倡导热运动说。1745 年，罗蒙诺索夫向彼得堡科学院提交了论文《关于冷热原因的考察》[②]，其中叙述了下述想法：因为构成物体的微粒极小，所以用肉眼看不见微粒本身的运动，但它们的运动却在无数的现象中表现出来，热不外乎是微粒的运动；微粒绝对静

> 内容解读
>
> ★★★
>
> 热质说在解释大炮镗孔现象中的摩擦生热时遇到了困难。

① 广重彻．物理学史［M］．李醒民，译．北京：求实出版社，1988：108-109.

② 广重彻．物理学史［M］．李醒民，译．北京：求实出版社，1988：224.

> 内容解读
>
> ★★★
>
> 热运动说虽然包含正确的思想，但大多是基于经验事实的猜想，还算不上是系统的科学理论。伦福德伯爵和汉弗里·戴维的实验有力地证明了热是物质微粒的运动，而不是一种特殊的物质。尽管我们现在知道热运动说是正确的，但在19世纪的前30年仍然有很多学者并没有放弃热质说。此处可以让学生理解科学理论的竞争及其发展过程。

止的状态对应着尽可能的最低温度；由于运动的速度没有上限，高温也没有界限。虽然在这些先驱者的想法中包含着许多敏锐的思想，但是都停留在定性的考察上。正是伦福德伯爵基于具体的实验主张热的运动论，使之代替了热质说，使热运动说成为物理学主流的起点。

伦福德伯爵原名本杰明·汤普森，1753年生于美国。独立战争爆发时，他选择支持英国王室，导致战后被迫离美，1776年移居英国后，从事热力学研究，并于1779年当选伦敦皇家学会会员。1784年，他受聘于巴伐利亚公国，任陆军大臣等职，因功勋于1790年被封为伯爵，汤普森选择了他妻子的出生地美国新罕布什尔州的伦福德作为封号。从此，他就以“伦福德伯爵”而闻名于世。1803年，他移居巴黎，在那里度过了他的余生。

1798年，汤普森在慕尼黑一家兵工厂监督大炮镗孔工作时，发现被加工的黄铜炮身在短时间内获得了相当多的热量，而被刀具刮削下来的金属屑的温度更高，甚至超过了水的沸点。按照热质说，这些热量来自物质内部包含的热质。然而，他注意到，从黄铜中释放出来的热质似乎太多了，甚至可以将其本身熔化。这说明这么多的热量并不像热质说所设想的那样以热质的形式由物体自身包含着。汤普森进一步观察发现，即使刀具很钝，不能切削出屑末，按照热质说，它就不会有热量流出，可事实上依然有大量的热量流出，而且只要不停地钻，热量就可以源源不绝地产生。这个现象是热质说无论如何也不能解释的。

摩擦生热的实验促使汤普森得出了热是一种运动的结论。他在《哲学学报》上发表文章说：“任何绝热物体或物体系统所能无限提供的东西，不可能是一种物质。据我看来，要想对这些实验中的既能激发又能传递热的东西，形成明确的概念，即使不是绝无可能，也是极其困难的事情，除非那东西就是运动。”[①] 汤普森的看法引起了正在新创办的皇家学院任教的戴维的兴趣。这位未来的大化学家当时还只有 21 岁，但已表现出杰出的实验才能。戴维通过实验证明了热不是物质，且明确指出热是物体微粒的运动。

> 内容解读
>
> ★★★
>
> 热质说在解释实际现象中遇到了困难。在此基础上，科学家们提出了猜测：热不是一种物质，并进一步用实验证明了这种猜测。
>
> 热不是物质，那么热是什么？热是一种运动，由此揭示了运动与能量之间的关系。

汤普森和戴维的实验与论证是令人信服的，但他们并没有提出一套新的建设性的学说来取代热质说，去解释那些热质说可以很好解释的热现象[②]。因此，热质说还延续了相当长的一段时间。光和热的类比总容易使人们相信，如果光是一种物质微粒，热肯定也是一种物质。从这个意义上讲，光的波动说的确立有助于热质说的消亡。当然，只有等到能量守恒定律的出现，才使热运动说真正取代热质说。

第二节 能量守恒定律的发现过程

1. 新课标关于能量守恒定律的要求

选修，通过有关史实了解热力学第一定律和能量守恒定律的发现过程，体会科学探索中的挫折和失败对科学发现的意义。

理解能量守恒定律，能用能量守恒的观点解释自然现象。体会能量守恒定律是基本、普遍的自然规律。

① 汤普森. 论摩擦激起的热源（1798）[M] // 吴国盛. 科学的历程（第二版）. 北京：北京大学出版社，2013：437.

② 吴国盛. 科学的历程（第二版）[M]. 北京：北京大学出版社，2002：438.

核心素养之一的“物理观念”要求学生能从物理学视角形成能量观念的基本认识，并能用其解释自然现象和解决实际问题。

2. 能量守恒定律与能量物理观念的培养

物质是世界构成的基础，是物理学研究的最根本的对象。力和相互作用，以及能量观念是物理学研究与解释物理现象的两种基本观念，也是两种重要的方式。能量是物理学中重要的概念，像一切强有力的科学概念一样，能量说明并统一了多种多样的现象。与牛顿定律不同，能量的原理适用于一切现象，从亚原子核粒子（如夸克）到迄今观察到的宇宙。

3. 了解能量守恒定律的历史作用

与热本质的发展历史相结合，通过能量守恒定律发现的过程，让学生体会用能量解释物理现象的方式，并体会科学探究的过程。

热和机械功的关系是19世纪物理学研究中头等重要的问题。热力学定律的建立不但架设了力学和热学之间的桥梁，而且有利于确立力学自然观的主导地位。与18世纪时物理学家认为力学过程和非力学过程分属不同物理系统的看法不同，焦耳在19世纪40年代对热功等价性的演示以及能量守恒定律的确立，使人们认识到力学过程与热学过程的统一性。

一、“活力”守恒的发现

伽利略在1638年出版的《关于两门新科学的对话》中，讨论了自由落体运动和物体沿斜面的运动，提出了这样的假设：静止的物体不论是沿竖直方向自由下落还是沿不同倾斜度的斜面从同一高度下落，它们到达末端时具有相同的速度，这就是“等末速度假设”。[①] 伽利略利用实验检验了这个假设。摆球沿圆弧运动可看作是沿着一系列不同倾斜度的斜面的下落和上升运动。实验表明：使单摆由一侧开始摆动，当它经过最低点到达另一侧时，会升到几乎相同的高度。如果摆线中途被钉子所阻，那么摆球将沿新的弧线上升，但仍会达到相同

① 马吉. 物理学原著选读［M］. 蔡宾牟，译. 北京：商务印书馆，1986.

的高度。这说明沿不同倾斜度的斜面对于下落速度没有任何影响。[①] 物体下降时所得的速度正好等于能够把它送到原来高度的那个速度。一个物体下降的速度只决定于下降的竖直高度而与下降时实际经过的路程的形状无关。伽利略的这个假设为后来揭示在重力场作用下物体的机械能守恒的发现开了先河。1644年，笛卡尔在《哲学原理》中提出了动量守恒的思想。德国数学家莱布尼茨提出了“活力”概念及“活力”守恒原理。1686年，莱布尼茨提出 mv 不宜作运动的原动力的量度，应把 mv^2 作为原动力的量度。他认为力必须由它所产生的效果来衡量，例如用它能将一个重物举起的高度来衡量，而不是用它传给另一物体的速度来衡量。他把物体的重量和上升的高度的乘积作为运动的力的量度。他根据伽利略的落体定律计算出物体自由下落的高度和它下落此高度所获得的速度的平方成正比。而物体下落所得的速度正好等于把它送到原来高度的那个速度，所以物体能上升的高度就和这速度的平方成正比。他认为以物体的重量和提升的高度的乘积作为运动的力的量度时，应以 mv^2 作为运动的力的真正量度。莱布尼茨把 mv^2 叫作“活力”。

莱布尼茨相信宇宙中运动的总量必须保持不变，不过和笛卡尔不同，他认为应该用 mv^2 表示这个守恒量，而不是 mv。莱布尼茨的“活力”守恒概念在当时的力学现象中得到了部分验证。荷兰物理学家惠更斯在1669年完成的论文《论碰撞作用下物体的运动》手稿中对完全弹性碰撞进行了研究，但该论文直到1703年才作为遗稿发表。惠更斯指出：“在两个物体的碰撞中，它们的质量和速度平方乘积的总和在碰撞前后保持不变。”这就是完全弹性碰撞中“活力”守恒原理的具体表述。

对非弹性碰撞，动量是守恒的（这对笛卡尔派有利），但是“活力”的表现值是减少的。莱布尼茨仍坚信“活力”是守恒的。为了说明在非弹性碰撞中“活力”并没有减少，他提出了一个巧妙的解释，即认为碰撞物体在整体上所减少的“活力”并未消失，而只是被物体内部的微小粒子吸收了，微粒的“活力”增加了。这个思想具有深刻的预见性——尽管莱布尼茨当时当然缺乏现代的分

① 申先甲，等. 物理学史简编［M］. 济南：山东教育出版社，1985.

子或原子理论的支持，但他的设想意外契合了后世分子运动论的核心观点：宏观动能通过碰撞转化为微观粒子（分子）的热运动动能，即内能的增加。

莱布尼茨还把他的“活力”守恒思想推广到碰撞以外的问题中。他分析竖直上抛运动时指出：当物体以初速度上抛时，其活力表现值随高度增加而减少，在最高点时降为零；下落过程中“活力”又逐渐恢复，最终回到初始值。对于上抛过程中“活力”的表现逐渐消失，莱布尼茨仍坚持认为活力并未真正消失，而是以某种形式被储存起来了，并在物体回落时又重新被释放了出来。他的这种“活力”被储存起来的想法成为后来势能概念的重要先导。

瑞士数学家约翰·伯努利对“活力”概念做出了重要贡献。他将非弹性物体类比为受到限制的压缩弹簧，认为碰撞中“活力”看似减少，但实际上并没有消失。他没有把非弹性碰撞中活力的损失归因于热现象，而是完全用机械形变来解释。1738 年，丹尼尔·伯努利在他的《流体动力学》中提出了“活力下降和位势上升等效”的原理。他建议用“位势”概念来代替“活力”，这一说法更容易被学界接受。他把这一思想用于理想流体运动，推导出了著名的伯努利方程，并引入势函数的概念，指出活力可以从势函数导出。丹尼尔·伯努利证明：一组质点在相互的引力作用下运动时，它们总活力的增量仅取决于这些质点在开始和终了时的相对位置，而与各质点实际运动的路径无关；当质点相对位置复原时，它们的“活力”也恢复原值。瑞士数学家欧拉进一步发展了势函数理论。他证明：一个质点在有心力（质点受的力的方向总指向某一点时，此力叫有心力，此点叫作力点）作用下运动时，当该质点和力心的距离不变时，其“活力”在任何时候都是相同的；活力的增量只取决于质点在开始和终了时与力心的距离，而与实际的路径形状无关。

> **核心素养的培养**
>
> ★★
>
> 新课标在万有引力部分提及让学生理解统一性观念对物理学发展的作用。事实上，统一性观念贯穿整个物理学发展史。能量守恒定律发现的过程展示了统一性思想在物理学中的作用。

1801 年，英国物理学家托马斯·杨在英国皇家学院的一次演讲中，首次提出用“能”这个词代替“活力”。他明确指出：“用‘能’

这个词来表示物体的质量与速度平方的乘积是恰当的。”然而，“能”这个词并未立即被当时的科学界所接受。1829 年，法国物理学家科里奥利首次用 $\frac{1}{2}mv^2$ 来代替 mv^2，但仍用了“活力”这个词。直到 19 世纪 40 年代能量守恒定律确立后，能量作为统一概念才被普遍接受，并明确区分了力学中的动能和势能概念。

功的概念起源于早期工业革命中工程师们的需要。他们需要一个用来比较蒸汽机的效率的办法。在实践中，大家逐渐同意用机器举起的物体重量与移动距离之积来量度机器的输出，并称为功。19 世纪 20 年代，力学论文开始强调功的概念。1826 年，法国工程师彭赛列在一本力学著作中引进“功”这一名词。之后，科里奥利在 1829 年发表的《论刚体力学及机器作用的计算》一文中，明确地把作用力和受力点沿力的方向的位移的乘积叫作“功”，并将这一概念与动能（原称活力）联系起来。

功作为机械能传递与转化的测量概念具有重要的意义。功与 19 世纪中期建立的能量概念具有相同的单位（量纲）。功作为能量变化的量度，为研究能量转化过程奠定了定量分析的基础。

二、各种运动形式相互转化的发现

从 18 世纪末到 19 世纪中叶，包括物理学在内的自然科学进入一个蓬勃发展的新时期。自然科学方面完成的一系列重大发现，日益揭示出各种运动形式之间的普遍联系和转化，这成为这一时期自然科学发展的一个显著特点。

特别是热力学、电磁学和化学领域的突破性进展，使人们逐渐形成科学的能量概念，认识到各种运动形式是能量的不同表现形式。能量概念为物理学提供了一种统一的理论框架。能量守恒定律正是在对机械运动、热、光、电、化学各种运动形式相互转化系统研究的基础上建立起来的。

1780 年，意大利科学家路易吉·伽伐尼在青蛙实验中发现了生物电现象。1800 年，意大利物理学家亚历山德罗·伏打发明了伏打电堆，这是首个能将化学能直接转化为电能的装置。1807 年，人们开始利用电流进行电解，实现了电能向化学能的转化。

1821 年，德国物理学家托马斯·约翰·塞贝克发现温差电效应，这是热能

新课标要求

★

3.2.2 理解能量守恒定律的普适性，能用能量守恒定律的观点解释经典现象。认识到能量守恒定律是最基本、最普遍的自然规律之一。

核心素养的培养

★★

能量观念是物理观念的重要部分，这部分的物理学史能够对学生理解能量观念有所帮助。

向电能的转化。1834 年，法国物理学家让・帕尔帖发现了其逆效应帕尔帖效应，实现了电能向热能的转化。

1820 年，丹麦物理学家奥斯特发现了电流的磁效应，1831 年，英国物理学家法拉第发现了电磁感应现象。他们的发现共同揭示了电和磁之间的相互联系。法拉第还研制出第一台直流发电机，实现了机械能向电能的转化。1845 年，法拉第又发现了磁光效应（现称法拉第效应），揭示了电、磁、光三者之间的内在联系。

法拉第对自然界能量的守恒性和统一性具有坚定的信念。他始终不渝地为证实各种物理现象之间的普遍联系而努力，而且认为自然力所表现出来的各种形式具有共同的起源。法拉第指出，在当时的认识水平上，要完全理解电磁效应、引力效应和光学效应的具体机制确实存在困难。但是他始终坚信这些现象具有深层的统一性。

各种运动形式相互联系和相互转化的发现使科学家们预感到存在着一种“能”，这种“能”按照各种情况以机械能、化学能、电能、光能、热能或者磁能的形式出现。所有能量形式都可以相互转化。人们期望找到这种“能”的一个共同量度，使这种“能”成为概念上能够把握的东西。这就要求确定不同形式能量的数值当量或换算因子。

三、能量守恒定律的发现

长期的科学实验和理论研究为能量守恒定律的确立奠定了基础。到了 19 世纪 40 年代，欧洲科学界已形成普遍共识：应当用统一联系的观点研究自然现象。在这一背景下，多位来自不同国家的科学家几乎同时、通过不同研究路径独立提出了能量守恒原理，并精确测定了不同形式能量间的转换当量。其中，德国医生迈尔、英国物理学家焦耳和德国生理学家亥姆霍兹做出了开创性贡献。

1. 迈尔的贡献

罗伯特・迈尔是一位德国医生。他关于能量守恒的研究始于对人体代谢现象的观察。1840 年，作为随船医生前往印度尼西亚的航行中，迈尔在赤道地区发现船员静脉血呈现异常鲜红的颜色（与在欧洲观察到的暗红色静脉血不同）。经过反复验证，他确认这确实是静脉血而非动脉血。基于拉瓦锡的氧化理论，迈尔推断这种现象源于热带与温带地区人体代谢率的差异：在炎热环境下，机体需燃烧更少的营养物质来维持体温，导致静脉血中残留更多氧气。1842 年，迈尔发表论文《论无机界的力》。在这篇文章中，迈尔以“原因等价于结果”这一形而上学的原理为基础把力定义为自然现象的根本原因。他明确提出：“力是在量上不灭的、在质上是可变的。”他把重力势能（举起的重物）、动能（物体的运动）、热能、化学能和电能列为力的不同表现形式，并首次系统阐述了这些形式之间的相互转化及定量关系。而且，在文章的结尾部分，迈尔设计了一个简单的实验粗略地求出了热和功相互转化的当量关系。尽管迈尔的论证仍带有较强的自然哲学思辨色彩，且缺乏严格的实验验证，但该论文首次完整表述了能量守恒的核心思想。

迈尔的论文因其独特的自然哲学论证方式，最初未能获得学界认可。后来该文虽然在《化学与药学年鉴》上发表，但并没有引起广泛关注。此后，迈尔又写了几篇文章，继续阐述他的能量守恒和转化原理。他的计算和证明更加严格，推广的范围也越来越宽，包括了气象学、天文学和生理学。可是，这些突破性工作仍被主流科学界忽视。长期的孤军奋战使他精神高度紧张。1848 年，迈尔的两个孩子相继夭折。1849 年，他的弟弟因参加革命活动而被捕，这使他几乎陷入绝境。1849 年 5 月 28 日，迈尔在海尔布隆跳楼自杀未遂，导致终身残疾。1851 年，他被送进精神病院接受原始治疗。但是，迈尔在晚年终于获得了应有的荣誉。1871 年，他被英国皇家学会授予科普利奖章，这是当时国际科学界的最高荣誉。

2. 焦耳的贡献

与迈尔几乎同时提出能量守恒原理的还有英国物理学家焦耳。与迈尔的哲学推理不同，焦耳致力于更直接、更精确地测量热功当量。焦耳的父亲是酿酒厂厂主，焦耳常跟父亲参加酿酒劳动，利用空闲自学化学和物理，幼年没有在正规学校上学。焦耳 16 岁时到著名化学家约翰·道尔顿那里学习，跟道尔顿学到不少化学知识，为以后从事科研打下了良好的基础。虽仅受教两年（道尔顿 1837 年中风退休），但实验物理学的核心理念已深植焦耳心中。

焦耳对电和磁的研究很感兴趣，他通过测定热功当量，为建立能量守恒定律提供了实验依据。焦耳为了测量热功当量的值，先后用了几种不同的方法反复进行实验。从 1843 年到 1878 年，前后用了近 40 年，做了数百次实验。焦耳通过实验得出结论：热功当量是一个普适常数，与做功方式无关。他证实了自然界的能量是等量转换的，是不会消灭的，哪里消耗了机械能或电磁能，总可以在某些地方得到相当的热能。焦耳的实验工作为热力学第一定律的建立奠定了实验基础。

焦耳的划时代工作最初没有引起科学界足够的重视，英国皇家学会曾拒绝发表他早期的两篇论文。他关于热功当量测定的论文最终发表在《哲学杂志》1845 年卷上。1847 年，在英国科学促进会的年会上，焦耳希望报告他测量热功当量的实验，但会议主席仅允许他做简要的口头介绍。报告结束后，一位青年学者起身对焦耳的报告进行了高度的评价，并雄辩的论述使与会者关注到这一工作的重要性。这位青年正是时年 23 岁的威廉·汤姆森，即后来以开尔文勋爵闻名于世的英国物理学家。

到 1850 年前后，以焦耳实验为基础的能量守恒定律逐渐获得科学界普遍认可。在这一过程中，德国学者亥姆霍兹的研究与倡导发挥了关键作用。

3. 亥姆霍兹的贡献

亥姆霍兹是德国生理学家和物理学家。他对能量守恒定律的研究最初源于生理学问题的启发。亥姆霍兹以力学为基础，追求各种能量转换过程的数学描述。在大学学医时，他对当时流行的“活的生物体中存在着生命力”的看法表示怀疑。亥姆霍兹反对“生命力”的说法，主张生物的一切“活力”都来源于化学力或食物的燃烧。永动机不可能实现的认知，成为他探索自然界普遍能量规律的重要出发点。1847 年，亥姆霍兹发表了《论力的守恒》一文，系统论证了能量守恒原理（在德语中，“力”一词在当时兼具“力”与“能量”的含义）。首先，他用数学形式证明了孤立系统中机械能的守恒性。

然后，他把能量守恒概念推广到热学、电磁学、天文学和生理学领域中，提出能量形式可相互转化且总量守恒。他将能量守恒原理与永动机不可能性相提并论，使这一原理拥有更强的说服力。

关于能量守恒原理的发现，发生了优先权之争。事实上，从论文发表的时间上讲，迈尔占先；从提供确凿的实验证据上讲，焦耳占先；从全面而精确地阐述这一原理上讲，亥姆霍兹占先。除了这三个人，其他独立提出者包括：热力学的奠基者卡诺（虽然他的手稿直至 1878 年才公开）；英国律师格罗夫在 1842 年的一篇著名的讲演《自然界的各种力之间的相互关系》明确提出“力（能量）的相互转化”；丹麦工程师柯尔丁于 1843 年向哥本哈根科学院提交了关于热功当量的实验报告。能量守恒原理揭示了自然科学各个分支之间的普遍联系，是自然科学内在统一性的重要证据。由于它主要借助热功当量的测定而确立，也常常被称为热力学第一定律。

由能量守恒与转化定律可知，人类所能运用的能源（除核能外）均直接或间接来源于太阳。人类身体所消耗的能源直接来自食物（肉食或者植物），但最终都来自植物这种能量合成者，它通过光合作用吸收和储存太阳能。我们所用的外部能源，如木柴、煤和石油，本质上是远古生物质能的储存。另外，水力、风力，它们也是来自太阳能。水力所利用的是江河湖海的水位落差，其循环维持依赖于太阳辐射驱动的水文循环。风力靠的是大气压差，这个压差也来源于太阳能。“万物生长靠太阳”确实是一句至理名言。①

> 新课标要求
>
> ★
>
> 3.4.2 知道不同形式的能量可互相转化，在转化过程中能量总量保持不变，能量转化是有方向性的。

四、热力学第二定律的发现

热力学第二定律的建立与提高热机效率的研究密切相关。在这一过程中，汤姆森的贡献尤为突出。这位英国物理学家自幼展现出非凡天赋：11 岁进入格拉斯哥大学学习数学，并发

① 吴国盛. 科学的历程（第二版）[M]. 北京：北京大学出版社，2002：442.

表了首篇数学论文；1841 年入读剑桥大学，1845 年毕业，1846 年即任格拉斯哥大学自然哲学教授。1846 年，汤姆森开始研究地球冷却问题。他提出了地球冷却模型：假定地球是从太阳中分离出来的，初始温度一样，之后慢慢冷却。他估计，要冷却到现在的温度可能需要数百万年，即估计地球年龄约数百万年。他还猜想，太阳的能量可能主要来自引力收缩，认为太阳寿命不超过数亿年。如今我们知道，汤姆森的估算值显著偏小（实际地球年龄约 45 亿年，太阳寿命约 100 亿年），因未考虑太阳核聚变。

汤姆森对地球冷却问题的研究涉及能量耗散问题。在牛顿力学框架内，这个现象无法得到合理解释，因为从根本上讲，牛顿运动方程描述的是一些可逆过程，而现实中的不可逆现象（如破碎的镜子不会自发复原，泼出的水不会自动收回）与之矛盾。虽然牛顿本人承认宇宙之中存在耗散，但其理论形式隐含完全决定论。

卡诺在研究理想热机时提出，理想热机是所有实际热机中热效率最大的，而且这个热效率是不可能达到的。尽管热从高温流向低温是一个必然的过程，但由于热机设计不可能十全十美，不可能完全将这个过程利用起来做功。这里，实际上已经包含了热力学第二定律的基本思想：热总是不可避免地要从高温热源流向低温热源，虽然能量总量没有丧失，但它却越来越丧失做功能力。

卡诺的工作最先引起汤姆森的注意。1848 年，汤姆森指出，卡诺已经证明热机的热功转换效率仅取决于热量和温度差，但当时缺乏绝对的温度度量标准。汤姆森基于查理定律得出结论：在 –273.15℃时，气体分子的动能趋近于零，因而是真正的零温度。汤姆森据此提出以 –273.15℃为零点的绝对温标（后称开尔文温标，单位 K）。

> **新课标要求**
>
> ★
>
> 3.2.3 通过自然界中宏观过程的方向性，了解热力学第二定律。

1849 年，汤姆森发表《关于卡诺学说的说明》，指出卡诺关于热机做功并不消耗热的看法是错误的。1851 年，他在《论热的动力理论》中系统修正了热力学理论。该文第一次提出了热力学第一定律和第二定律的概念，其中热力学第二定律是“从单一热源吸取热量使之完全变为有用功而不产生其他影响是不可能的”。并特别指出第二类永动机的不可能性——那种试图从海水或土壤等单一热源持续吸热做功的机器是不可能实现的。

与此同时，提出热力学第二定律的还有德国物理学家克劳修斯。1850 年，他发表《论热的动力与热学理论的普遍规律》一文，对卡诺理论做出了重要修正，提出了著名的克劳修斯等式，即热机从高温热源吸取的热量与该热源温度之比，等于向低温热源所放热量与该热源温度之比。由该等式可以直接推出理想热机的热效率与两热源之温差成正比的结论。为了论证所有实际的热机效率都不可能高于卡诺热机，他引入了另一种形式的热力学第二定律：热量不可能自发从低温物体传向高温物体，要实现逆向传热必须消耗外功。

1854 年，克劳修斯又发表《论热的机械理论的第二原理的另一形式》，给出了热力学第二定律的数学表达式。1865 年，他发现，一个系统的热含量与其绝对温度之比，在系统孤立（不与外界发生能量交换）之时总是会增大，在理想状态下将保持不变，但在任何情况下都不会减少。克劳修斯将这一新物理量命名为“熵”，取自希腊语“转化”之意。热力学第二定律因而被说成是“熵增定律”。

熵其实是能量可以转化为有用功的量度。熵越大，则能量转化为有用功的可能性越小。这样，克劳修斯就将热力学的两个定律表述如下：第一定律，宇宙的总能量是守恒不变的；第二定律，宇宙的熵趋向于一个最大值。

热力学第二定律直接导致了所谓“宇宙热寂说”。根据热力学第二定律，由于宇宙中的能量转化为有用功的可能性越来越小，宇宙中热量分布的不平衡逐步消失，最后，整个宇宙就将达到热平衡状态，不再有能量形式的变化，不再有多种多样的生命形式，宇宙在热平衡中达到寂静和死亡。

热力学第二定律的历史性突破在于，它揭示了物理过程的不可逆性和时间的方向性，给出了与牛顿“宇宙机器”图景完全不同的世界演化图景。虽然热力学第二定律揭示的物理世界演化是向无序方向发展的，这与进化论所揭示的生命世界里向有序、越来越高级的演化形成对照，但它们共同发展了“演化”概念，深化了人类对宇宙的认识。“发展”和“演化”的概念越来越成为新自然观的主题。

第三节　蒸汽技术的应用：第一次工业革命

1. 新课标关于蒸汽技术应用的要求

选修，了解蒸汽机的发明对第一次工业革命的推动作用。

2. 蒸汽技术的应用对社会的影响

蒸汽机对工业生产带来了巨大影响，影响的广泛性令人吃惊。它为矿业、交通业、纺织业、化工业等几乎各行各业带来了革命性的变化。据统计，每个马力相当于 6 至 8 个成年男人的工作效率。到 1905 年，全世界的蒸汽机实现了约 36 亿成年男性的工作效率。以蒸汽技术为主要动力的近代大机器工业体系，加速了煤炭和各种金属矿藏等自然资源的开发利用，也造成了近代环境的污染。

3. 了解蒸汽技术应用的历史

新课标的核心素养之一要求培养学生的“科学态度与责任”，要求学生在理解科学、技术、社会与环境关系的基础上，逐渐形成应有的科学态度和社会责任感。这部分内容不仅可以让学了解物理学的进展与技术进步之间的关系，同时还可以让学生认识到技术的进步给人类社会带来的负面效应，以增强学生责任意识。

工业革命，它表现在以机器生产代替手工劳动，以大规模的工厂生产代替个体手工生产，生产力和生产关系发生了巨大的变革。它使人类历史进入了一个全新的时期，使人类的生活方式发生了巨大的变化。

第一次工业革命是指 18 世纪 60 年代从英国发起的技术革命，是技术发展史上的一次巨大革命，它开创了以机器生产代替手工劳动的时代。第一次工业革命以纺织机械的诞生开始，以蒸汽机作为动力机被广泛使用为标志，迎来了生产的机械化大革命。纺织工业、冶金、采矿、化工部门陆续实现了机械化，生产的机械化提出了对动力机械的需要。以牛顿力学为代表的近代科学的诞生，计温学、量热学的建立，尤其是蒸汽机的发明和改进，促进了第一次工业革命的展开，热现象的研究走上了实验科学的道路。到 19 世纪中叶，建立起热运动的宏观理论（即热力学）和微观理论（分子运动论），它们成为经典物理学的独立的组成部分。

一、蒸汽机的发明与改进

蒸汽用来作为动力古已有之。蒸汽机的发明可以追溯到古希腊时代的亚历山大里亚的希罗，希罗曾利用蒸汽的反冲力发明了汽转球，仅能算作是玩具，但是，这是第一次把蒸汽作为动力的应用。当蒸汽自管口喷出时，小球就旋转起来。汽转球是后来的水磨和现代涡轮机的始祖。近代也有许多人动过这方面的脑筋。第一个比较有意义的尝试可能是罗马林琴学院的创始人之一波尔塔做的。他在 1601 年出版的《神灵三书》中提出，蒸汽的压力可以使水提升，而蒸汽冷却后形成的真空又可以将水从低处吸上来。他设计的装置虽然只是一种实验器械，没有什么实际用途，但其叙述的构想以及他当时还未意识到的原理却十分重要。17 世纪 60 年代，英国伍斯特侯爵二世设计蒸汽把水压入水箱再次喷出喷泉，被称为“蒸汽喷泉”专利，实现 10 米扬程，但热效率不足 0.5%。

随着工业的发展，传统的生物能源（如木材）已明显不足，煤炭开始作为燃料被广泛使用，煤炭开采业因此迅速发展。但是，矿业主普遍面临一个头疼的问题，这就是矿井的排水问题。由于矿井越挖越深，规模不断扩大，用传统的提水机械来排水需要动用大量的人力和畜力。17 世纪末，英国部分深井煤矿的排水泵功率需求已相当于 50 匹至 100 匹马。这一技术瓶颈推动了高效动力机械的研发。为了解决矿井排水问题，蒸汽动力技术应运而生。

另外，蒸汽机的产生是有其科学背景的，17 世纪的中叶起，英国逐渐成为欧洲科学研究的中心之一。经典力学的发展不仅推动了科学进步，也为技术革命提供了理论支持。1654 年，著名的“马德堡半球实验”证明了真空的存在，显示了大气压的巨大力量。1662 年，英国物理学家波义耳指出，当气体在一个密闭的容器中被加热时，它的压力会升高，如果紧接着把这些气体释放出来，它可以驱动一台机器。① 尽管大气压和真空理论已被科学界接受，但将其转化为实用技术仍面临巨大困难。

法国工程师德尼·帕潘（也译作巴本）——荷兰物理学家惠更斯的学生和助手，在蒸汽动力技术实用化进程中做出了重要贡献。1690 年，帕潘在《莱比锡学报》上发表论文，首次提出“带活塞的气缸蒸汽机”设计。帕潘生于法国布卢瓦，早年学医。1671 年，他在巴黎结识惠更斯，对实验物理学发生了浓厚的兴趣并协助惠更斯进行真空实验。1674 年，帕潘成功地改进了波义耳的空气泵，波义耳因此邀请他赴伦敦担任助手。1679 年，帕潘研制出“蒸汽蒸煮器”，其密封设计和安全阀原理与现代高压锅的相同。1681 年，帕潘因该发明当选为英国皇家学会会员。帕潘在蒸煮器基础上制成首台带活塞的蒸汽机，可用于排矿井积水、推进船只等。他首次利用蒸汽推动气缸活塞，并提出蒸汽机工作循环，为后续活塞式蒸汽机的发展奠定了基础。

英国人托马斯·萨弗里于 1698 年发明“矿工之友”蒸汽泵，主要解决矿井排水问题。他的机器是首台投入使用的蒸汽动力装置，证明了“用火抽水”的可行性。

1698 年，萨弗里获得了蒸汽泵的专利。不过，它并不是一个真正的“蒸汽机”，因为为它没有活塞。其工作原理是基于蒸汽的冷凝产生真空（负压）吸水，然后再利用高压蒸汽的压力把水排出去。它的缺点是十分显著的：依赖蒸汽压力提水，其扬程受限，因为更高的提水高度需要更高的蒸汽压，而当时的锅炉无法安全承受；而且，它的热效率太低 ②。同一时间，帕潘等人也曾尝试建造用于提水或推磨的实用的机器，但未取得显著突破 ③。

萨弗里的蒸汽泵问世后，吸引了当时以五金商和铁匠为职业的纽可门。纽可门决心在此基础上造出更好的蒸汽机来。为此，纽可门专程拜访了年迈的胡克，胡克向他讲解了有关的物理知识。后来，他又与萨弗里一起探讨改进方案，最终

---

① 张策. 机械工程简史［M］. 北京：清华大学出版社，2015：37.

② 吴国盛. 科学的历程（第二版）［M］. 北京：北京大学出版社，2002：257-264.

③ 卡约里. 物理学史［M］. 戴念祖，译. 桂林：广西师范大学出版社，2002：116-118.

于 1712 年造出了第一台实用蒸汽机。这台机器避免了萨弗里直接使用高压蒸汽排水的危险，同时还引入了帕潘汽缸活塞的设计，通过向汽缸内喷射冷水快速冷凝蒸汽，形成真空，利用大气压力推动活塞做功。这一改进显著提高了热效率。纽可门机于 1712 年投入使用。尽管它是最早实现热能与机械能转换的实用原动机，但仍存在燃煤消耗大、效率低，且仅能驱动往复直线运动的问题。此外，汽缸还需要交替加热和冷却，浪费了大量能量。

对纽可门机进行全面研究、改进的是英国工程师斯米顿。他对纽可门蒸汽机进行了大量详细的实验，测量并记录了汽缸的尺寸、活塞的速度、锅炉的压力、燃料消耗等所有可能影响效率的参数。通过分析这些数据找到了影响纽可门机效率的关键因素，并进行了优化由于斯米顿的努力，纽可门机的效率几乎提高了一倍。然而，受限于基本结构，大量热量仍被浪费，效率仍然很低，不足 2%。这样的效率不能满足新的需要，于是瓦特蒸汽机应运而生。

詹姆斯·瓦特生于苏格兰西部的格里诺克，出身于一个造船木工兼商人家庭。瓦特年轻时在伦敦学习数学仪器制造，后于 1757 年在格拉斯哥大学建立工场，负责科学仪器的制作与维修。在格拉斯哥大学教授约翰·安德森和约瑟夫·布莱克的影响下，他开始系统研究蒸汽机原理。1763 年，瓦特受格拉斯哥大学委托修理一台纽可门机模型。在修理过程中，他发现纽可门蒸汽机热量浪费太大。因此，他开始考虑如何减少蒸汽和热量消耗。1765 年，瓦特终于想出了在汽缸之后再加一个冷凝器的主意。该设计于 1769 年获得专利，热效率提升至纽可门机的 3 倍以上。

但瓦特并不满足于此。他继续改进自己的蒸汽机。1781 年，他改变了蒸汽机只能直线做功的状态，用一个齿轮装置将活塞的直线往复式运动转化为轮轴的旋转运动。1782 年，他进一步设计出了双向汽缸，使蒸汽轮流从活塞的两端进入，使热效率进一步提升。经过进一步改进，瓦特蒸汽机成为热效率显著优于早期纽可门机的动力装置。

到 1790 年，瓦特蒸汽机已在英国工业中占据主导地位，纽可门机逐渐被淘汰。瓦特蒸汽机的普及推动了工业革命的加速发展。古老的人力、畜力和水力被蒸汽动力所代替，工厂不必再建在水流湍急的地方。大规模生产成为可能。

瓦特在1788年改良了离心式调速器，用于自动调节蒸汽机的转速。1800年，瓦特因其贡献被选入英国皇家学会，同年格拉斯哥大学授予他名誉博士学位。1819年，瓦特在伯明翰逝世。

> 新课标要求
>
> ★
>
> 选修Ⅱ课程；选修2-1
>
> 1.2 物理学与社会变革
>
> 1.2.1 了解蒸汽机的发明对第一次工业革命的推动作用。

蒸汽机的发明和改进，除技术上的要求外，还涉及热力学问题，如热机效率的提升，能量转换关系等。这些问题促使科学家深入研究水、蒸汽和其他物质的热学性质，并推动了比热、潜热等基础概念的建立。更为重要的是，瓦特蒸汽机在纺织、采矿、冶炼和交通运输等领域的广泛应用，成为英国工业革命的核心驱动力，并深刻影响了欧洲工业化进程。

二、蒸汽机的发明对第一次工业革命的推动作用

随着传统水力与风力在工业生产效率上的局限性日益显现，以及瓦特蒸汽机经过多次改进后热效率显著提升，19世纪初期，一个以蒸汽动力为核心技术，由燃炭采掘、钢铁冶炼、机械制造、交通运输和化学工业共同支撑的机械化工业体系逐步确立。

18世纪至19世纪，随着蒸汽机的推广应用，英国煤年产量从1700年的260万吨增长到1850年的3000万吨，铁年产量从1788年的1.7万吨增至1830年100万吨。生产效率的显著提升推动手工业向机械化大生产转型。在交通运输领域：1807年，美国工程师富尔顿成功试航“克莱蒙特号”蒸汽轮船；1814年，英国工程师斯蒂芬森研制出了第一台实用的蒸汽机车“布吕歇尔号”；1825年，斯托克顿－达灵顿铁路开通，标志铁路运输时代来临。此后，世界靠蒸汽运转。这种状况一直持续到电力发动机的出现。

以蒸汽机的广泛使用为标志的第一次工业革命对整个人类社会的发展产生了极其深刻的影响。

第一，第一次工业革命通过工具机械化和蒸汽动力系统使社会生产力实现了巨大飞跃，推动生产方式从工场手工业向机械化大生产转型。这场革命的本

质在于人类第一次系统性地把热能转化为持续可用的机械功，引发了劳动生产率的历史性跃升。

第二，第一次工业革命推动了生产方式的根本变革，促使社会从农业社会进入了农业 - 工业社会。这场革命通过机械化生产体系的确立，为英国 19 世纪的工业化进程提供了基础。蒸汽动力工具机的广泛应用带动了纺织业、化学工业、冶金业、煤炭产业、交通运输业、机械制造业的飞速发展，农业也逐渐机械化。这就使得资本密集型制造业逐步取代传统劳动密集型的农业，成为国民经济的主导部门。到 1850 年，英国基本完成工业化转型。

第三，第一次工业革命引发了社会生产关系的根本性变革，直接导致工业资产阶级与无产阶级的形成。恩格斯指出："18 世纪后叶的蒸汽机和棉花加工机等发明推动了工业革命，而工业革命又引起了整个市民社会的变革。"这次革命深刻改变了社会阶级结构。传统小农经济解体与农业机械化驱使大量农民进入城市。手工业工人与失地农民共同转化为近代产业无产阶级。工业资本家阶层取代商业金融资产阶级成为资产阶级主导力量。蒸汽技术革命建立了以煤炭为主要能源，以蒸汽技术为主要动力的近代大机器工业体系，加速了煤炭和各种金属矿藏等自然资源的开发利用。煤炭的大量燃烧以及煤烟和其他工业废物的集中和直接排放，在一定范围内造成了一定程度的环境污染。①

① 吕增建. 科学史与科学文化［M］. 上海：上海人民出版社，2012：129-130.

第五章
光学的建立与发展

1. 新课标要求

关于光本性争论的新课标要求（选修），了解波粒二象性的物理思想，体会人们对物质本性认识的不断发展。

2. 光的本性之争与经典物理学和现代物理学之间的关系

光的本性是科学史上古老的科学问题之一。关于光的本性之争也许是物理史上持续时间最长、程度最激烈的一场论战。这场争论不仅贯穿了光学、电磁学发展的全过程，更使整个物理学都发生了翻天覆地的变化，最终导致两个伟大的理论，即相对论和量子理论的诞生。本章将从古希腊学者对视觉的讨论开始，逐步展开关于光是什么的研究历史。

3. 了解光本性之争的历史

将这部分内容与电磁学的发展结合起来，可以让学生体会在波粒二象性的争论中，科学家是如何不断解决问题，又如何不断提出新的问题，同时还可以让学生体会在争论中经典物理学大厦的基础是如何受到质疑的，以及科学家是如何建立新的物理模型以应对这些质疑，最终促成了现代物理学的诞生。

波粒二象性之争的历史涉及新课标要求的物理观念、科学思维、科学探究的多个核心素养要素，是培养物理学科核心素养，建立学习、研究物理学思想和方法的绝佳案例。

第一节 古希腊和中世纪的光学成就

古代人对于光现象的记载和研究是和观察天象、占星问卜等活动同时开始的，因此历史上的光学几乎与力学、数学等一起成为人们探索自然奥秘的学科。然而，因为光的物理本性很复杂，所以古代光学的研究基本上停留在对几何光学现象的描述与总结上，作为一门科学，发展比较慢。从光学器具的发展看，中国的青铜镜早就有应用，而玻璃和珐琅的使用也较早，尤其在埃及、希腊和罗马地区。

在古埃及发现的古希腊文稿的残篇中记载了各种光的幻觉现象。例如，太阳在地平线上比在近天顶时显得更大。考古证据表明，在尼尼微（Nineveh）遗址曾出土过可能用于聚光的水晶或玻璃透镜。[①] 在古希腊，人们就已制造了火镜（阳燧）。柏拉图学派的学者曾经讲授过关于光的直线传播以及入射角和反射角相等的知识。

欧几里得的《光学》和《反射光学》为几何光学奠定了基础。光的直线传播规律和光的反射规律是欧几里得几何光学的基础。欧几里得肯定了光沿直线传播的经验现象。在《反射光学》中，有关于球面镜焦点的最早论述，讲到凹面镜对准太阳能点火，还论证了抛物面形

> **核心素养的培养**
>
> ★★
>
> 选修 1–3 的教学提示：
>
> 本模块通过热学、光学和原子物理内容的学习，进一步促进学生的物质观念、运动与相互作用观念、能量观念和物理模型建构等物理核心素养的形成。
>
> 在物理学史上，关于光的本性的探讨与古希腊物质实体构成的理论密切相关。了解这部分历史对于核心素养中物质观念养成必不可少。

① 卡约里. 物理学史［M］. 4版. 戴念祖，译. 北京：中国人民大学出版社，2010：8-9，22-23.

反射镜的聚焦性质。①

此外，关于视线的研究也是欧几里得光学的重要内容。他指出“光线自物体到人成为一个锥体，锥顶就在人眼，锥底在物体。”他还提道：“只有被光线碰到的东西，才能为我们看见。”

公元 139 年，天文学家托勒密测量了入射角和折射角，并把结果整理成表格。他发现，入射角和折射角成比例，这在角度小的情况下是近似正确的。托勒密在光学方面的研究基本都收录在其著作《光学》之中。该书共 5 卷，原著已失传，只留下一些残缺的阿拉伯译本。

公元 9、10 世纪时，大量来自希腊和叙利亚的古典传统科学著作被翻译成阿拉伯文。在某些领域，阿拉伯学者的成就已经追平甚至超过了希腊人，这在光学方面尤为突出。金迪和阿尔哈增就是阿拉伯学者中对光学有杰出贡献的两位学者。

一、继承数理传统的金迪

> 内容解读
>
> ★★★
>
> 眼睛是最精密的光学仪器，人类对光现象的认识是从视觉的探讨开始的。

金迪出生于库法，后来游学巴士拉，最后迁居巴格达。他是第一个把希腊哲学比较系统地介绍给阿拉伯人的哲学家。

关于人为什么可以看到物体，即所谓的视觉问题，古希腊学者有不同的看法。古希腊的自然哲学家关于视觉的解释主要有两种：柏拉图、欧几里得、托勒密等认为视觉是由眼睛发射出光线而导致的（出射理论）；德谟克利特、亚里士多德等人则认为我们能看到物体是由于被观察的物体以球面形式发射出来的光线射入我们的眼睛而导致的（入射理论）。

阿拉伯学者对此进行进一步研究。关于光学视觉理论，金迪认为，只有出射理论可以解释视觉的选择性，以及视觉的清晰度同可视物体在视野内位置变动之间的关系。在此基础上，他总结出了入射论和出射论在解决这些问题上的

① 卡约里. 物理学史［M］. 4 版. 戴念祖，译. 北京：中国人民大学出版社，2010：8-9，22-23.

缺陷。在视觉如何把握物体形状的问题上，金迪认为视觉形象的传递具有整体性。例如，一个圆形物体以它的侧面朝向观察者时，理论上应该能够以整个圆形的形象映入眼睛，但实际观察者所能看到的只是一条线段。这表明，入射论与实际观察是有冲突的。此外，他还对不同颜色的物体与眼睛的作用进行了探讨，对亚里士多德的颜色理论提出了质疑。

金迪确立了光学数理解释传统中至关重要的“点状分析原则”。与之前学者们不同的是，金迪认为，视射线从眼睛表面的所有部分向各个方向发散，从观察者眼睛表面每一点发散出的射线形成许多个视锥。他的这一理解与欧几里得所设立的单视锥理论相比，取得了重大的突破，而他所使用的点状分析方法为之后解决视觉图像的整体传递研究中遇到的困难提供了解决途径。

二、古代光学史上的继往开来者阿尔哈增

阿尔哈增本名为伊本·海赛姆，出生于巴士拉，是当时著名的数学家和天文学家。

阿尔哈增对光学现象进行了比较深入的研究，撰写了《光学之书》。他在书中详细讨论了眼睛的光学结构、视觉原理以及光的反射等问题。在古希腊人关于入射角等于反射角的认识基础上，阿尔哈增进一步指出，入射角和反射角都在同一平面内，从而使反射定律更加完善。① 尤其是视觉理论，阿尔哈增在古代学者工作的基础上建立了统一的视觉理论模型。他用一套令人信服的论证批判了出射论。他在《光学之书》的开篇就举了一个因直视强光而造成眼睛损伤的例子。他认为，这种损伤恰恰说明是有物质从外部进入眼睛的。他还举例说，当人们观察天空时，怎么可能从眼中发出一种物质能够充满恒星的整个空间呢？阿尔哈增强调：在视觉过程中，眼睛是一个外在活动的接受者，光对眼睛产生了某种作用。基于此，他确立了光学理论的两大原则：“光具有对眼睛产生作用的本性，而眼睛具有被光作用的能力”。尽管阿尔哈增否定了出射论的视觉解释，但是他挽救了出射论的主要特征——视锥，并且基于入射论的立场

① 胡化凯．物理学史二十讲［M］．合肥：中国科学技术大学出版社，2009：285.

对金迪的“点状分析原则”进行了改造，把它包含在自己新的入射理论中。根据金迪的“点状分析原则”，阿尔哈增把发光设想为一个不连贯的过程。在这个过程中，明亮物体的各个点或微小部分并非作为一个连贯的整体发光，而是每一个点彼此独立地沿各个方向发光，这一设想与金迪的看法基本一致。这一设想无疑是一个进步，但同时也带来了新的问题：来自可见物体的不连贯的发光过程能够解释视力正常的人所体验到的连贯视觉吗？如何将视野内任一发光点同眼睛接收到的光点之间建立一一对应的联系？这一问题随着阿尔哈增对折射现象的研究最终得到了解决。

阿尔哈增注意到，光从一媒质射入另一媒质时，只有垂直入射的光线不会发生偏折。根据这一原理，他认为，虽然视野中每一个点都会向眼睛中的每一个点发射光线，但并非所有光线都能产生视觉效果。他指出，在视野中每一个点发出的光线中，只有一条垂直射入眼睛，其余斜着入射的光线都发生了折射。折射使这些入射光线的强度减弱，而眼睛的主要敏感器官——晶状体，只能感知垂直入射的光线。这些垂直入射的光线形成了一个视锥，锥底是视野，顶点则是眼睛的中心。

在讨论了光线入射晶状体后，阿尔哈增描述了视觉图像在眼睛内部的传递过程。他认为，所有光线会通过晶状体汇聚在一点。但如果真的汇聚到一点后，光线继续前进就会形成一个颠倒的像。在阿尔哈增看来，这显然与实际知觉经验相违背。因此，他强调光线到达视锥的几何顶点之前，会在晶状体向玻璃体入射时产生背离视锥中心的偏折（由于媒质密度造成的偏折）。随后，光线会从一定的方向和角度将缩小了的可视事物的整体秩序传入玻璃体和视神经（此时光线的传递不遵循几何法则），并最终由“终端感知”把握。

至此，阿尔哈增通过把出射论者所说的视锥成功地引入入射论，把出射论与入射论的优点结合在一起，完整地描绘了视觉活动中光学成像的过程。他提出的综合入射理论符合人们的感觉经验，非常具有说服力。到 13 世纪，他的著作被翻译成拉丁文，对欧洲的科学发展产生了重要影响。西欧的透视学家都以他的思想为权威，努力接续他的工作，推动了光学和视觉科学的发展。

三、格罗斯泰斯特和罗吉尔·培根的光学研究

从12世纪开始，随着大量希腊经典文本经过阿拉伯学者的重新发现、翻译、注释、研究之后传入欧洲，欧洲中世纪的经院哲学开始了重新阐释古代经典的工作。最早在光学领域开展这项工作的是两位著名的牛津学者：罗伯特·格罗斯泰斯特和罗吉尔·培根。格罗斯泰斯特在13世纪初的研究工作由于没有很好地了解古希腊和中世纪伊斯兰的光学文献而大打折扣，其光学著作的价值主要体现在启发性上。精通古代光学文献的罗吉尔·培根受到了格罗斯泰斯特的启发。他坚信人类的知识具有统一性，希腊和伊斯兰的光学理论本质相通，因此他致力于表明所有论述过光和视觉的作者的意见是一致的。罗吉尔·培根依照阿尔哈增光学理论的大致轮廓，几乎全盘接受了阿尔哈增关于视觉的入射论。在他的著作《光学》中，罗吉尔·培根将之前所有光学、视觉理论，以阿尔哈增的“综合入射论”为框架做了整合。他以亚里士多德主义的自然哲学为基础，用“视觉能力—介质—可视对象”的解释结构，吸收消化了阿尔哈增有关光和颜色的视觉研究和几何讨论。

关于光线到底是从眼睛发出还是射向眼睛这一问题，罗吉尔·培根认为只有通过入射光线才能产生视觉，这与阿尔哈增和亚里士多德的看法基本一致。那么柏拉图、欧几里得和托勒密所主张的出射理论又该怎么解释呢？罗吉尔·培根认为出射光线是存在的，但是出射光线不会产生视觉，仅在视觉过程中起辅助作用。

除《光学》这本继承和发展了阿尔哈增光学理论的著作之外，罗吉尔·培根还专门写了《论种相的传播》一文，用来阐释光学理论的自然哲学基础。罗吉尔·培根将上述包括视觉活动在内的感知活动植入一个“富有活力”的自然世界当中。他改造了格罗斯泰斯特的“种相传播”理论，让这一理论成为解释光学、视觉乃至感知、理智活动的自然哲学依据。罗吉尔·培根认为，种相是事物散发出的形式相似性，不仅如此，它也是一种事物作用于周边的一种效力或能力。关于发光性质，罗吉尔·培根接受了新柏拉图主义的宇宙观，把宇宙看成一个巨大的力网，其中每一个物体都会发射出一种力或它本身的“像”来

作用于邻近物体。他还设想这种普遍的力造就了一切因果关系，并以此为基础发展出一种很有影响的自然哲学。至于光和颜色，罗吉尔·培根认为都是其来源的“像”，从而是这种普遍的力的表现。

13世纪下半叶，与罗吉尔·培根同时代的两位年轻学者——英格兰的约翰·佩卡姆和西里西亚的威特罗，在传播阿尔哈增的光学理论方面做出了极大的贡献。14世纪自然哲学中关于光与视觉的讨论，几乎都是源自阿尔哈增和罗吉尔·培根的思想传统，这一光学思想成为直到开普勒之前，西方光学领域讨论问题的基本范式。而当开普勒在1604年研究视觉理论时，他所面对的正是阿尔哈增、罗吉尔·培根、佩卡姆和威特罗遗留下来的问题。[①] 罗吉尔·培根在牛津和巴黎接受教育，后成为牛津大学教师。他因批评经院哲学方法和教会腐败而被指控为异端，约1277—1279年间被方济各会监禁。在狱中，他向教皇克莱门特四世提交了关于科学方法改革的论述。

第二节　16、17世纪光学发展

16、17世纪，光学上的最大成就是发明了望远镜和显微镜。显微镜、望远镜等光学仪器的发明促进了理论光学的发展。17世纪初，物理学家还不了解折射定律和透镜作用的准确规律，对光的性质的认识还很模糊。到17世纪末，光学已形成了一个较为完整的科学体系，主要现象和规律已被发现，有关光的性质的科学的初级理论也已形成。

第一个望远镜可能是由荷兰眼镜制造商汉斯·利普塞在1608年发明的。他不是用玻璃，而是用水晶制造了他的透镜。在海牙档案馆发现的一份文件表明，他在1608年10月2日申请过专利权。荷兰政府要他修改设计，制造一个观察者能用双眼通过它来看的仪器。他在同一年完成了这个仪器的制造。因为当时已有其他人声称发明了类似的装置，所以他没有获得此项专利，但荷兰政府为

① 晋世翔. 中世纪光学思想史的渐进论编史纲领［J］. 自然辩证法通讯，2015，37（2）：68-74.

这台仪器支付了一定报酬。

显微镜的发明和望远镜的发明几乎是同时代的事情。这些新仪器的使用很快传遍了欧洲，激励了很多人从事光学研究。开普勒是较为突出的研究者之一。

一、开普勒的贡献

望远镜的发明激励了从事多年光学研究的开普勒去做新的努力。他在1604年出版了《对威特罗〈光学〉的补充》。在这本书中，他讨论了透镜的作用，解释了视觉过程，并在讨论透镜中解释了暗箱的作用，画出了光线在凸透镜和凹透镜中的路径。他首先确立了平镜成像的原理，并利用此原理找到了凸镜的虚像。在视觉过程的讨论中，开普勒解释了眼睛的作用。按照开普勒的观点，眼睛中的成像不是之前人们所认为的那样来自晶状体，而是在视网膜上。此外，开普勒还用晶状体的曲度变化正确解释了眼睛对于焦距的调节。

1611年，开普勒在《折光学》中进一步讨论了上述主题。这部著作的副标题明确提到，望远镜的发明是他写这部书的起因，而几何光学的复兴则起源于他的研究。① 在《折光学》一书中，开普勒尽管经过多次尝试，但仍然没有找到折射的准确规律。不过，在小角度的情况下，他在《折光学》中使用的近似关系与后来所说的折射定律相符。此外，他研究出了测量入射角和折射角的巧妙方法，并发现在角度不大的情况下，入射角和折射角之间的比例近似为一常数（他测得该比值约为3/2，对应某些玻璃的折射率）。开普勒利用这一比例关系算出了双凸透镜、双凹透镜等的焦距，并提出了透镜成像的定量计算方法。根据光路的可逆性，他得出存在有全反射现象的结论，并指出玻璃的折射角不会超过42°。在望远镜设计方面，开普勒发明了使用双凸透镜的开普勒望远镜，随后又提出了三透镜系统的设计，显著提升了成像质量。

---

① 戴克斯特豪斯. 世界图景的机械化［M］. 张卜天，译. 北京：商务印书馆，2015：544-545.

二、折射定律的建立

> 新课标要求
>
> ★
>
> 选修 I 课程；选修 1-3；3.3.1 理解光的折射定律。

望远镜出现后，为了提升其在天文观测、航海导航与军事作战中的性能，亟须改进光学元件的制备工艺并提高望远镜的放大倍数，这就不能没有正确的理论研究。

光的反射定律经过欧几里得和阿尔哈增等人的工作已经明确，光的折射规律的探索成为该时期被关注的焦点。在开普勒研究的基础上，荷兰数学家威理博·斯涅耳和法国哲学家笛卡尔各自独立地找到了折射定律的准确形式。但斯涅耳的研究成果生前未及发表，其手稿直到 1626 年（他去世当年）才由他人整理公之于世。而笛卡尔的折射定律则以更完整的形式发表在其 1637 年出版的《方法论》附录《屈光学》中。

斯涅耳折射定律叙述如下：在相同的介质里，入射角和折射角的余割之比总是保持相同的值。[①] 由于余割和正弦互为倒数，这个表述虽然等价于现代形式的折射定律（即入射角与折射角的正弦之比为常数）。据现有史料记载，斯涅耳没有试图做这个定律的理论推导，但是他用实验验证了它。而现代书本中常见的正弦形式折射定律，则由笛卡尔在 1637 年在《屈光学》中首次明确给出。在书中，笛卡尔没有提到斯涅耳，可能是他自己独立地发现了这个定律。[②]

笛卡尔把光看作是在充满弹性微粒的连续介质中压力脉冲传递的过程。笛卡尔认为：光脉冲的传播是沿直线进行的，但在从一种介质进入另一种介质中时会发生方向的改变。为了掌握这些变化的规律，他用弹性球的运动模拟了光的传播，这种球在碰到光滑的面时，会按照落角等于反射角的规律弹跳。若假设平行于反射面的水平分速度不变，而垂直分速度只改变方向，不改变大小，就能得到这一定律，表述为入射角与折射角的正弦之比等于光速的之比。[③]

---

① 陈毓芳，邹延肃. 物理学史简明教程［M］. 北京：北京师范大学出版社，2012：154-155.

② 卡约里. 物理学史［M］. 戴念祖，译. 桂林：广西师范大学出版社，2002：82-83.

③ 胡化凯，等. 物理学史与技术史专题［M］. 合肥：安徽教育出版社，2015：157-158.

由于笛卡尔并没有做实验来验证折射定律，而是从光速在较密介质中较大的假定中推导了这个定律，这引起了数学家费马和其他人的关注。费马从“以最少的时间从一种介质的某一点传播到另一种介质的某一点，而且在较密介质中的光速较小”的假定出发成功推出了折射定律。

> **核心素养的培养**
>
> ★★
>
> 笛卡尔用弹性球的运动模拟光的传播的理论正是牛顿相互作用观点的实际应用。借此学生可以体会相互作用观点。
>
> **内容解读**
>
> ★★★
>
> 现象的解释涉及光是什么的问题。笛卡尔的“弹性小球”是微粒说的一种。

三、从几何光学到物理光学：牛顿的贡献

正如力学的情况一样，牛顿还为光学的发展做了总结。在 1665 年到 1666 年瘟疫流行期间，牛顿住在故乡并思考了光学问题。从牛顿的论述中我们得知，在 1665 年，他就买了一个棱镜并用它做太阳光的实验。牛顿注意到了拉长的光谱，很快测出太阳光是由各种折射率的光线组成的，“折射率”是单色光束的基本特性，它不会进一步被任何反射、折射或光束的色散所改变。牛顿在测量了光谱边缘光线的折射率的差异（色散现象）之后，得出了当时无法通过透镜组合消除色差的结论，同时着手制作反射式望远镜。1671 年，他造出第二架反射式望远镜，并因此被选为伦敦皇家学会会员，他向学会报告的首要内容是关于光和颜色的理论。在棱镜的研究中，牛顿深入研究了棱镜分光的基本工作方法，还用“牛顿环”的方法对薄膜的颜色开始了有计划的研究。借助于牛顿环，牛顿测量了光谱的各种颜色。牛顿的颜色说遭到了胡克等人的批评，结果不得不停止了他的光学著作的出版，一直到 1704 年胡克去世后，他的《光学》才得以问世。

《光学》一书分为 3 卷。第一卷研究白光的光谱成分和反射望远镜的设计原理。第二卷包括“对反射、折射、薄透明板颜色的观察”即对薄膜干涉现象的观测，其中描述了著名的牛顿环实验。第三卷包括“对光线弯曲和此时所得到的颜色的观测”。这些观测因实验条件限制未能系统完成。牛顿力求把他的光学

> 内容解读
>
> ★★★
>
> 体会牛顿的综合以及建立光学体系的意义。

理论建立在坚实的实验基础上，全书采用“问题—实验—结论”的论证结构。

光线是牛顿光学的主要概念，尽管从一开始他就声称“不假设光的本性”，但通过其实验设计和理论推演可以看出，他倾向于微粒说解释。在《光学》中，牛顿系统化地确定了光的折射和反射的概念、测量了入射角、反射角和折射角，完整论述了几何光学的反射和折射定理，详细分析了折射面和反射面的成像问题，并推测性讨论了视觉的物理性质和假设的光神经中运动的振动特性等问题。

牛顿的分光实验、牛顿环的发现，以及关于光性质的讨论，使光学由几何光学拓展至包含物理光学特性的研究领域。

但也应该指出，牛顿当时并未建立“干涉”“衍射”“偏振”这些现代波动光学术语体系。这些名词术语是后来在 19 世纪才分别由托马斯·杨、菲涅耳、马吕斯引进物理学的。

第三节　关于光的本性的争论

在光现象不断发现和认识过程中，人们开始了对光之本性的研究。这时已经出现了关于光是一种“介质活动”抑或是种“物质微粒”的争论。到 17 世纪下半叶，这种争论逐渐发展成系统的波动说和微粒说理论体系的分歧。在十七世纪中，主张波动说的有笛卡尔、胡克和惠更斯等人，主张微粒说的有伽桑迪和牛顿等。

在古希腊自然哲学中，部分学派倾向于把光解释为“视觉流”或微小物质粒子。这种解释体系被现代学者归类为原始微粒说。微粒说从直观上看来是很有道理的，首先它可以很好地解释光的直线传播、反射，甚至折射现象。但是微粒说也有一些显而易见的不足，比如很难说清为什么两道光束相互碰撞的时候不会互相弹开，也不能说明这些细小的光粒子在点上灯火之前是隐藏在何处的，而且与当时观察到的光无限可分性矛盾。

> 核心素养的培养
>
> ★★
>
> 光的本性的讨论，如同热本质的讨论一样是古希腊探索世界实体构成的延续和发展，是新课标要求的核心素养中物质观念的具体体现，也是促进学生物质观念形成的良好素材。

随着人们对自然世界有了进一步的认识，波动现象被深入地了解和研究，声音是一种波动的认识也进一步深入人心。人们开始怀疑：既然声音是一种波，那么光是不是也是波呢？17 世纪初，笛卡尔在其《方法论》的 3 个附录之一《屈光学》中率先提出了这样的可能：光是一种压力，在介质里传播。不久后，意大利的一位数学教授格里马第做了一个实验，他让一束光穿过两个小孔后照到暗室里的屏幕上，发现在投影的边缘有一种明暗条纹的图像。格里马第马上联想起了水波的衍射，于是提出：光可能是一种类似水波的波动。这就是最早的光波动说。

波动说认为，光不是一种物质粒子，而是因介质振动而产生的一种波。我们用足球场上观众掀起的“人浪”来形象地理解波的传播：虽然每个观众只是简单地站起和坐下，并没有四处乱跑，但“浪头”却实实在在地环绕全场运动着。这个“浪头”就是一种波，它传递的是运动的状态，而不是观众本身。池塘里的水波也是如此，它不是一种实际的物质传递，而是沿途的水面上下振动的结果。如果光也是一种波动的话，我们就容易解释投影里的明暗条纹，也容易解释为何光束可以互相穿过而互不干扰。

但是波动说有一个基本的难题：既然波本身是介质的振动，那它必须在某种介质中才能够传递。例如，声音可以沿着空气、水乃至固体前进，但在真空里就无法传播。为了容易理解这一点，可以这样想：如果球场里空无一人，那“人浪”自然也就无从谈起。而光则不然，它似乎不需要任何介质就可以任意地前进。举一个简单的例子：星光可以从遥远的星系出发，穿过几乎是真空的太空来到地球而为我们所见，这对波动说显然是非常不利的。然而，波动说巧妙地摆脱了这个难题：它假设了一种看不见、摸不着的介质来实现光的传播，这种介质有一个十分响亮而让人印象深刻的名字——“以太”。于是，在 17 世纪中期，有了两种假说：微粒说和波动说。

一、惠更斯代表的波动说

正如前面所言，笛卡尔在光的本性方面的看法是不一致的。在谈到视觉问题时，他把光线比喻成脉冲波动，否认眼睛在看东西时有某种物质微粒进入。可是，他在解释光的折射和反射时又运用物体的碰撞运动来进行比喻。因此，他在这个问题上的态度显得有些模糊和矛盾。

惠更斯则比较明确地提出了光的波动说。惠更斯于 1690 年发表的著作《光论》是解释光的波动理论方面的最早的重要尝试。他认为光的传播不是微粒的运动，而是介质的运动即波动，其理由是光线交叉穿过而彼此没有任何相互影响。

事实上，在惠更斯之前，胡克已提出了一种类似的波动理论雏形。① 胡克于 1665 发表了《显微术》一书，提出“光可能是一种振动”。他认为，在均匀介质中，这一运动在各个方向上都以相等的速度传播。于是，发光体的每一脉动和振动都必将形成一个球面，这个球面将不断增大，如同投石入水后引起的水波不断扩大一样。

惠更斯则提出了关于波传播的重要原理。他把振动介质的每一个质点都看成一个中心，在它的周围形成一个波。惠更斯假定存在着无所不在的以太，他以现在教科书中流行的方式，用波动论解释光的反射和折射。他还详细地研究过大气折射和冰洲石（方解石）的双折射现象。惠更斯根据他的波动学说和波阵面作图法，说明寻常光线的波面是球面，而非常光的波面是椭球面，对于后一情况光在不同方面上的速度不同。

1669 年，丹麦科学家拉斯穆斯·巴托林第一次在冰洲石中观察到光的双折射。惠更斯在解释这一现象时，假定了光在以太中的振动是纵向的，类似于声波。运用波动说，惠更斯很好地解释了光的反射、折射以及冰洲石的双折射现象。不过，他的波动说并不完善。他误认为光像声波一样也是纵波，所以在解释光的干涉、衍射和偏振现象时遇到了困难。他也不能用他的理论解释颜

① 卡约里. 物理学史［M］. 戴念祖，译. 桂林：广西师范大学出版社，2002：87.

色的问题。由于牛顿对此有不同的看法，他支持光的微粒说，并批判波动说的不足，惠更斯的理论在18世纪未受主流认可。惠更斯致力于用波动理论推导出光在均匀介质中直线传播的事实，这也是导致牛顿否定光的波动说的直接原因。

> 核心素养的培养
>
> ★★
>
> 科学思维是新课标核心素养的重要组成部分，并提出“教师引导学生经历物理概念的建构过程和物理规律的形成过程，是发展科学思维的重要途径。”
>
> 关于光的本性的争论过程正是基于事实和科学推理对不同观点和结论提出质疑和修正，进而提出新的见解的过程。通过这一过程对培养学生的科学思维有重要的促进作用。

二、牛顿代表的光微粒说

在惠更斯发展波动说的同时，牛顿的微粒说也逐步建立起来了。牛顿修改和完善了他的《光学》，基于各类实验，他陈述了波动说的几种不足。牛顿指出，如果光是一种波，那么应该与声音一样可以绕过障碍物，不会产生影子。也就是说，波动说不能很好地解释光的直线传播现象。如果光是一种波动，它就应该有绕射现象，就像声音可以绕过障碍物而传播一样，但因为实验中光的波长太小，当时并没有观察到光有这种现象。牛顿还指出，冰洲石的双折射现象说明光在不同的边界上有不同性质，波动说不能满意地解释其原因。而且，波动说依赖于介质的存在（以太），可是没有什么证据表明天空中有这样的介质，因为从天体的运行看不到受到介质阻力的迹象。基于这些理由，牛顿怀疑波动说，提出光是一种微粒的看法。

不过，牛顿也不完全排斥波动思想。比如，他就提出过光粒子可能在以太中激起周期性振动。周期性是波的特性。但这些思想被后人有意无意地忽略，牛顿成了坚持微粒说的一面旗帜。微粒说在整个18世纪占据主导地位，这种结果部分由于惠更斯波动说的不完善性，部分由于牛顿的崇高威望。但是，在折射问题的解释上，波动说和微粒说之间出现了一个关键分歧：微粒说认为，光密介质中的光速大于光疏介质中的光速；而波动说则认为，光密介质中的光速小于光疏介质中的光速。然而，在 18 世纪，实验室中直接测定光速还无法实现，因此这一争议长期未能解决。

三、波动光学的复兴

19 世纪的光学是由英国医生兼物理学家托马斯·杨以复兴波动说的论文拉开序幕的。托马斯·杨出生在英国萨默塞特郡的米尔弗顿。他幼年时展现出非凡的天赋：据传记记载，2 岁时就能很流畅地读书；4 岁时已通读了两遍《圣经》；6 岁时，他能整篇地背诵哥尔德斯密斯的《荒村》。他记忆力惊人，贪婪地阅读各种书籍，无论是文学的还是科学上的著作。约 16 岁时，由于他反对奴隶贸易而拒绝食用糖。19 岁时，他先后在伦敦、爱丁堡、哥廷根和剑桥学医。1800 年，他开始在伦敦行医。1799 年，他受聘为皇家研究院的自然哲学教授，并于 1801—1803 年进行了一系列关于光、声和力学原理的讲座。这些讲演后来以《自然哲学与机械工艺讲义》为题于 1807 年出版，该书至今仍被视为科学史上的重要文献。1802 年，他被任命为皇家研究院的外事秘书，并一直担任该职务直至去世。①

1. 复兴波动说的开端——对微粒说的质疑

托马斯·杨研究了眼睛的构造，开始接触到光学上的一些基本问题，并最终形成了光是波动的想法。这一认识的关键来源于对波动干涉现象的研究。

普通物质是具有累加性的，例如一滴水加上一滴水一定是两滴水，而不会一起消失。但是波动就不同了，一列普通的波，它有着波的高峰和波的谷底，如果两列波相遇，当它们正好都处在高峰时，那么叠加起来的这个波就会达到两倍的峰值，而如果都处在低谷时，叠加的结果就会是两倍深的谷底等。但是，如果正好一列波在它的高峰，另外一列波在它的谷底呢？答案是它们会互相抵消。如果两列波在这样的情况下相遇，那么在它们重叠的地方，将会波平如镜，既没有高峰，也没有谷底。托马斯·杨在研究牛顿环的明暗条纹时，被这个关于波动的想法给深深打动了。为什么会形成一明一暗的条纹呢？一个思想渐渐

---

① 卡约里. 物理学史［M］. 戴念祖，译. 桂林：广西师范大学出版社，2002：145-146.

地在托马斯·杨的脑海里形成：用波来解释不是很简单吗？明亮的地方，那是因为两道光正好是“同相”的，它们的波峰和波谷正好相互增强，结果造成了两倍光亮的效果；而黑暗的那些条纹，一定是两道光处于“反相”，它们的波峰、波谷相对，正好互相抵消了。这一大胆而富于想象的见解使托马斯·杨激动不已，他马上着手进行了一系列实验，并于1801年和1803年分别发表论文报告，阐述了如何用光波的干涉效应来解释牛顿环和衍射现象。通过实验数据，他计算出光的波长应该在1/60000英寸至1/36000英寸（相当于0.57~0.95微米）。

托马斯·杨还系统地提出了波动光学的基本原理，提出了光波长的概念，并且对延续了一个世纪的微粒说提出异议。他说：“尽管我仰慕牛顿的大名，但我并不因此而认为他是万无一失的。我遗憾地看到他也会出错，而他的权威也许有时甚至阻碍了科学的进步。”① 托马斯·杨提出了否定微粒说的几个理由：第一，强光源和弱光源所发出的光线有同样的速度，这用微粒说不好解释；第二，光线由一种介质进入另一种介质时，一部分被反射，而另一部分被折射，用微粒说解释也很牵强。另外，托马斯·杨根据水波的叠加现象，提出了声波的叠加理论。他把由叠加造成的声音的加强和减弱称为“干涉”。在声波干涉现象中，波的叠加造成的声音时断时强的效果，引起了托马斯·杨的特别注意。他联想到，如果光是一种波动，两种光波叠加时，也应该出现明暗相间的条纹。

干涉原理的引入是托马斯·杨跨出的重大一步。他还把自己的干涉观念应用到了牛顿环上。② 而且，他看出了来自同一光源的相干光和不相干光的区别。他用干涉观念解释衍射，把衍射看成是直接通过衍射的光和边界波之间的干涉。两个在方向上完全一致或很接近的不同光源的波动，它们的联合效应是每一种光的运动的合成。托马斯·杨第一次彻底地用干涉原理解释了声和光。托马斯·杨指出，正是由于光的波长太短，以致光绕过障碍物的能力较弱，人们才很难观察到这类现象。

1807年，托马斯·杨总结出版了他的《自然哲学讲义》，里面综合整理了他在光学方面的工作，并第一次完整描述了双缝干涉实验。历史证明，这个实

① 吴国盛. 科学的历程（第二版）[M]. 北京：北京大学出版社，2002：328.
② 劳厄. 物理学史[M]. 范岱年，戴念祖，译. 北京：商务印书馆，1978：37-41.

验完全可以跻身于物理学史上最经典的五个实验之列。

无论微粒说如何努力，也难以解释两道光叠加在一起为何反而会造成黑暗，而波动说则很好地解释了这一现象，因此波动说暂时战胜了微粒说。但随后，许多对波动说不利的实验证据被提出来以证明波动说的矛盾。其中最为知名的就是马吕斯在1808年发现的偏振现象，这一现象与已知的波动说有抵触的地方。

2. 复兴波动说的困难及其解决——偏振现象及光是横波

1808年，法国物理学家马吕斯发现了光在双折射时的偏振现象。众所周知，纵波不可能出现偏振现象，这使托马斯·杨复兴的波动说遇到了极大的困难。微粒说的信奉者以此对波动说发起攻击。托马斯·杨于1811年给马吕斯写信说："你的实验证明了我所采用的理论的不足，但是这些实验并没有证明它是错的。"①

决定性的转机出现在1817—1819年。1818年，法国科学院发起关于衍射现象的征文竞赛。竞赛评委会由许多知名科学家组成，其中包括毕奥、拉普拉斯和泊松。尽管评委会多数成员都是微粒说拥护者，但最终菲涅耳基于波动理论的论文获胜。

在这篇论文中，菲涅耳采用了光是一种波动的观点，并以严密的数学推理，极为圆满地解释了光的衍射现象。泊松作为微粒说的支持者，并不相信这一结论，于是对它进行了仔细的审查，结果发现当把这个理论应用于圆盘衍射的时候，在阴影中间将会出现一个亮斑。这在泊松看来是十分荒谬的，影子中间怎么会出现亮斑呢？这差点使得菲涅耳的论文被否决。关键时刻，评委会成员阿拉果坚持进行实验验证，结果发现真的有一个亮斑如同奇迹一般出现在圆盘阴影的正中心，其位置和亮度与理论预测完全吻合。

这一发现为光的波动理论提供了决定性证据，成为光学史上的重要转折点。菲涅耳因此获得了该届科学奖，同时一跃成为可以和牛顿、惠更斯比肩的光学界的传奇人物。

---

① 吴国盛. 科学的历程（第二版）[M]. 北京：北京大学出版，2002：329.

但是，光的偏振问题却仍旧没有得到解决。为此，菲涅耳在 1821 年提出了革命性的横波假说。这一假说彻底改变了自胡克和惠更斯时代以来认为光是纵波的传统认知。1821 年，菲涅耳发表了题为《关于偏振光线的相互作用》的论文，用横波理论成功解释了偏振现象，解决了波动理论长期面临的最大难题。

微粒说在偏振问题上失守后，节节溃退。到了 19 世纪中叶，微粒说挽回局面的唯一希望就是光速在水中的测定结果了。因为根据微粒说，这个速度应该比真空中的光速要快；而根据波动说，这个速度则应该比真空中的要慢。

然而不幸的是，微粒说并没有在此证据上挽回局面。1850 年 5 月 6 日，物理学家傅科（他后来以“傅科摆”实验而闻名）向法国科学院提交了他关于光速测量实验的报告。在准确地得出光在真空中的速度之后，他也进行了水中光速的测量，发现这个值小于其在真空中的速度，只有前者的 3/4。这一结果确证了波动说的预言，标志着持续百余年的光本质之争以波动说的胜利告终。

但菲涅耳的横波理论引出了新的核心问题——以太介质的存在性。当麦克斯韦建立电磁理论并预言光是电磁波的一种后，赫兹于 1888 年用实验证明了电磁波的存在。至此，波动说不仅是光领域的统治者，而且成为整个电磁王国的最高司令。①

然而，19 世纪末 X 射线的发现、放射性的发现、电子的发现等一系列发现使得经典物理体系面临根本性挑战。

---

① 曹天元. 上帝掷骰子吗？量子物理史话［M］. 3 版. 北京：北京联合出版公司，2017：23.

第六章
电学与磁学的发展

前几章讲过，科学革命已经改变了人类对宇宙的认知。牛顿通过《自然哲学的数学原理》建立了万有引力定律的数学表述，开创了用数学语言描述自然规律的新范式。富兰克林、法拉第、麦克斯韦等人也会采用这种方式对电、磁和光进行研究。正如爱因斯坦认为的，电磁理论的建立不仅是现代物理学的里程碑，其本身更开辟了一条全新的物理学发展路径。人类对电磁的理解带来了物理学领域的许多重大突破。

第一节　磁学的诞生

1. 新课标中关于磁学产生的历史的要求

了解我国古代在磁现象方面的研究成果及其对人类文明的影响。关注与磁相关的现代技术发展。

新课标中虽然没有关于学习西方磁现象产生的历史要求，但对电磁感应现象的产生、电磁波的产生及其证明等有要求，同时在新课标中还要求学生了解统一性观念在科学认识中的重要意义。电磁学的发展过程就是统一性观念逐步实现的过程。

2. 人类认识的早期磁现象与电现象的关系

我们现在知道磁与电是互生关系，在一定条件下电可以产生磁，磁也可以产生电。但在人类认知的早期则不然，直到奥斯特发现电流的磁效应，法拉第发现电磁感应现象，电才与磁现象有了明确的联系。因此我们分别介绍了磁学与电学早期各自独立的发展，以此让学生体会电与磁统一的过程，体会科学的目标就是寻找不同现象的内在联系。

3. 了解磁学与电学早期的历史

首先，与电磁学的发展相结合，让学生体会统一性观念在电磁学发展中的作用。其次，新课标还要求引导学生经历科学探究过程，体会科学研究方法，养成科学思维习惯，增强创新意识和实践能力。问题的发现是科学探究的开始。这部分历史可以引导学生体会基于观察和实验提出物理问题、形成猜想和假设、设计实验与制订方案、获取和处理信息、基于证据得出结论并做出解释的科学探究过程。

一、中国古代对磁现象的认识

中国古代对磁现象的研究与发现诞生了举世闻名的“四大发明”之一——指南针。指南针的指向特性是由于磁体的两极（N 极和 S 极）与地磁场的南北极相互作用的结果。在四大发明中，指南针的发明展现了古代中国科学的卓越智慧。在古代社会，人们发现天然磁石（磁铁矿）的吸铁性质并不困难，在探索磁石的过程中，认识到其具有指向特性亦不困难，但要把磁石的指向性与地理上的南北方向联系起来，就没那么简单了！因为当时人们对地磁场尚无科学认知，甚至对大地形状的认识仍受“天圆地方”观念的影响。尽管如此，中国古人通过长期实践，发现了磁石的指极性，并在此基础上发明了最早的磁性指向仪器——“司南”。据《论衡》记载，司南形如勺，置于地盘上可指南北。司南经过技术改进，逐渐演变为更精确的指南针。从古代文献中可以看到，中国古人对磁现象的认识经历了从经验观察到实际应用的漫长过程。

中国人最早发现磁石的指极性的具体时间尚不明确。目前已知的是，在战国时期（公元前 475—公元前 221 年）的文献中，已经出现了“司南”这一名称，且其功能与方向判别有关，但由于缺乏详细的形制、结构或使用方法的记载，无法确认当时的“司南”是否为磁性指向装置。

东汉王充（约公元 27—97 年）在《论衡·是应篇》中明确记载了司南的形态与功能：“司南之杓，投之于地，其柢指南”。

其中，“杓”指勺形器具，“柢”为勺柄，“地”指光滑的方向盘（可能为青铜制，表面刻有方向刻度）。根据这一描述，东汉时期的“司南”确为磁性指向装置。这表明，在东汉时期，中国人已认识到天然磁石的指极性，并发明了实用化的指向工具。对东汉的这种装置，我们不妨称其为“指南勺”。

指南勺虽然出现于东汉，但在此后的中国历史上并未成为主要指向工具。这一现象的主要原因是天然磁石磁性较弱且加工困难。中国古人为寻找更实用的磁性材料进行了长期探索，耗费了中国人数百年的时间。北宋时期（960—1127 年），人工磁化技术终于获得了突破性进展。1044 年，由宰相曾公亮主持编撰的军事著作《武经总要》详细记载了“指南鱼”的制作方法：“指南鱼……以薄铁叶剪裁，长二寸，阔五分，首尾锐如鱼形。置炭火中烧之，候通赤，以铁钤钤鱼首出火，以尾正对子位，蘸水盆中，没尾数分则止。以密器收之。用时置水碗于无风之处，平放鱼在水面令浮，其首常南向午也。”[①] 这里说的“指南鱼”是以铁为原料，用人工磁化的方法使之获得磁性，具有指南的功效。文中“以尾正对子位，蘸水盆中，没尾数分则止”的做法亦颇有道理，体现了对地磁场倾角的经验性利用。因为当时的北宋都城开封地磁倾角约 56°，当把鱼体与水平面呈 7°–10° 夹角（“没尾数分”）时，其轴向与地磁场方向的夹角最小，磁化强度达到最大值，磁化效果最好。

在《武经总要》的这段描述中，淬火是一个不容忽视的环节。淬火处理使得磁化后的铁鱼获得较高的矫顽力，这有助于保持磁力。同时，铁鱼的长条形状也有助于降低退磁效应，从而保持铁鱼的磁性。

《武经总要》中关于指南鱼的介绍，本质上是利用地磁场进行人工磁化的方

① 江晓原. 科学史十五讲［M］. 北京：北京大学出版社，2006：103；“南向午”指正南。

法。这使我们感到甚为惊异，因为当时的人们尚未形成明确的地磁场概念，更不了解地磁倾角，甚至连地球的球形观念也未普及。然而，他们却总结出了符合科学原理的指南鱼制作方法。我们不得不对古人的实践智慧和观察能力表示由衷的叹服。

指南鱼的制作方法虽然科学，但它并没有得到普及，原因是人们不久就找到了更为简捷有效的人工磁化方法。北宋沈括在《梦溪笔谈》卷二十四中详细记载了指南针的人工磁化方法、磁偏角现象以及四种指南针的架设方式："方家以磁石磨针锋，则能指南，然常微偏东，不全南也。"

"以磁石磨针锋"是当时最简便的人工磁化方法，效果好，因为铁针摩擦天然磁石即可磁化，磁化后的铁针直接可作为指南针使用。针形指南装置的退磁效应较低，指向精度高，因而得到了广泛应用。

沈括的记载还明确提到了磁偏角的现象："然常微偏东，不全南也"。此外，他介绍了指南针的四种架设方法，分别是水浮法、指甲法、碗口法和丝悬法。在这四种方法中，他认为："水浮多荡摇"，不可取；指甲法与碗口法"坚滑易坠"，亦不可取。他最赞成的是丝悬法，并且仔细思考了该法的技术细节，但丝悬法并未被后人普遍采用，反而是水浮法成为主流。因此，指南针的架设方式也成为后期改进的关键问题，并由此发展出水罗盘和旱罗盘。

水罗盘和旱罗盘各有优点。到 20 世纪初，人们结合二者的优点，设计制作了新型的液体罗盘。液体罗盘是东方和西方之间科学技术交流的产物。

指南针起源于中国，大概在 12 世纪末至 13 世纪初经阿拉伯传入欧洲，并在欧洲人航海时代发挥了重要作用。可以说，指南针的发明改变了人类社会的历史进程。①

磁现象无处不有，磁石无处不在，这种天造地设的条件使得磁学在西方先于电学发展起来。公元前 7—公元前 6 世纪人们发现了磁石吸铁、磁石具有指向性。而系统地对这些现象的研究则始于 17 世纪。磁学诞生的标志是英国科学家威廉·吉尔伯特在 1600 年发表的《论磁》。

① 江晓原. 科学史十五讲［M］. 北京：北京大学出版社，2006：66-72.

二、近代之前西方关于磁现象的认识

> 内容解读
>
> ★★★
>
> 发现磁现象，并尝试解释磁现象产生的原因。

每个接触过磁铁的人都会观察到人类数百年来已知的磁现象。正如前文所述，古代中国人曾研究过磁的特性，而古代希腊人也留下了相关的文字记载。

古希腊自然哲学家泰勒斯最早记述了磁石吸铁的现象①。古希腊医学家希波克拉底将磁石称为“吸铁之石”。哲学家伊壁鸠鲁提出一种解释：磁吸铁是因为从磁石流出特殊的粒子与从铁流出的粒子，碰撞时便结合在一起，像琥珀等的吸引作用一样。亚里士多德曾模糊提及与磁场相关的自然现象（如极光）。苏格拉底曾提及有人把磁石称为“Magnesian 石”。普林尼把天然磁石称为“活铁”。普林尼在《自然》中记载了两个关于磁石的故事。其一是关于牧人玛格内斯的寓言，表明这种磁吸引现象曾大大地激起人们的想象。玛格内斯在克里特岛的艾达山上，他的皮鞋底的钉子和手杖的铁尖非常牢固地被大地所吸引，以致他很难使自己离开。他努力探究其原因，发现了一种奇妙的石头（磁铁矿）。其二是在亚历山大城亚西诺寺庙里曾用磁石建造拱形屋顶，目的是把皇后的铁铸像悬吊在空中。类似传说也出现在其他文明中，例如：阿拉伯文献曾记载了穆罕默德灵柩悬浮的传说。这些传说反映了古人对磁现象的神秘化想象，但均无实证支持。

在古罗马的初期，诗人兼哲学家卢克莱修在其科学诗篇《物性论》中生动描述了磁现象，在铜盘中撒上一些铁屑，把磁石放在铜盘的底下，铁屑就“在黄铜盘内狂欢”。公元 4 世纪时，罗马宫廷医师安比里库斯曾描述过磁石吸引和排斥铁的现象。神学家奥古斯丁也曾记述过一些磁现象，例如提到磁石能吸引多个铁环成链状，又提到在银盘上放置铁块，在盘下放置磁石，这样移动磁石时，铁块将随之移动，银盘不能隔断磁石的吸铁作用等。

最早对磁现象进行系统观察的西方学者是 13 世纪的是彼得 · 佩里格利努

① 宋德生，李国栋. 电磁学发展史［M］. 南宁：广西人民出版社，1996：5.

斯。这位法国科学家身兼数学家、物理学家和工程师等多重身份，曾参与第八次十字军东征。1269 年，他在战地营帐中写成的《论磁的书信》成为欧洲首部系统论述磁学的科学著作。该著作采用科学方式对基本的磁现象做了探查和描述：北极与南极的区分，同性相斥、异性相吸，磁化，磁体可被用作指南等。

> 内容解读
>
> ★★★
>
> 佩里格利努斯对磁现象进行了系统的观察与描述，初步形成磁学知识框架的基础。

磁极的概念是佩里格利努斯先提出的，他还引进了 Polus（极）一词，是“极”一词的最早拼法。由于他正确地发现了磁石的极性，并从磁的普遍现象中总结出“异性相吸，同性相斥”的原理，比电的“同性相斥，异性相吸”原理的发现早约 4 个多世纪。其中甚至还谈到了用“小磁球”进行系统的实验。“小磁球”是一种磁化了的小球，后来威廉·吉尔伯特曾在他的地磁研究中借鉴了佩里格利努斯的研究成果。

佩里格利努斯还提出了磁石周日旋转的假说。所谓周日旋转，是说磁石球体在天穹磁力作用下产生的每 24 小时的一周自转运动，从而构成一种天文钟。他还尝试借助于磁体制造“永动机”，这实际上是关于磁永动机的最早设想。牛津学者罗吉尔·培根曾经赞誉佩里格利努斯为他那个时代最伟大的实验家。

佩里格利努斯也是最早发现磁偏角的西方人。他指出，磁针一般不是指向正南或正北，而是略向东（西）偏移。但是，他的这一发现没有引起人们的注意，以至于许多人错误地认为磁偏角是哥伦布在 1429 年跨大西洋航行时重新发现的。

佩里格利努斯还发现，一个破碎的磁体的每一个碎块本身又成为一个磁体，显示出“异性相吸，同性相斥”的特性。后来在《磁石书》中，他又设计了一个有支轴，可旋转的磁针并带有刻度盘的罗盘。①

三、近代磁学的建立

17 世纪，近代的电学与磁学研究渐入佳境，一大批实验科学家投身于起电

① 奥莱尼克，等. 力学以外的世界——从电学到近代物理［M］. 梁竹健，等译. 北京：北京大学出版社，2002：106.

装置与电荷贮存研究，以及地磁研究，这些研究都取得了极大的进展。其中，英国科学家威廉·吉尔伯特的工作在历史上占有重要地位，他总结了前人对磁现象的研究，周密地讨论了磁体的性质，记载了大量的实验，使磁学从经验认知转变为系统科学。

吉尔伯特于1569年获剑桥大学医学博士学位，16世纪70年代中期他已是伦敦著名的医生。1600年，他担任皇家医学院院长，并被任命为伊丽莎白一世女王的宫廷医生。据传，1603年女王去世时，曾特允吉尔伯特继续他所着迷的自然哲学研究工作。但是他享受这份乐趣没有多少时间，几个月后，便死于瘟疫。

吉尔伯特对佩里格利努斯的理论进行过批判性研究，他花了大量时间走访海员、工匠和学者，收集有关磁的知识，并亲自采集磁石，制作磁球、磁针和其他磁石仪器，经过反复试验和理论总结，于1600年写下了《论磁石》。吉尔伯特在其研究中的一个主要发现是提出地球是一个巨大的磁体，并发现了磁倾角，且证明了磁倾角现象来源于地球的球状磁性。此外，他还研究了磁力，拓展了磁的理论。他从大量的地磁异常现象和磁偏角的不规则分布中总结出，地域磁变的原因是由于地球并非完全对称的球体和其质量分布不均匀所导致的。①

吉尔伯特发现了多种制造和加强磁体的方法。例如，他发现用天然磁石摩擦铁棒可使铁棒磁化，还有当一根铁棒沿着地球磁场的方向放置时，经过相当长时间后，此铁棒会逐渐地自行磁化。此外，他还观察到当一块磁性物质被加热到足够热时，它的磁性就被破坏了。

吉尔伯特在《论磁石》中指出："所有天然磁石均具有确定的北极和南极，这两个极是所有磁现象的根本来源，决定了各种磁性作用的特征……无论磁石的形状是偶然形成还是由人为设计的，无论它是长形、平板形、方形还是三角形，无论它是经过打磨还是保持原状，或者是断裂成小块，天然磁石都会保持并显现出它的两个磁极的特性"。②

---

① 宋德生，李国栋. 电磁学发展史［M］. 南宁：广西人民出版社，1996：20-21.

② 奥莱尼克，等. 力学以外的世界——从电学到近代物理［M］. 梁竹健，等译. 北京：北京大学出版社，2002：106.

吉尔伯特还将其磁学理论扩展到天体运动。他用磁力解释了地球的自转，提出了恒星与地球之间距离不等的假说，还设想过月球上有海洋，认为地球对月球的吸引作用源自磁力。开普勒曾试图用这个磁学理论来解释太阳对行星的吸引力，但因需要引入过多特殊假定，最终难以被学界接受。①

吉尔伯特的很多天文学思考在不久后得到验证。例如，他认为彗星是一类没有磁极的天体，它可以既在月球的轨道内飞行，亦可以在轨道外飞行。他还想象天体汇集在一条银河带中，正是这些遥远的天体聚集使夜空显现白色的云雾状——这比伽利略通过望远镜观测并基于哥白尼理论体系确认银河本质要早了近十年。

吉尔伯特在电学领域同样有很多的贡献。他将静电计的发明用于对导体与绝缘体的研究上。现代使用的“电”这一术语，亦应归功于他。伽利略曾评价吉尔伯特的《论磁石》达到了“令人称羡的程度”。17 世纪英国诗人约翰·德来顿在其诗作中赞颂道：“只要磁石还在吸引，不列颠舰队还在浩瀚海洋上巡航，吉尔伯特就永远与我们同在。”但吉尔伯特墓碑上的碑文却颇为朴实：“他撰写了一部关于磁体的著作，该书在海外学者和航海者中享有盛誉”。②

第二节　电学的诞生及其发展

1. 新课标关于静电学的要求

必修，静电场：体会探究库仑定律发现过程中的科学思想和方法，让学生了解库仑定律的探索历程，体会库仑扭秤实验设计的实验思想与方法；知道点电荷模型，体会建模在物理研究中的作用；了解生产生活中关于静

① 奥莱尼克，等. 力学以外的世界——从电学到近代物理［M］. 梁竹健，等译. 北京：北京大学出版社，2002：106.

② 奥莱尼克，等. 力学以外的世界——从电学到近代物理［M］. 梁竹健，等译. 北京：北京大学出版社，2002：107.

电的利用与防护。

2. 把握静电学发展的几个关键点

静电现象的研究始于摩擦生电，但是这种电荷转瞬即逝，如何产生静电、如何收集与储存电荷成为电学发展的一个重要环节。而在研究电的收集和储存的过程中，实验装置的制造对人们认识电有很大的促进作用，其中莱顿瓶是一个至关重要的发现。莱顿瓶的发现使得人们可以研究电的性质、种类、守恒等现象。富兰克林正是在此基础上提出了定量化的“电荷”概念及守恒定律，统一了天电、地电，再次证明了自然的统一性，也说明了统一性观念在物理学研究中的作用。另外，相互作用观念是物理学的重要观念之一，电荷之间有相互作用，那么作用力满足怎样的规律？在上述基础上，库仑定律最终解决了这个问题。因此，要理解库仑的思想来源，我们就不得不追溯到早期对电现象的认识与研究。

3. 了解静电学的历史

可以从以下几个方面利用这段历史培养学生的核心素养。第一，早期关于电是什么的探讨，导致电荷概念的产生以及后续研究，奠定了静电学的基础。这方面仍然可以让学生体会新课标中要求的“物质观念”的形成及其与物理学发展之间的关系。第二，电荷之间的相互作用体现了经典力学的解释方式——力学解释框架，所以可以通过这部分历史让学生体会力与相互作用的物理观念。第三，富兰克林关于天电、地电的统一可以让学生体会自然的统一性以及统一性观念对物理学发展的作用。这一点一直贯穿物理学发展的整个历程。第四，通过静电发展的历程仍然可以培养学生科学思维方式，即体会从物理学视角对客观事物的本质属性、内在规律及相互关系的认识方式，以及基于观察和实验提出物理问题、形成猜想和假设，并基于证据得出结论并做出解释的科学探究能力。

在摩擦起电装置诞生之前，人类只能观察琥珀、硫黄等少数物质的摩擦生电现象。那时对电的研究主要是观察，由此产生出思辨电学的成分。直到摩擦起电机发明之后，电学研究才进入系统的实验阶段。莱顿瓶的发明给富兰克林这样一批卓越的实验电学家开辟了更广阔的前景，使他们将自然电现象和人工电现象统一了起来。在此过程中，摩擦起电机和莱顿瓶对电学的诞生起到了关键作用。与此相比，后来伏打电堆（电池）则是导致电磁学诞生的决定因素。①

一、电及其性质的探讨

西方最早的摩擦起电现象是古希腊的泰勒斯发现摩擦过的琥珀会吸引轻小物体，如纸屑、芥子等。琥珀是一种矿物化的带黄色的树胶，在古代用于装饰。琥珀和光亮的金银合金以及金子一样，被称为“琥珀金”——由此产生了“电”一词。因此，希腊文的“琥珀”也就成了“电”的词源。大约在泰勒斯以后三个世纪，提奥弗拉斯特在其著作《论宝石》中叙述了另外一种可以摩擦起电的矿物。②

在吉尔伯特以前的年代里，人们只知道少数物质会显示出这种琥珀效应。吉尔伯特用他的实验装置证明有许多物质经摩擦后可以吸引物体。③ 通过大量的实验，吉尔伯特发现不仅摩擦后的琥珀有吸引轻小物体的性质，还有一系列物质如金刚石、蓝宝石、水晶、硫黄、明矾、树脂等也有这种性质，他把这种性质称为“电性”。吉尔伯特通过对比电现象和磁现象，明确提出电和磁是两种截然不同的现象。这个结论对后续的电磁学的发展产生了重大的影响。在18世纪以前，在人们认为电只有一种，没有正负之分，也没有极性，就像质量的概念一样。这一阶段的电学认识仍停留在思辨阶段。

1. 斯蒂芬·格雷发现电的传导性

摩擦起电打开了电世界的大门，而最早将静电学作为一门独立学科进行系统研究的是英国物理学家斯蒂芬·格雷。④

在格雷的时代，物理学家在关于电的性质方面，对什么是电发生过一场争

① 宋德生，李国栋. 电磁学发展史［M］. 南宁：广西人民出版社，1996：30.

② 宋德生，李国栋. 电磁学发展史［M］. 南宁：广西人民出版社，1996：2.

③ 奥莱尼克，等. 力学以外的世界——从电学到近代物理［M］. 梁竹健，等译. 北京：北京大学出版社，2002：10.

④ 宋德生，李国栋. 电磁学发展史［M］. 南宁：广西人民出版社，1996：34.

> 核心素养的培养
>
> ★★
>
> 新课标中的课程目标中“学生应形成物质观念”关于电本质的探讨与热本质、光本质的探讨一样是古希腊世界物质实体构成的发展与延续。了解这段历史有助于物质观念的形成。而且可以从每一段历史中体会正确的物质观念的形成是物理学发展的关键一环。

论。一部分人认为电是一种流体，而另一部分人则认为电像热一样是一种运动状态。支持后者观点的学者把电和热拿来比较，总结出它们的一些共同规律：它们都可以通过摩擦来产生；它们都可以从一个物体传递至另一个物体；良导热体通常也是良导电体。然而，这些观点解释不了为什么热能使物体的温度升高而电不能。格雷在1729年的一个重要发现为这个争论提供了阶段性的结果：一个空心栎木球和一个实心木球，当它们带有等量电荷时，它们所产生的电效应的能力完全相同。这一结果表明，电荷仅分布在物体表面，热不会仅分布于表面。通过这个实验，人们更能接受电是一种流体的思想。①

但是电是否能传导则无人知晓。斯蒂芬·格雷通过实验发现了电的传导现象，而且电的传导性取决于构成物体的物质。② 他发现了两种不同性质的物质：一类不传导电力，如非金属，如石头、木头以及一些新鲜的青菜等，它们占大多数；另一类能够传导电力，如铁、铜线、铜币、锡、银等金属。格雷用“isolant”一词来表示前一类物体，我们把它翻译成“绝缘体”。

格雷的贡献主要有以下几点：明确了能传电的物体，称为导体；不能传电的，称绝缘体；电能传至数百英尺远。格雷因为发现电传导性被称为“电学先驱”。他证明了人体是导体，而且他是第一个使人体带电的人（1729年）。

2. 正、负电荷的发现及其守恒定律

格雷的实验引起了法国科学家迪费的关注。迪费发现玻璃棒和丝绸摩擦产生的电与树脂棒和毛皮摩擦后产生的电具有不同类型的电荷。经过一系列的实

① 宋德生，李国栋. 电磁学发展史［M］. 南宁：广西人民出版社，1996：30.

② 奥莱尼克，等. 力学以外的世界——从电学到近代物理［M］. 梁竹健，等译. 北京：北京大学出版社，2002：11.

验，他得出结论，经摩擦所产生的电荷有两种：“玻璃电”，如产生在玻璃上的电荷；“树脂电”，如产生在橡胶等树脂材料上的电荷。迪费设想有两种性质不同的电流体，它们是无重量的流体，可以从一个物体流至另一物体而使其带电。他还认为，所有物体均含有这两种流体的混合物。迪费所谓的“电流”就是现代物理学中的电荷。①

实验使迪费得出一个预料不到的结论：所有的物体都可以带电，也就是说，所有的物体都具有长期以来认为是琥珀才有的性质。因此，把物体分为（吉尔伯特采用的）“带电体”（能够通过摩擦起电）和“不带电体”（不能通过摩擦起电）的分类方式已不再成立。通过实验，迪费不仅区分出两种电荷，还建立了电的基本规律，即同性电荷相互排斥，异性电荷相互吸引的规律，以及发现带电物体之间的相互作用力取决于电荷的种类和数量。

迪费关于“玻璃电”和“树脂电”的称谓很快被本杰明·富兰克林提出的正电和负电所代替。富兰克林在电学方面的建树确立了他作为一位杰出的美国科学家的地位。富兰克林进一步提出了单流体理论，以解释当时电学理论的混乱状况。该理论认为，所谓负电只是由于物体中正电的减少。通常情况下，材料具有平衡的正负电荷。由于没有净电荷，呈现电中性状态。富兰克林的理论建立在电荷平衡概念的基础上。当两种不同的绝缘物质（如玻璃棒和丝绸）相互摩擦时，部分电子从玻璃棒转移至丝绸，导致玻璃棒带正电；而当用毛皮摩擦树脂棒时，电子由毛皮转移至树脂棒，使树脂棒带负电。这些发现包含了现代电荷守恒定律的核心思想：在一个孤立系统中，电荷的总量保持不变。

二、电的产生与储存

1. 起电机

18 世纪及之前，世界上研究的主要是通过摩擦产生的静电。例如，1660 年左右，德国科学家格里克发明了一种能产生大量电荷的摩擦起电机。② 这些重

---

① 奥莱尼克，等. 力学以外的世界——从电学到近代物理［M］. 梁竹健，等译. 北京：北京大学出版社，2002：11.

② 申先甲. 物理学史教程［M］. 长沙：湖南教育出版社，1987：180.

新课标要求

★

必修Ⅲ课程；3.1 静电场；3.1.1 了解静电现象。能用原子结构模型和电荷守恒的知识分析静电现象。3.1.2 知道点电荷模型，体会建模在物理研究中的作用。知道两个点电荷间相互作用的规律。

要的静电装置的发明使人们对电的认识取得了显著的进展。

在静电学的发展中，除了静电的产生，电的收集与储存也是一个重要环节。在电的收集和储存技术发展的过程中，实验装置的制造对深化人们对电的认识起了很大的促进作用。其中，莱顿瓶的发明是一个里程碑式的突破。莱顿瓶的应用使得人们可以系统地研究电的性质、种类及守恒规律。基于莱顿瓶开展的电学研究中，最具代表性的是富兰克林的电学实验。

2. 莱顿瓶

德国物理学家克莱斯特和荷兰物理学家穆欣布罗克于 1745 年至 1746 年间几乎同时发明了莱顿瓶。

1746 年，荷兰莱顿大学的教授穆欣布罗克在做电学实验时，无意中把一个带了电的钉子掉进了玻璃瓶里。他原以为用不了多久，铁钉上所带的电会很容易跑掉。但过了一会儿，当他试图取出钉子——一只手拿起瓶子，另一只手碰到钉子时，突然遭到电击。这使他产生疑问：是铁钉上的电依然存在，还是自己的错觉？于是，他又照着刚才的样子重复了好几次，而每次的实验结果都和第一次一样，于是他得出一个结论：把带电物体放在玻璃瓶子里，电就不会跑掉，这样就可把电储存起来。能把看不见、摸不着的电储存起来的消息在莱顿城传出，立刻引起许多科学家的兴趣。为了使瓶子储电的能力更强，科学家尝试了许多办法，例如在瓶内灌水或用软木塞把瓶口塞紧。然而，当时人们并不清楚真正起储电作用的是瓶子的哪部分结构。

后来这个消息传到了本杰明·富兰克林耳中，他立即着手进行实验验证。经过进一步的研究，富兰克林用正负电荷的理论成功解释了莱顿瓶的工作原理。他指出“储存电荷的关键在于瓶子本身”“所有电荷实际上都储存在玻璃介质中。”玻璃瓶扮演了很好的绝缘体的角色：当瓶内壁积累电荷时，必须通过放电（如电火花）释放多余电荷，而这一过程需要瓶外壁的等量异号电荷与之中和。

这正是穆欣布罗克实验中观察到的现象——当他“一只手拿起桌上的瓶子，另一只手接触钉子时”，他的身体成为连接异性电荷的导电通路，从而导致明显的电击效应。1747 年 7 月，富兰克林在给伦敦皇家学会的信中详细解释了莱顿瓶的工作原理。莱顿瓶的发现被视为科学的一大进展，富兰克林在国际科学界的声誉也有所提升。

三、富兰克林基于莱顿瓶的发现

对莱顿瓶的研究推动了一系列重要的静电学发现。1746 年，富兰克林通过一位英国朋友得到了莱顿瓶等电学实验设备，由此开启了他近 10 年的电学探索。在这段研究期间，他不仅发现了尖端放电现象，发明了避雷针，验证了电荷守恒原理，还证明了人工产生的电与自然界的雷电的同一性，并首次用莱顿瓶放电实现了钢针的磁化。这些工作无疑是自从格雷和迪费时代以来所取得的最大成就。富兰克林多方面的研究成果打开了 18 世纪电学的广阔前景，特别是他对雷电的研究，帮助人类摆脱了对雷电的神秘幻想与无端恐惧。正如德国 19 世纪著名科学家洪堡所评价的：“从此，电学的发展从哲学思辨走向了对自然规律的实证研究，从封闭的书房迈入了广阔的天地。”

> 核心素养的培养
>
> ★★
>
> 富兰克林天电与地电的统一再次体现了统一性思想在科学发现过程中的重要意义。
>
> 新课标要求 3.1.4 了解生产生活中关于静电的利用与防护。富兰克林发明的避雷针是较早投入应用的静电防护装置。

1. 天电与地电的统一：尖端放电的研究

（1）天电与地电的统一及其实验证明

富兰克林最重要的早期发现是导体的尖端放电现象。此前，格雷、沃尔、诺莱、弗雷克、温克勒等学者都曾提出闪电和电火花性质相似的假说。这个观点和当时流行的闪电学说相矛盾。富兰克林首先提出了以电的原理解释闪电的思想，并通过利用莱顿瓶从雷云中收集电荷得到电火花的实验，证实了闪电的本质是一种放电现象，首次证明了自然界中的雷电和实验室中产生的电具有相同性质。这一重大发现是通过他设计的两个经典实验——岗亭实验和风筝实验完成的。

富兰克林在发现尖端放电现象后就开始对打雷、闪电和云的形成进行了观察。1749 年 4 月 29 日，他在给约翰·米彻尔的信上提出了云层由于不断受到蒸汽的摩擦而带有电荷的假说。同年 11 月 7 日，他列举出 12 条关于闪电和用实验产生的电火花的相似性，以支持他关于云层的电和摩擦电是相同的观点。最可贵的是，富兰克林提出了验证这种同一性的开创性方法。他认为，尖端导体既然能够释放或吸收物体上的电荷，那么它也能释放或吸收云层中的电。他在著作中指出："当带电云层飘过田野、掠过高山、巨树、耸立的高塔、尖屋顶、船泊桅杆、烟筒等物的时候，会引发放电现象，这与实验室中尖端导体的放电特性完全一致。"

岗亭实验：富兰克林在 1750 年 7 月 29 给柯林森的信上，最先提出用所谓"岗亭"实验的方法来证明云层中的电和摩擦电的同一性。他所说的"岗亭"，是建在高塔或教堂尖顶的密闭木制方形结构。这种"岗亭"刚好可以容纳一名实验人员站在里面的绝缘体上。岗亭顶部安装一根指向天空的铁棒，高出岗亭 20 英尺—30 英尺（6—9 米）。实验的目的是把天空中闪电引到铁棒上。富兰克林详细描述了实验步骤：操作者站在绝缘木板上，密切注视天空，当乌云掠过上空时，就手持绝缘手柄将一根接地的导体拿近铁杆，使它的尖端对着铁杆，但留出点空隙。他在信中断言，在导线和铁杆之间将有电火花出现。

历史上第一个按照富兰克林建议进行闪电捕获实验的是法国科学家达里巴尔。他在巴黎郊外建了一座"岗亭"，顶部安装的尖顶铁杆高达 40 英尺（约 12.2 米）。1752 年 5 月 10 日那一天，当黑压压的乌云风驰电掣而来的时候，他成功把云层中的电引进了莱顿瓶，看到了人类有意识地从天空引来的第一个火花。随后，法国巴黎大学的科学家们同年 5 月 18 日在法国国王路易十五面前重复了这个"岗亭"实验。他们使用的铁杆高达 99 英尺（约 30 米）。岗亭实验证实了闪电与摩擦电的亲缘关系，证明了富兰克林关于避雷针原理的科学正确性。

风筝实验：风筝实验是岗亭实验的变体，但前者更能激发公众想象，因此成为18世纪最引人注目的科学事件。富兰克林在1752年10月19日给柯林森的信中详细记述了他们进行的电风筝实验的情况。在1752年6月的一个雷电交加的日子，富兰克林带着其子威廉来到费城郊外的空地。他们把一个缚有金属尖导体的风筝放入天空，风筝的牵引线末端系在与莱顿瓶相连的铁丝上。雨水打湿了牵引线，云层中的电沿着它传进了莱顿瓶。暴风雨过后，富兰克林拆下莱顿瓶，然后按照通常使莱顿瓶放电的方法使它放电，观察到这个储存了“天电”的莱顿瓶产生了与摩擦电机充电完全相同的放电现象。更进一步证明了云层中的电和摩擦电的本质同一性。

英国物理学家，化学家普利斯特里在1767年对此做过高评价，他认为富兰克林的风筝实验把雷电和普通的电统一起来，“是自牛顿以来最伟大的发现”，因为它给神秘的自然现象提供了理性解释，证明电效应并不仅仅是一种人为的现象，而且是自然界行之有常的运动的一部分。通过这个实验，科学家们学会如何在实验室利用小的器械来揭示无穷无尽的自然力最剧烈的现象的根源，从而逐步达到控制和利用自然力的最终目的。正如威廉·沃森在1748年皇家学会论文中所说：“这些发现为哲学家开拓了新领域，提供了前所未有的研究方法，使他们能更准确地解释自然现象与雷电效应，这是此前人类尚未能深入探索的领域”。

富兰克林由于这一项成就，在1753年11月30日荣获了伦敦皇家学会颁发的科普利金质奖章。

（2）尖端放电的应用——避雷针

富兰克林不仅是一个富有创造精神的实验科学家，他还非常善于将科学知识应用于实践。他在1750年7月给柯林森的一封信上提出了避雷针的设想。他说，既然尖导体可以把一个离它很远的带电体上的电荷释放掉，避免它对其他物体产生电击，那么“尖导体”“对于人类可能有些用处”。他建议将一根上端尖锐的铁杆涂上防锈物安装在房屋的最高处，沿着房屋的墙壁直通地里；或安装在船桅杆顶端，沿着桅杆向下直至将其尾部抛入水中。这样就能“在云层将要产生电击的千钧一发之际，静悄悄地把电从云中吸走，避免发生最突然、最骇人的悲剧。”①

电火花的研究在电学上有重要意义，因为电学研究中的第一个实际应用就是对闪电雷击的防护。避雷针发明之前，雷暴是一种很恐怖的现象。当雷暴降临到一个小镇时，人们采取的习惯做法是精神抖擞地狂敲教堂顶层的大钟，试图驱散覆盖头顶的不祥乌云。不幸的是，闪电总是击向教堂的尖塔那样高大的、突出的物体，而敲钟人有时还会遭雷击而死亡。富兰克林阐明如何制作避雷针来防避雷电，首次证明了对自然现象理论上的认识有助于人类控制巨大的自然力。这种发现产生的心理、精神上的影响无论怎样评价都不为过。②

2. 云层中电的研究——磁化现象

随着富兰克林对带电云层的进一步研究，发现暴风雨中的云大多数处于负电状态，但有时也会处于正电状态。18 世纪研究这个问题的人很多，如何判断云层中电的正负的研究也带来了新的发现。意大利物理学家贝卡里亚在 1753 年通过实验观测到雷击时磁针会发生偏转，这属于电流磁效应的早期例证。另一个重要事实是富兰克林用莱顿瓶放电使钢针磁化，这为贝卡里亚的发现提供了实验依据，也激发了丹麦物理学家奥斯特敏锐的洞察力，后来被奥斯特当作证明存在电流磁效应的一个有力的例证（1820）。

富兰克林之所以能够成功地磁化钢针，是基于前人的实验观测。例如，一位名叫哈瓦德的船长在 1641 年航行的时候，发现闪电使他的 3 个指南针的指向全部反转。苏格兰物理学家威廉·沃德尔在 1749 年发表的论文中也记录了类似现象。富兰克林基于这些观测推断放电现象与地磁场存在关联，并通过莱顿瓶放电实现钢针磁化。富兰克林在 1750 年 7 月 29 日给柯林森的信中详细叙述了这项实验，特别注明使用软木塞承载钢针进行地磁指向测试。

3. 电容的发现（新课标中有关于电容的知识及其应用的内容）

电容是基于莱顿瓶研究的另一个重要发现。电容，这是现在每一个中学生都能理解的电磁学基础概念，但是 18 世纪中期，科学家尚未明确其物理机制。

---

① 宋德生，李国栋. 电磁学发展史［M］. 南宁：广西人民出版社，1996：53.

② 奥莱尼克，等. 力学以外的世界——从电学到近代物理［M］. 梁竹健，等译. 北京：北京大学出版社，2002：20.

1750 年，富兰克林首次通过系统实验证实，莱顿瓶内储存电荷的核心介质是玻璃。

富兰克林接着提出关于玻璃储电本质的核心问题：玻璃的这种储电能力是取决于玻璃的性质，还是取决于玻璃的形状？这项研究直接导致 1752 年首个平行板玻璃介质电容器的诞生。通过对比实验，富兰克林证实莱顿瓶的储电能力与玻璃形状无关。他将圆筒形玻璃管展开为平板玻璃后，在 1753 年，测得等效电容值。富兰克林设计的原始平行板电容器，由镀锡铁皮夹持平板玻璃构成。1755 年他将 11 片此类电容器串联，构建出史上首个可存储 0.3 微库电荷的电容器组。首个平行板空气介质电容器由英国物理学家约翰·贝维斯在 1757 年发明。1775 年，意大利科学家伏打在电容器充放电的实验基础上，于 1782 年发明起电盘。

富兰克林的突破性工作开拓了电学研究的广阔前景，他的实验成果吸引了更多的科学家投身电学领域，为静电学和静磁学理论体系的建立准备了必要的条件。英国物理学家卡文迪许等人最先尝试将实验经验上升为系统理论；法国物理学家库仑则建立了描述静磁力和静电力的数学定律，使电学成为一门定量的科学。从此，电学进入了理论发展的阶段。

牛顿《自然哲学的数学原理》的核心目标就是要“由运动现象去研究自然力，再由这些力去推演其他现象”。并将各种力学现象统一于其三大运动定律和万有引力定律之下。力学解释纲领不仅是经典物理学各分支学科发展的共同纲领，更直接影响了 18 世纪电学的研究范式。这个时期电学发展的一个重要特点，正是研究者们普遍尝试将牛顿的万有引力定律及其研究范式应用于电、磁现象研究。库仑定律的确立正是这种方法论最成功的体现。

四、库仑定律的建立

随着“电荷”这一概念及其守恒定律的提出，科学家开始面临一个关键问题：电荷之间的相互作用力应当遵循怎样的规律？对这个问题的探讨先后经历了两个阶段：理论假设阶段和实验验证阶段。

1. 理论假设阶段

牛顿在力学领域所取得的一个最大成就无疑是建立万有引力理论。除此之外，他还积极致力于探索其他类型力的作用规律。在《光学》疑问集中，他把电力、

新课标要求

★

必修Ⅲ课程；3.1 静电场；3.1.2 体会探究库仑定律发现过程中的科学思想和方法。让学生了解库仑定律的探索历程，体会库仑扭秤实验设计的实验思想与方法。

核心素养的培养

★★

这部分在核心素养方面注意力与相互作用观念在库仑定律发现过程的作用，同时体会类比方法的应用。另外，还可以体会科学探索的过程：假设——实验——获取数据——形成规律。这些内容都是教学中创设情境的良好素材。

磁力和引力归为一组，认为这些力都是可以通过“可感知距离”来产生作用的。牛顿曾试图通过实验寻找磁力和电力的定量规律，希望将电力和磁力都统一到引力公式的框架下，但受限于当时的实验条件，这一愿望最终未能实现。

在牛顿力学的框架启发下，多位科学家先后开展了磁力和电力研究的人有米歇尔、迈尔、朗伯尔特、普利斯特里和卡文迪许等。最终把电力、磁力和引力统一于相同的公式中，完成定量描述的是库仑。

早在18世纪初期，欧洲科学家就开始寻找电力和磁力的作用规律。英国物理学家豪克斯比在1710年研究磁体相互作用时得到了这样的结论：磁体之间的作用力近似与磁体之间的距离的5/2次方成反比。随后在1721年，伦敦皇家学会会员泰勒在《磁学实验》的论文中发表了与豪克斯比相同的实验结论。

进入18世纪中叶，研究者们开始尝试借助牛顿万有引力定律来推测点电荷之间的相互作用规律，这成为实现牛顿力学统一愿景的重要突破口。这一时期关于电场力和磁场力的主要理论猜测如下。

第一个，1759年的爱皮努斯假说。德国柏林科学院院士爱皮努斯在《电与磁的理论尝试》一书中提出：电荷之间的斥力和引力随距离减少而增强，这一假设成功解释了静电感应现象的诸多特征。不过，他并没有实际测量电荷间的作用力，因而这个观点只是一种定性猜测。

第二个，1760年的伯努利猜想。瑞士数学家丹尼尔·伯努利猜测：电场力可能与万有引力类似，服从平方反比规律。他的想法有一定的代表性，深植于牛顿的自然哲学框架，反映了科学家们对力学统一性的普遍追求。

第三个，1767 年的普利斯特里假说。英国著名的物理学家普利斯特里在分析富兰克林的空罐实验时判断电荷之间的作用力与距离平方成反比。而且，普利斯特里的这一结论并非单纯的理论假设，而是基于实验现象的逻辑推导，这为后来库仑的定量研究奠定了重要基础。

2. 实验验证阶段

理论假设的前提之下，研究者们开始利用实验测定电力与磁力的大小。

（1）初步验证

科学史上第一个初步验证磁极间相互作用力与距离平方成反比的是英国科学家约翰·米歇尔。1750 年，米歇尔通过精密扭秤实验首次验证了磁的平方反比定律，并在其著作《论人工磁体》中提出："磁吸引力和排斥力的强度随磁极间距离的平方增加而递减"。米歇尔的磁平方反比定律很快获得学界认可。德国著名制图家兼天文学家托比亚斯·迈尔在 1752 年至 1762 年间进行大地测量时，独立验证了米歇尔的实验结果。① 同期，德国数学家朗伯尔特也得出了相同结论，进一步巩固了该定律的科学地位。

1769 年，苏格兰科学家罗比森进行了第一次电力的测量。他用自己设计的静电计测得两个带电小球之间的吸引力随距离稍小于二的幂下降，而排斥力与距离的 2.06 次方成反比。此后，卡文迪许进行了类似的测量，最终测得电荷之间的作用力与距离的（2 ± 0.02）次方成反比。

卡文迪许将电荷视为弹性小球，并坚持寻找电作用力二次方的规律，很大程度上是受到牛顿的启发。牛顿在《自然哲学的数学原理》一书中的假设中谈到，如果粒子间的吸引力随着它们之间的距离平方的增加而下降的话，那么一个质量分布均匀的空心球壳对其内部的任意一质点引力的合力为零，无论这个质点的位置在哪里。

米歇尔、普利斯特里和卡文迪许等人探寻电力和磁力的规律，均是在牛顿的力学框架下进行的。具体而言，他们的研究都基于一个明确的理论假设：电

① 王峰. 扭秤的设计思想［J］. 物理教学探讨，2010，28（6）：25-26.

力和磁力都应当服从与距离平方成反比的规律。在这个理论框架确立后，关键问题转化为：如何精准测量电磁之间的相互作用？1785 年，法国物理学家库仑用精密扭秤实验，从静力学和动力学两个角度，证明了电力和磁力都遵循距离平方反比的关系，得出了与卡文迪许等人相同的结论。当然，库仑同样受到了普利斯特里猜想的启示。

（2）精准测量——库仑扭秤

库仑于 1736 年 6 月 14 日出生于法国的昂古莱姆，先后就读于马扎然学院和法兰西学院，1760 年考入梅济耶尔皇家工程学校，在那里认识了地磁学家波尔达。在 1764—1781 年间，他以工程师身份在法国军队中服役，1781 年定居巴黎并组建家庭。库仑反对富兰克林提出的"单流体电理论"，支持迪费的"双流体电理论"，认为电有两种流体，同种电粒子相互排斥，而异种电粒子相互吸引，并且这种作用是不需要通过中间介质进行传递的一种超距作用。1781—1801 年间，他共发表 25 篇论文，其中第一篇是关于扭秤，另外还有 7 篇涉及电学和磁学。这些论文被收录于法国科学院的《科学院论文集》中。1801 年，他当选为法兰西研究院的院士。

1777 年，库仑和约翰·亨德里克·范·斯温登共同获得法国科学院颁发的磁学奖，课题为"如何优化磁针制造"。库仑提出一种丝悬指南针，指出丝悬的扭力能够给物理学家提供一种精确测量微小力的方法。丝悬指南针在我国最早见于北宋沈括的《梦溪笔谈》（1086 年），其中记载了 4 种指南针结构，包括丝悬法。在西方，弗朗切斯科·拉纳·德·泰尔齐于 1689 年也提出过类似设计。但是，他们都没有量化悬丝扭力，而库仑不仅改进了地磁测量方法，还将扭力计算推广至物理学和力学的多种测量中去。40 多年后，亚历山大·冯·洪堡和弗朗索瓦·阿拉戈测量地磁强度用的振荡法，以及毕奥－萨伐尔定律的实验方法，均源于库仑的思想。这是物理学史中对悬丝扭力的最早的定量研究，为库仑发明扭秤奠定了理论基础。

库仑设计了一台精密的丝悬磁针装置，用于巴黎天文台测量地磁场强度。他发现，即使在没有外界振动或干扰的情况下，如果带上放大镜，仍然能观察到磁针在做微小的振荡，他认为这是空气中的带电粒子造成的。为了克服大气对磁针的干扰，他尝试用金属悬丝来替代传统丝线或毛发，以导走磁针上积累的电荷。但这一改进未能成功，因金属丝的弹性过高，无法用于地磁的测量。正是这个难题促使他去研究金属丝的弹性特征，进而建立弹性扭转理论并最终发明扭秤。

1785年，库仑利用扭秤实验发现了电荷之间的相互作用规律，即库仑定律，并测出了静电常数的值。他坚信电力遵循平方反比关系。经过认真分析，他认为实验误差的产生是因为漏电引起的。修正漏电因素后，实验结果与理论预测基本吻合。于是，他提出电的引力和斥力都遵守平方反比规律。同年，他在给法国科学院提交的论文《电力定律》中详细地介绍了扭秤的实验装置、测试经过和实验结果，提出了库仑定律。

需要说明的是，库仑只是较严格地证明了电力和磁力与距离平方成反比关系，而没有严格证明力与电荷之积或磁荷（当时均认为磁荷存在）之积成正比。在他看来，这种关系是显然的，因为当时尚未明确电量、电势和电容之间的定量关系，也缺乏电量的标准单位。后来，高斯从库仑定律出发，逆向定义了电量的单位。

库仑发明的扭秤种类很多。尽管这些扭秤的适用范围各不相同，但它们的基本原理是一样的，即根据悬丝的扭转角度来定量计算外力（电荷间作用力、磁极间作用力或质量引力）的大小。

在前人的研究基础上，库仑指出电力与磁力都符合与牛顿万有引力定律相似的平方反比关系。这一思想对法国物理学界影响深远，后由拉普拉斯在其物理学简约纲领中进一步发展。这个简约纲领的核心是把一切物理现象都简化为粒子间的吸引和排斥作用，如：天体运动是组成天体的粒子之间的引力总和所产生的宏观效应；电的运动是带电粒子之间吸引和排斥的结果。如果说拉普拉斯是19世纪法国理论物理学的奠基者和组织者，那么库仑早在18世纪末就已为这一理论框架清除思想障碍，树立了首个里程碑。库仑定律是电学发展史上的第一个定量规律，它使电学的研究从定性描述进入定量分析阶段，并为电磁理论奠定了基础。

19世纪初，泊松等人以分析数学为工具，建立了电和磁的势理论。从科学思想来看，这个时期电学的一个显著特点是普遍将牛顿的引力定律和超距作用的哲学观点用于电学和磁学。这一时期的电学史可以称为“牛顿式电学和磁学的历史”。①

第三节　电磁学的发展

1. 新课标关于电磁学历史的要求

必修：了解电磁感应现象的发现过程；了解电磁波的发现过程，体会科学假设与实验检验在物理学发展中的重要作用；通过实验了解电磁波的产生，知道电磁场的物质性，体会场的统一性与多样性。

2. 电磁学的发展与经典物理学和现代物理学的关系

电和磁是自然界中两种基本相互作用力。奥斯特、法拉第、麦克斯韦、赫兹等人通过研究将这两种力统一起来，构建了经典电磁学理论体系。至今，电磁场理论仍然是现代科学的核心理论之一，为电力工程、无线通信等技术奠定了基础。赫兹通过实验证实了麦克斯韦预言的电磁波的存在，使得经典电磁理论进一步完善。但随着光电效应、迈克尔逊－莫雷实验等一系列经典电磁学理论无法解释的实验现象的出现，经典物理学大厦遇到了挑战，一系列新概念、新理论的诞生成为历史的必然。所以，电磁学发展的历史是理解牛顿力学解释纲领的重要历史事件，也是理解牛顿经典物理学局限性的重要案例。

3. 了解电磁学发展的历史

首先，可以帮助学生理解物理学知识。新课标要求通过实验了解产生感应电流的条件，探究影响感应电流方向的因素。法拉第发现电磁感应现象的历史主要叙述了法拉第因最初未能明确产生电磁感应的条件，致使前

① 广重彻. 电磁学史［M］. 李醒民，译. 北京：科学出版社，1978：60.

三个实验都失败了。通过这段历史的讲述可以让学生理解科学家探索真理过程的曲折性。其次，利用这段历史可以让学生体会力与相互作用思想在电磁学发展过程中的作用，还可以通过这段历史培养学生的科学思维和科学探究能力。意大利的解剖学家伽伐尼发现生物电现象，意大利物理学家伏打受伽伐尼启发发明了能够提供持续电流的伏打电堆。这些发现把电学的研究从静电推进到了动电的领域，拉开了电磁学发展的序幕，并为后续电流相关效应的研究提供了实验基础。

一、电流磁效应的缘起与发展

1. 奥斯特以前的电与磁

古希腊哲学家泰勒斯曾把电和磁误作一回事，认为摩擦琥珀吸引草屑和磁石吸引铁片，都是因为“有灵魂”。后来，吉尔伯特在《论磁石》中区分了电力和磁力，但把它们视为毫不相关的两种现象。在这个论断影响下的200多年里，电和磁的分立性一直左右着物理学家的普遍认知。库仑虽然确立了电力和磁力的平方反比定律，但他却认为虽然电荷可以从一个物体转移到另一个物体，但磁荷却似乎永远附着于磁极上，电和磁是两种完全不同的实体，并且它们不可能相互转化。法国物理学家安培在1802年宣称，他愿意去“证明电和磁是相互独立的两种不同的实体”，而托马斯·杨也在1807年的《自然哲学讲义》中指出：“没有任何理由去设想电与磁之间存在任何直接的联系。”直到1819年，实验物理学家毕奥仍坚持磁作用和电作用之间的独立性“不允许我们设想磁与电具有相同的性质”。①

> 新课标要求
>
> ★
>
> 选修Ⅰ课程；选修1-2；2.2 电磁感应及其应用；2.2.1 通过实验，了解产生感应电流的条件，探究影响感应电流方向的因素，理解楞次定律。可用能量的观点解释楞次定律。

① 李艳平，申先甲．物理学史教程［M］．北京：科学出版社，2003：188.

事实上，电和磁之间有联系的现象早已引起人们的关注。1735 年，在一份科学刊物上记载了雷电使刀叉、钢针磁化的现象。前面也讲过富兰克林发现过钢针磁化的现象。这些现象不能不引起人们思考。电力和磁力都遵循平方反比定律，这一相似性再次激发了人们对两者关系的研究。最终，丹麦物理学家奥斯特发现了电转化为磁的规律。

2. 电转化为磁——奥斯特电流的磁效应

关于电与磁之关系认识的转折始于著名的“奥斯特实验”。丹麦物理学家奥斯特的博士论文讨论了康德哲学。① 这种哲学倾向使奥斯特坚信自然力具有统一性，认为电、磁、光、化学力等相互联系，都是一个事物的不同侧面。②

> 核心素养的培养
>
> ★★
>
> 新课标在多处提到统一性问题，此处体会物理学对统一性的追求，同时认识统一性对物理学发展的作用。

1807 年，奥斯特开始从事电和磁的研究，受富兰克林 1751 年莱顿瓶实验的启发，他认识到电向磁转化的可能性，而问题的关键在于转化的条件。在 1812 年出版的《关于化学力和电力的统一的研究》一书中，奥斯特推测，既然电流通过细导线会发热，那通过更细的导线就可能会发光，而继续缩小导线的直径，还可能会产生磁效应，这是电流纵向磁效应的早期设想。顺着这个思路，奥斯特做了大量实验，然而无一成功。到了 1819 年冬至 1820 年春，他在讲授自然哲学课程时产生突破性构想：电流产生的磁效应作用方向也许是横向的，而不是纵向的。这是一个大胆而天才的设想。

1820 年 4 月 21 日，奥斯特在课堂上做了一次即兴实验。他把一根很细的铂丝连在伏打电槽上，细铂丝下放置一个用玻璃罩的磁针，磁针与细铂丝平行。当着许多听课学生的面，奥斯特接通电源，这时他发现，磁针摆动了一下！由于实验中的电流很小，磁针的摆动不大明显，虽然在场学生并没有察觉，但奥斯特立刻意识到这个实验意义重大：这是人类第一次有意识地发现了电和磁的关系！经过 3 个月系统实验，奥斯特最终证实通电导线的周围存在环形磁场。

---

① 吴国盛. 科学的历程（第二版）[M]. 北京：北京大学出版社，2002：317-319.

② 汪昭义. 趣说电和磁 [M]. 合肥：安徽教育出版社，2012：58-60.

1820 年 7 月 21 日，他发表了《关于磁针上电流碰撞的实验》提出了“电流的磁效应”。同年 8 月，奥斯特又发现磁铁对电流的反作用力，并证明这种相互作用不受介质影响。

奥斯特的发现轰动了全欧洲的科学界。安培评价说：“奥斯特先生……已经把他的名字写进了一个新的时代……这个丹麦学者用他的伟大发现开辟了物理研究的一个新领域。[①]”法拉第称其“猛然打开了科学中一个黑暗领域的大门”。[②] 奥斯特也因发现电流的磁效应而获得了 1820 年英国皇家学会最高荣誉科普利奖章。1934 年，“奥斯特”被定为表示磁场强度的单位。

3. 磁作用的本质——安培

奥斯特关于电流磁效应的实验发现给整个科学界带来革命性冲击，迅速激发了阿拉果、安培等杰出科学家的研究热情。1820 年 9 月，阿拉果在法国科学院会议上演示奥斯特实验，在被库仑理论主导的法国学界引发震动。与会者对实验结果表示震惊，因为库仑在 1785 年曾断言电与磁毫无关联。法国物理学家安培在第一时间开展研究，并于 1820 年 9 月先后向法国科学院提交三篇奠基性论文。[③]

1820 年 9 月 18 日，安培在向科学院提交的第一篇论文中，提出了著名的“右手定则”，阐述了电流方向与磁场方向的关系。他根据奥斯特的发现推测：若通电导线的磁场呈环形分布，则螺旋状导线可使磁场叠加增强。实验证实通电螺线管表现出与永磁体等效的磁特性，且螺线管之间存在吸引或排斥作用。

9 月 25 日的第二篇论文中，安培定量描述了两根平行载流导线之间的相互作用规律，指出电流方向相同时两根导线相互吸引，电流方向相反时两根导线相互排斥。10 月 9 日的第三篇论文中，安培总结了电流之间的相互作用与静电作用的区别。

1820 年 10 月 30 日的法国科学院会议上，毕奥和萨伐尔报告了他们通过实验发现的直线电流对磁针作用的定律：作用力正比于电流的强度，反比于载流导线与磁针之间的距离，作用力的方向垂直于从磁针到导线的连线。此即毕

① 宋德生，李国栋. 电磁学发展史［M］. 南宁：广西人民出版社，1996：142.
② 申先甲，等. 物理学史简编［M］. 济南：山东教育出版社，1985：551.
③ 胡化凯. 物理学史二十讲［M］. 合肥：中国科学技术大学出版社，2019：268.

奥－萨伐尔定律。

1820 年 12 月，安培提出了安培定律：平行载流导线之间相互作用，相同方向的平行电流彼此相吸，相反方向的平行电流彼此相斥，两电流之间的作用力与距离的平方成反比。

1821 年 1 月，安培在其分子环形电流假说中把磁性的本质归因于微观环形电流的集体效应。基于奥斯特的发现，安培认为，闭合回路具有和磁体等效的宏观磁性，反之磁体性质可解释为微观电流效应。该假说认为：磁体内部存在分子尺度的环形电流；每个分子具有产生磁极的赤道环流；磁化过程使分子电流定向排列。这一假说的核心是将电磁现象还原为粒子间的中心力作用，与拉普拉斯的物理还原论纲领相呼应。

安培科学概念方面做了很多创新。他首先规定了电流的方向，并把电流的方向规定为由正极指向负极。“电动力学”这个学科名称也是安培首先提出来的，是用来研究运动电荷（电流）相互作用的学科。与“电动力学”相对的是“静电学”，这是以库仑定律为基础，主要研究静电效应的学科。

> 新课标要求
>
> ★
>
> 选修 I 课程；选修 1–2；2.2 电磁感应及其应用。
>
> 核心素养的培养
>
> ★★
>
> 强调科学探究过程中对实验现象和实验结果进行归纳推理的方式，以此提升学生依据证据进行归纳推理的能力。引导学生对实验现象进行分类与归纳，概括实验结果，提高学生对实验结果定性和定量分析的能力。
>
> 新课标要求：
>
> ★
>
> 2.2.2 理解法拉第电磁感应定律。

二、法拉第电磁感应定律的发现

既然电流有磁效应，科学家自然也会想到磁也可能有电效应。尽管许多人为此做了不少实验，但磁的电效应始终未被发现。直到奥斯特发现电流磁效应若干年之后，英国物理学家法拉第和美国物理学家亨利才分别独立发现了磁生电效应。

1. 电动机的原理：磁力转化为机械力

1820 年，奥斯特发现电流磁效应的消息传到英国。法拉第被这一现象所吸引，决心沿着奥斯特开辟的研究方向做进一步的探索。法拉第把收集到的有关电磁现象的资料详细地进行比较研究，并且一一用实验来重新检验。经过反复试验，他发现电磁效应不仅表现为电流使磁针偏转，电流还能使磁针的一极围绕电流旋转——这一现象被命名为“电磁旋转”。法拉第把这一发现写入了《论某些新的电磁运动兼论磁学的理论》，并于1821年10月发表在《科学季刊》上[①]。在这篇论文中，法拉第把电流对磁针的作用力称为“转动力”，虽然这一表述尚未揭示电磁相互作用的本质，但是他却在实验中巧妙地运用这种“转动力”，成功让一块磁铁绕着固定电流连续转动，也实现了载流导体绕固定磁铁旋转。这些突破性成果使法拉第跻身欧洲顶尖科学家之列。他的论文被里福尔翻译成法文，在法国科学界广泛传播。几乎欧洲所有的物理实验室都获得了法拉第的论文，并纷纷重复其实验。

法拉第发现的电磁旋转现象，第一次实现了电磁能向机械能的连续转换，这构成了现代电动机的基本工作原理。然而，对于其逆过程——机械能转化为电磁能，以及奥斯特效应的逆效应——磁生电现象，当时的物理学家还缺乏深入探索。1821年至1830年间，法拉第将主要精力放在了其他研究上面，如合金钢和光学玻璃开发等，暂时中断了电磁学研究。这在一定程度上解释了为何电磁感应定律在奥斯特发现电流磁效应后经过了11年才被确立。

2. 电磁作用力性质的思考

19世纪20年代初，毕奥与安培就电磁作用力的本质展开了学术争论。毕奥把电磁力当作一种基本力，如万有引力一样，因而认为没有必要，也无须区分作用力的哪一部分是由电产生的，哪一部分是由磁产生的，正如在分析两个物体的相互引力一样，不需要指定作用力的归属物体。与此相反，安培否定绝对磁性，他把磁的本质看作电流，否定电磁力是一种基本力，主张其为某种基本力的合力，而基本力就是电流与电流的相互作用力，即安培所说的“电动力”。

毕奥和安培之争，本质上是关于电与磁统一性的分歧。毕奥的观点认为，电和磁是独立存在的基本实体，它们通过电磁相互作用实现统一。而安培则认为，

① 宋德生，李国栋．电磁学发展史［M］．南宁：广西人民出版社，1996：140.

电和磁本质上是同一实体的不同表现形式，其同一性体现在电流的磁效应上。

这场争论对刚刚涉足电磁学研究的法拉第产生了深远影响，使他逐渐意识到：在电磁学研究中，力的作用比物质本身更加重要，效应比实体更为关键。正因如此，法拉第开始质疑安培的分子电流假说。此外，法拉第深受英国科学传统中的对称性思维影响。按照这一思想，如果自然界存在某一现象，往往也存在与之对应的现象。法拉第认为，电和磁本身就是一对天然对称的现象，如果强行把其中一种实体归结为另一种实体的特殊形式（如安培把磁归为电流的效应），反而会破坏这种对称性。为了验证安培的电动力学理论，法拉第进行了这样的推理：如果磁是电流产生的，那么按照对称性原理，电流也应该是由磁产生的，而根据安培的“磁就是电流”的观点，“电生磁、磁生电”这组对称关系最终会归结为“电流感应电流”。

1822 年，法国物理学家阿拉果和德国物理学家洪堡在英国格林尼治的一个小山上测量地磁强度时，偶然发现金属可以对磁针的振荡产生阻尼作用。这是人类发现电磁感应的最早迹象。现代电磁学理论可以解释这一现象：当金属物体靠近振荡的磁针时，它切割了磁力线而产生感生电流（以涡流形式出现），感生电流产生新的磁场迫使磁针停振。然而，阿拉果当时未能给出合理解释。

3. 最初实验的失败——未把握到瞬间电流的变化

1825 年 11 月，法拉第做了 3 个与电磁感应相关的实验，但都未能捕捉到电磁感应最关键的现象。

> 核心素养的培养
>
> ★★
>
> 学习这部分时体会法拉第在电磁感应现象发现过程中科学探索中的挫折和失败对科学发现的意义。

第一个实验：使两根直导线扭绞在一起，让其中一根连接电池两极，另一根连接电流计。根据“电流感应电流”的推理，电流计指针应当转动。然而，指针未动。

第二个实验：将一空心螺线管的两端连接电池，再把一根直导线引进螺线管中并使其与电流计连接。在这种情况下，电流计指针仍没有转动。

第三个实验是第二个实验的改进，只是把直导线放在螺线管外面，其余条件均不改变，但仍然未能实现电流感应。

从现代电磁学角度看，这些实验失败的原因显而易见：法拉第忽略了瞬态效应的关键作用。如果他采用以下操作顺序——先接好电流计回路，再接通或断开电池电路，就能观察到电流计指针的短暂偏转。尽管这种效应转瞬即逝，但足以让敏锐的实验物理学家发现在它背后隐藏的新原理。

4. 电磁感应现象的发现

1831 年，法拉第正式向皇家学会提交申请，请求暂停光学玻璃的研制工作，以便进行电磁铁研究，同时也为了有更多时间来重新探索搁置多年的“磁生电”课题。1831 年 8 月 29 日至 10 月 27 日期间，法拉第完成了第一轮系统的电磁感应实验。在这两个月里，他不但成功观测到电磁感应现象，还对产生感应电流的条件做了系统的实验观察。

法拉第第一步要解决的是寻找一种体积小而效益高的电磁铁。他通过实验发现蹄形电磁铁比条形电磁铁的磁性更强，而环形铁芯的电磁铁在某些实验中也表现出独特的优势。

法拉第设计的环形电磁铁装置实为人类历史上首个变压器原型。1831 年 8 月 29 日，法拉第通过著名的“圆环实验”首次成功观测到电磁感应现象。实验记录显示，他采用软铁环作为磁芯，在铁环一侧（A 侧）密绕多层铜线圈，线圈层间以绝缘材料（麻绒或白布）隔离；另一侧（B 侧）则间隔缠绕两根同向导线。B 侧线圈连接电流计构成检测回路。当 A 侧线圈接入 10 节电池组时，电流计指针发生瞬时偏转后复位；断开电源时指针再次出现瞬时反向偏转。这种瞬态电磁响应现象在当时尚属首次发现。为增强实验效果，法拉第进一步改进装置：将 B 侧线圈替换为平面螺旋线圈。改进后的装置产生了更为显著的电磁感应现象，为电磁感应定律的建立提供了决定性实验证据。

通过反复试验，法拉第观测到了与奥斯特效应（电生磁）相对应的磁生电现象。后来他又借用皇家科学院大型磁铁来增强感应效果，并通过使圆盘在磁场中持续旋转实现了稳定持续的电流输出。这个装置被认为是世界上第一台基于电磁感应原理的发电机原型。

为了对电磁感应现象做更加深入的观察，在“阿拉果圆盘”实验的启发下，1831 年 10 月 28 日法拉第利用克利斯蒂实验室的强磁体设计了新的实验装置，实现了感应电流的持续输出。为系统研究感应电流产生条件提供了实验基础。

1831 年 12 月 5 日、8 日和 9 日，法拉第集中重复了前期所有产生感应电流的实验，重点观测了感应电流的方向特性。通过对这些实验数据的分析，法拉第总结出了感应电流方向的判定规律，即著名的“右手定则”。

在研究过程中，他形成了“磁力线”和“场”的思想，对电磁感应机制获得了新的认识。

毋庸置疑，法拉第发现电磁感应现象在物理学史上具有划时代的意义，开启了电磁场理论研究的先河。然而，我们应该认识到，19 世纪上半叶，安培的电动力学理论在电磁学领域仍处于主导地位，在当时的英国科学界获得了广泛认同。而法拉第“因发现电磁感应现象而声名鹊起时，他的力线理论即便在英国也没有达到完全被认同的程度。”[①]

三、麦克斯韦的电磁理论

新课标要求

★

选修Ⅰ课程；选修1-2；2.3 电磁振荡与电磁波；2.3.4 初步了解麦克斯韦电磁场理论的基本思想，体会物理学对统一性的追求。结合麦克斯韦电磁场理论和牛顿万有引力定律，体会物理学发展过程中对统一性的追求，同时体会类比方法的应用。

1. 开尔文对磁作用定量描述的尝试——类比方法的应用

在早期电磁研究中，法拉第还未对磁场和力线等进行定量的概括和分析，只是一些定性的描述。因此，他的观点受到了牛顿学派科学家的质疑。[②] 当时电磁学领域亟待解决的问题是如何建立一套严密完整的电磁理论。在法拉第力线思想的启发下，威廉·汤姆森对电磁作用规律进行了有益的探索。他深感有必要把法拉第的力线思想转化为数学语言，以实现定量表述。于是，他采用类比方法，并借鉴了弹性理论和热传导理论的相

① 钱长炎. 法拉第发现电磁感应现象及其思想转变过程［J］. 自然科学史研究，2019，38（1）：87-104.

② 宋德生，李国栋. 电磁学发展史［M］. 南宁：广西人民出版社，1996：147.

关成果。法国数学家约瑟夫·傅里叶在 1824 年发表《热的解析理论》，详细研究了热在介质中的传播规律，并建立了热传导方程。该著作对威廉·汤姆森的电磁理论研究产生了深远的影响。

1842 年，威廉·汤姆森发表了他的第一篇关于热与电的数学论文，题为《论热在均匀固体中的均匀运动及其与电的数学理论的联系》，他在文中论述了热在均匀固体中的传导和法拉第电磁力在均匀介质中传递这两种现象之间的相似性。他指出电的等势面对应于热的等温面，而电荷对应于热源。利用傅里叶的热分析方法，他把法拉第的力线思想与拉普拉斯、泊松等人已经建立的静电理论相结合，初步构建了电磁作用的统一理论框架。1847 年，威廉·汤姆森进一步研究了电磁现象与弹性现象的相似性，在题为《论电力、磁力和伽伐尼力的力学表征》一文中，以不可压缩流体的连续性方程为基础，分析了电磁现象和流体力学现象的共性。通过类比方法，威廉·汤姆森把法拉第的力线概念转化为定量数学表述，为麦克斯韦后续的电磁理论研究工作提供了十分有益的理论借鉴。

2. 麦克斯韦对磁作用的定量描述

詹姆斯·克拉克·麦克斯韦，英国理论物理学家、数学家，经典电磁理论的创始人，统计物理学的奠基人之一。他于 1873 年出版的《电磁通论》，被公认为继牛顿《自然哲学的数学原理》之后最具影响力的物理学著作之一。麦克斯韦在法拉第和汤姆森的研究基础上，历时十余年，最终建立了完整的电磁场理论。

自 1855 年起，麦克斯韦开始系统研究电学，深入研读了法拉第的著作，特别是《电学实验研究》一书[①]。另外，威廉·汤姆森的研究不但使他认识到类比方法在理论构建中的重要性，而且让他意识到法拉第的力线思想与传统静电理论具有内在一致性，这为建立统一的电磁理论提供了可能。

1856 年，麦克斯韦发表了第一篇关于电磁理论的论文——《论法拉第的力线》。在文中，他进一步发展了威廉·汤姆森的类比方法，通过不可压缩流体的流线类比法拉第的力线，并把流线的数学表达式引入静电理论，从而初步建

① 吴国盛. 科学的历程（第二版）[M]. 北京：北京大学出版社，2002：324-326.

立了电与磁之间的数学关系。麦克斯韦的理论表明，电与磁并非孤立存在，而是始终相互关联的统一体。

1861 年，麦克斯韦发表了第二篇论文——《论物理学的力线》。在这篇开创性论文中，他首次提出“位移电流”和“电磁场”等革命性概念，并在此基础上给出了电磁场理论更完整的数学表述。

随着研究的深入，两个关键问题促使麦克斯韦重新审视他的研究方法。首先，根据伯努利流体力学理论，流线越密则压力越小、流速越快，而法拉第的力线理论则表明，力线有纵向收缩、横向扩张的特性，且力线越密则应力越大。这一矛盾显示两者不宜直接类比。其次，电运动和磁运动的本质差异也使得简单类比难以成立。从电解质现象可知，电运动表现为平移运动，但根据磁光效应，特别是偏振光在透明晶体中的旋转现象观察来看，磁运动更类似于介质中分子的旋转运动。

显然，电磁现象与流体现象有很大差别，电现象与磁现象也不尽相同。单纯的几何类比方法已难以揭示现象的本质特征。于是，麦克斯韦转向采用模型假说方法进行研究。他借鉴了威廉 · 约翰 · 麦考恩 · 兰金的“分子涡流”假说，构建了自己的理论模型。该模型假设：在磁场作用的介质中，存在规则排列的分子涡旋，这些涡旋沿磁力线旋转，其角速度与磁场强度成正比，涡旋物质的密度正比于介质的磁导率。这个模型成功解释了电荷间及磁场间的相互作用，并清晰地体现了近距作用原理。但是，在进一步解释变化电场与变化磁场之间的关系时，该模型遇到了困难。为此，麦克斯韦又提出了“位移电流”假说。“位移电流”假说在电磁场理论发展中具有里程碑意义，是一个重大的突破。值得注意的是，在麦克斯韦以前（包括其 1879 年逝世时），位移电流的存在尚未获得可靠的实验验证。

电磁场中普遍存在的电场与磁场相互转化现象，促使麦克斯韦对电磁理论进行更深入的思考。1865 年，他发表了第三篇论文《电磁场的动力学理论》。该论文全面地阐述了电磁场理论。在这篇论文中，他放弃了早期的“分子涡旋”假说，但他仍坚持近距作用原理，再次强调了超距作用理论的困难，明确提出电磁作用是由物体周围介质所引起的，并完整定义了电磁场的物理内涵，建立了著名的电磁场普遍方程组。此外，麦克斯韦还创新性地预言光是一种起源于电磁现象的横波。这一革命性预言后来由赫兹通过实验完美证实。

麦克斯韦通过理论计算得出了电磁波的传播速度，发现其与光速高度吻合。他此前已推测光与电磁现象可能存在内在联系，在建立了完整的电磁理论后，他正式提出了光的电磁理论。

1865 年，麦克斯韦得了一场重病，不得不辞去伦敦皇家学院的职务，返乡休养。此后，他把主要精力放在整理、总结电磁学理论已取得的成就上面。在 1873 年出版的《电磁通论》中，他指出："在空气中，磁介质的弹性和光介质的弹性相同。如果这两种介质同时存在、同时传播的话，那么它们必然是同一种介质"。《电磁通论》这本著作还全面总结了一个世纪以来电磁学所取得的成果，是集电磁理论之大成的经典著作。麦克斯韦深刻洞察到把电磁场归结为力学体系的超距作用理论的根本弱点，认识到电磁场的能量、动量和传播规律的核心地位，且它们完全由数学方程决定，无须还原为力学模型。这是物理学思想上的一次变革。对麦克斯韦的贡献，爱因斯坦给予了很高的评价："自牛顿奠定理论物理学基础以来，物理学的公理基础的最伟大变革，是由法拉第和麦克斯韦在电磁学领域的工作所引起的……这一革命与法拉第、麦克斯韦和赫兹的名字永不可分，而麦克斯韦的贡献最为卓著。"①

1879 年 11 月 5 日，麦克斯韦因病逝世，年仅 48 岁。麦克斯韦因创立电磁场的数学理论、预言电磁波的存在以及电磁波与光波的同一性，在 19 世纪的电磁学史上树立了又一块丰碑。他的理论激发了一代人探索和证明电磁波存在的实验活动，鼓励和指导过数代人去利用电磁波为人类谋福利，其影响跨越了时间和空间，直至今日。

四、赫兹——电磁波的实验证明

1. 赫兹

电磁波波长测量的先驱者、德国著名物理学家海因里希·鲁道夫·赫兹于

① 郭奕玲，沈慧君. 物理学史［M］. 北京：清华大学出版社，1993：153.

1857年2月22日出生于德国汉堡的一个文化氛围浓厚的家庭。

1875年，赫兹高中毕业，次年进入德累斯顿理工学院，但仅在那里短暂学习，随后加入柏林铁路军团服役一年。此后，他前往慕尼黑，计划报考当地的技术学院。在此期间，他学习了数学和自然科学，这使他的兴趣从工程技术转向了理论科学。1877年，赫兹考入了慕尼黑大学，正式踏上科学研究的道路。

> 新课标要求
>
> ★
>
> 选修Ⅰ课程；选修1-2；2.3 电磁振荡与电磁波；例1赫兹实验，体会理论预言在科学发展中的作用，以及实验证据对新理论的支撑作用。

在慕尼黑大学的第一学年，赫兹师从物理学家菲利普·冯·约利，攻读了拉格朗日、拉普拉斯和泊松等人的著作，认真研究了数学和力学发展史，打下了坚实的理论基础。一年后，他遵循德国大学生的传统，开始了游学生活。当时，他可以在莱比锡、波恩和柏林三地择一深造，最终在老师弗里德里希·威廉·冯·贝茨的建议下选择了柏林，这成了赫兹学术生涯的一个关键转折点。抵达柏林后，赫兹有幸在亥姆霍兹的指导下学习和工作。这位科学巨匠对赫兹的研究事业起了不可估量的作用。赫兹的到来恰逢柏林哲学学会提出用实验证明韦伯电惯性理论的带奖课题。当时赫兹虽然只读完了大学一年级，但他毅然挑战了这个难题。亥姆霍兹不仅亲自指导他，还在柏林物理研究所为他专门安排了一间实验室。次年（1879年），赫兹成功攻克该问题，并获得学会的褒奖。

1883年，赫兹在基尔霍夫的推荐下，到基尔大学担任物理学讲师。次年（1884年），他在该校发表了第一篇关于麦克斯韦电磁场理论的研究论文，用新的数学方法重新推导并简化了麦克斯韦方程组。这篇论文的发表，标志着赫兹的电学理论立场已从传统电动力学学派转向了麦克斯韦电磁学派。

2. 电磁波的测量——证明光即是电磁波

1885年，赫兹谢绝了基尔大学授予他的副教授头衔，转任卡尔斯鲁厄理工学院教授，并在此工作至1889年。正是在这所学院，赫兹通过实验证实了电磁波的存在及其与光波的同一性。这一重大发现使他声名鹊起，也成为他学术生涯中最杰出的贡献。下文将重点阐述赫兹发现电磁波的过程。

虽然麦克斯韦最早提出了电磁波理论，但是他没有观察过电磁波，也没能证明电磁波与光波的同一性。为了证明光即是电磁波，赫兹设计了如下实验方案：首先测定电磁波波长，然后计算其传播速度是否与光速一致。

试图测量电磁波速度的人早已有之，但无一人成功，其中包括法拉第和亥姆霍兹。

法拉第在 1857 年至 1858 年间进行过一次电磁波速度的测量。他在一个很大的房子里平行放置 3 个线圈：中间一个是施感线圈，两侧是感应线圈。两个感应线圈与一个电流计相连接，且连接方式确保两个感应线圈产生的电流以相反方向通过电流计。法拉第推断：如果两个感应线圈是由同种材料做成的，尺寸大小相等，而且与中间施感线圈的距离相等的话，那么电流计指针应该不会偏转，而如果距离不相等，那么电流计的指针应该会发生偏转。法拉第希望通过电流计指针偏转程度来推算电磁波速度。然而，不论他怎样调整感应线圈的位置，电流计指针始终未见偏转。显然，法拉第对电磁波速度的估计严重不足。这一失误情有可原，因为麦克斯韦直到 1862 年才在《论物理力线》中首次提出电磁波速度等于光速的观点。法拉第后来动用了研究所一块长度在 100 英尺（约 30.48 米）以上的场地做实验，但仍然没有成功。在如此有限的空间内采用直接测量方法，虽然难以准确测出电磁波的传播速度[①]。1871 年，亥姆霍兹为反驳意大利物理学家彼得罗 · 布拉塞纳提出的“电感应以极低的速度传播”的观点，进行了一次精确度有限的实验。他测得的电磁波速度为每小时 42.4 英里（约 68.24 千米），结果与实际的光速相差甚远。尽管如此，该实验成功达到了否定布拉塞纳理论的目的。

3. 测量电磁波的实验

电磁波的速度最后由赫兹在 1888 年 8 月精确测量出来。

赫兹对电磁波的测量起因于亥姆霍兹向他在柏林大学的学生们提出了一个竞赛题目，即用实验方法验证麦克斯韦的理论。赫兹对此早有兴趣。1886 年，

① 宋德生，李国栋. 电磁学发展史［M］. 2 版. 南宁：广西人民出版社，2007：311.

当赫兹使用鲁姆科夫感应线圈进行放电实验时，意外发现附近的次级线圈也产生火花。他敏锐地意识到这可能是电磁波在起作用。为验证这一猜想，赫兹精心设计了一系列实验。他首先设计了一个振荡电路，通过两个金属球之间的周期性电火花产生电磁辐射（按照麦克斯韦理论，电火花应该伴随电磁波发射）。然后，赫兹又设计了一个带缺口的金属环状线圈用来检测电磁波。实验结果显示，每当振荡电路产生火花时，金属缺口处也同步出现微弱火花。这就证明了电磁波的确是存在的。赫兹还进一步在不同的距离上检测线圈，由电火花的强度变化大致算出了电磁波的波长。1887 年 11 月 5 日，赫兹给他的老师亥姆霍兹寄去了题为《论绝缘体中电过程引起的感应现象》的论文。1888 年 1 月，他又发表了《论动电效应的传播速度》一文，不仅证实电磁波具有与光波完全相同的波动特性，还证明电磁波的传播速度与光速处于同一数量级。赫兹的这一系列实验，不仅证明了麦克斯韦理论的正确，也为人类利用无线电波开辟了道路。

可惜的是，赫兹不幸英年早逝，年仅 36 岁。这位天才物理学家的早逝，使他错失了在电磁波实际应用领域做出更大贡献的机会。最终，由马可尼和波波夫，在赫兹研究成果的基础上，成功将无线电通信技术推向实用化阶段，开创了无线通信的新纪元。

第七章
电磁学的技术应用

1. 新课标中关于电磁学的技术应用的要求

必修，通过对电磁学及能源相关内容的学习，认识科学对技术的推动作用，体会科技发展对人类生活和社会发展的影响，认识科学、技术、社会、环境间的关系，知道保护环境、节约能源、促进可持续发展的重要意义。

2. 电磁学的技术应用与技术革命息息相关

19 世纪，塞缪尔·莫尔斯发明的电报、亚历山大·格雷厄姆·贝尔研制的电话，以及托马斯·爱迪生改进的电灯，都是电磁学理论在工程技术中的重要应用。电磁学的技术应用引发了第二次工业革命——电力技术革命。电力技术革命重塑了全球的经济格局，改变了人类的生活方式，对现代社会产生了深远影响。除简要的电磁学发展历史之外，本章还增加了电力技术革命的内容，以更全面理解电磁学的技术应用。

3. 使用这段历史的方法

电磁学技术的应用，与其他科学技术一样，在推动社会进步、提高人们生活便利性的同时，也不可避免地也带来某些负面影响。通过探讨这些双面效应，有助于培养学生的“科学态度与责任感”，引导他们辩证地认识科学、技术、社会与环境之间的复杂关系。

另外，通过电磁学技术应用的历史，可以引导学生关心国内外科技发展现状与趋势，理解物理学的社会功能，培养他们学习物理学的兴趣。

第六章讲述了电磁学取得的重大突破，另外还值得我们关注的是，在这一重大突破的基础上取得的惊人的技术进步。这些技术改变了19世纪的经济格局，也改变了我们的生活方式。本章将简要介绍几种电磁学在技术上的应用。

19世纪之前，人们对电的认知是极为有限的。1820年，丹麦物理学家奥斯特和法国物理学家安培发现了电流的磁效应，10多年后法拉第等人又发现了电磁感应现象。在19世纪上半叶，电磁学理论迎来了巨大发展。与此同时，工程技术人员敏锐地意识到电力技术对人类社会的深远影响，积极投入电力开发、传输和利用方面的研究，使人类开始迈入电气时代。

电力技术的应用主要体现在动力传输与信息传输两大领域。在动力传输领域，相继诞生了大型发电机、高压输电网、各种各样的电动机（马达）和电照明系统。在信息传输领域，则涌现出电报、电话和无线电通信技术。这些伟大的发明使人类进入了一个前所未有的新时期。

第一节　动力传输的应用

一、电动机与发电机的发明与应用

1820年，奥斯特发现电流的磁效应，当时的实验装置本质上均可以看成是原始的电动机雏形：小磁针在电流导线所形成的磁场中运动，是电能转变为机械能的真实写照。法拉第使小磁针绕载流导线连续运动的装置可以看作是第一台电动机，在其首次展出时，曾有人问法拉第这个东西有什么用，法拉第机智地反问说："新生的婴儿有什么用？"的确，这个"婴儿"不久就长成了改变世界的巨人。

一台实用的电动机必须有强大的磁场。早期的电动机大多为实验性装置，通常使用的是天然永磁体，其磁场强度普遍较弱。1822年，法国物理学家阿拉果发现将导线绕在铁块上，当导线通电时，铁块会被磁化而且使线圈的磁场强度显著增强——这一发现促成了电磁铁的诞生。1829年，美国物理学家亨利用绝缘导线代替裸铜线，进一步增强了电磁铁的磁场强度。1831年，他用一块电磁铁吸起了重达1吨的铁块，使世人为之震惊。1834年，德国物理学家雅可比采用电磁铁作为转子，研制出第一台实用的电动机。1838年，他将改进后的电动机装配在一艘小船上，成功地驱动了小船的航行。此后，发明家纷至沓来，使电动机研制进入一个高潮。1850年，美国发明家查尔斯·佩奇制造了一台10马力的电动机，并尝试将其应用于有轨电车的驱动。

早期的电动机均采用直流电，其电力由伏打电堆提供。但伏打电堆成本极其昂贵，导致采用这种电源的电动机完全不具备商用价值。据史料记载，1850年时，电能成本高达蒸汽能的25倍。这促使人们不得不寻找伏打电堆之外的电能来源。

随着电磁感应理论的建立，人们认识到动磁可以生电的原理。在加紧研制电动机的同时，发电机的研制工作也同步开展。1832年，法国发明家皮克西成功研制出一台手摇发电机，其采用永磁铁作为转子，并使用了一个换向器，所以输出的是直流电。但这台原始发电机输出的电流极为微弱，缺乏实用价值。1857年，英国电学家惠斯通取得重要突破，首次用电磁铁代替永磁铁，开发出自激式发电机。但该发电机中的电磁铁靠伏打电堆提供励磁电流，严格来说并非真正的自激式，而属于他激式。这种依赖外部电源的他激式使发电机的结构和发电量均受制于伏打电堆，既笨重又不经济。

真正意义上的自激式发电机，其核心原理在于将发电机自身产生的电流回馈用于电磁铁励磁，它的发明者是德国工程师维尔纳·冯·西门子。这位电气工业先驱几乎在电气技术各个领域都做出过贡献：他首创电镀技术，将电能引入化学工业；创办电报设备公司，专业生产电报系统所需的电气装置。1867年，西门子制造了第一台实用化自激式发电机，使发电机的发电量大大提高。由于摆脱了对伏打电堆的依赖，发电机本身结构也变得轻巧。正是从这一时期开始，电能凭借其大规模生产和经济性优势，逐渐获得广泛应用。

在电气技术发展的初期阶段，发电机和电动机普遍采用直流电，因为最早的电源——伏打电堆只能提供直流电，致使交流电机长期被忽视。到1880年前后，随着电动机在各工业领域的广泛应用，社会对电力需求的快速增长使直流电机固有的技术缺陷逐渐显现。其中最为突出的是直流电在远距离传输方面的固有缺陷：高压输电导致电路上的损耗过大，也使发电机线圈面临绝缘击穿的风险。此外，换向器的可靠性问题也给用户带来诸多不便。正是在这样的技术背景下，交流电技术重新获得重视。

最初的发电站主要解决民用照明问题，当时一台发电机基本上只能供一户或少数几户用电。后来，发电机的功率越来越高，供电范围越来越大，企业家们便建起了发电站。早期的发电站主要使用直流发电机。1882 年，法国电气工程师德波里在德国工厂主的资助下，建成了世界上第一条远距离直流输电线路。该线路将米斯巴赫水电站的直流发电机与慕尼黑博览会的一台电动水泵相连，全长 57 千米。使用时，始端电压为 1343 伏，末端电压为 850 伏，输送功率不到 200 瓦，电路上的损耗达到 78%。德波里的试验证明了远距离输电的可能性，但也充分显示了直流电在远距离输电中的局限性。

由于直流电机无法满足社会的用电需求，到了 19 世纪 80 年代末，交流电开始登上历史舞台。

交流电替代直流电的一个很重要的原因是它能够有效解决远距离输电问题。在远距离输电中，为了减少耗能必须提高输电电压。法拉第于 1831 年发现的电磁感应现象为变压器提供了理论依据。在同一个铁芯上绕制两组线圈，当一组线圈上通入交变电流时，另一组线圈就会感应出相应的交变电动势。如果两组线圈的匝数不同，感应出的电动势也会不同。基于这一原理，就可以制成变压器，使电压升高或降低——当然，输入的电流必须是交流电。1883 年，法国工程师吕西安·高拉德和英国工程师约翰·吉布斯合作研制出第一台实用的变压器，为远距离输电提供了重要的技术支撑。1886 年，美国工程师威廉·斯坦利在马萨诸塞州大巴灵顿建立了最早的交流发电站。在 19 世纪的最后十几年里，交流电技术迅速发展，并逐步取代了直流电。

1891 年，三相交流发电机、三相异步电动机以及变压器均已发明出来并投入使用。这一年，德奥地区建成了世界上第一个实用化三相交流输电系统。该系统将奥地利劳芬水电站产生的三相交流电经升压变压器处理后，通过总长 170 千米的输电线路传输至德国法兰克福的变电所，经降压后供给正在举办的法兰克福国际工业博览会照明用。1891 年 8 月 25 日系统初次投入运行即获得成功，输电效率达到 75%，充分显示了三相交流电在远距离输电中的优越性。

由于早期电力基础设施主要采用直流电系统，将其改造为交流电系统需要巨额资金投入，这导致电气工业的企业家们对改造持抵制态度。尽管交流电的技术优势不断得到验证，但其大规模发展仍被延迟至 20 世纪初期。

二、电灯的发明与使用

1. 弧光放电——最早的用电照明尝试

19 世纪 70 年代后期，随着电力工业的兴起，电学知识有了新的市场。1809 年，英国化学家戴维曾以 2000 多组伏打电堆为电源，发明了在两根碳棒之间进行强电流放电的弧光灯，这是人类历史上最早利用电照明的成功尝试。但戴维的弧光灯成本太高、光线太强，只能用于灯塔或大型公共场合的照明，不可能大规模推向民用。

2. 爱迪生发明电灯

在电灯的发展史上，爱迪生被公认为重要的发明者之一。作为美国历史上最多产、影响力最大的发明家之一，爱迪生一生拥有 1093 项美国专利。在这些专利中，虽然凭借本身的影响力引发革命性变革的专利为数不多，但是许多专利都标志着某项具体技术取得了显著进步，并成为一个时代的标志。正如有人说："我们生活在工业时代，但更准确地说，我们是生活在爱迪生开创的时代"。[①] 爱迪生的发明到了 20 世纪变成专业的科学技术，成为重要的社会和经济力量。下面主要介绍爱迪生研制白炽灯的历史过程。

白炽灯的发明关键在于找到适用的灯丝材料：既能在通电时稳定发光，又要经久耐用。此外，还需要同步开发或改进相关技术，为电灯提供合适的配套设备，如开关、输电线等。

1878 年，爱迪生开始研制电灯。这时的爱迪生已经是家喻户晓的大发明家。他只是在报上预告将要发明一种家用电灯就导致煤气公司的股票猛然下跌，因为如果真的出现了日用电灯，那将意味着当时普遍使用的煤气灯要被淘汰。

---

① 克雷格·罗奇. 电的科学史［M］. 北京：中信出版集团，2018：71.

研制电灯的关键是找合适的灯丝材料，已经有不少人在这方面攻关，著名的有英国电机工程师斯旺。斯旺从 19 世纪 40 年代末就开始进行研制，经过近 30 年的不懈努力，最终在 1878 年确认碳丝是理想的灯丝材料。爱迪生最初尝试独立研发，但屡遭失败：测试的发光材料要么瞬间烧毁，要么寿命过短。当时学界已认识到，在真空中灯丝可以有更长的寿命，但仍未找到适合商业化应用的理想材料。据记载，爱迪生团队测试了超 1600 种耐热材料和近 6000 种植物纤维，但还是没有成功。1879 年 10 月，爱迪生在一本杂志上看到斯旺成功使用碳丝制成了白炽灯的报道，深受启发。同年 10 月 21 日，他用棉线烧成碳丝再将碳丝装进灯泡，小心地抽成真空，当电灯通上电流时，灯丝发出明亮的光辉，而且持续了 45 个小时，这次终于成功了。

爱迪生并未满足，因为这只灯泡的寿命还是太短。经过一次又一次的反复实验，他终于发现，竹子纤维在碳化后可以做灯丝，其寿命长达 1200 小时。爱迪生马上派人到世界各地寻找合适的竹子，最后选定了日本生产的一种竹子。随后爱迪生开始大批量生产这种灯泡，并且为此专门开设了直流电站、架设电网。1882 年，他在纽约建立了第一个中心发电站，这是当时世界上最大规模的电力系统，直流发电机功率达到 600 多千瓦，可为几千用户提供照明用电。因此，人们常说，爱迪生创建的配套的供电系统甚至比他发明的白炽灯还要重要、还要伟大。

爱迪生被称为“发明大王”是当之无愧的，特别在电气应用领域，他更是成就斐然、贡献卓著。爱迪生通过系统性技术开发，首次将电磁学理论转化为商业规模的电力系统。因此学界评价“在应用技术层面，爱迪生为现代电气工业发挥了关键作用。”有人称爱迪生为“将电的福音传播到人间的使者”，这一赞誉并无过分之处。

第二节　信息传输的应用

虽然“通信技术史就是人类的历史”的说法可能太绝对了，但通信发展是人类文明进步中的不可分割的一部分，这无疑是不争的事实。在思想与观念传递效率的每一次革新中，技术突破都会在社会或经济方面产生重要影响。只要对通信技术的背景进行观察，我们就能够充分意识到历史、社会和政治进步的意义和趋势。

一、电报的发明与应用

人类最早的有组织信号传输系统在 4000 年前便已出现。历史记载表明，罗马人曾广泛利用烽火高塔传递军事信号。工业革命前，长距离通信的最快方式是驿马传递，18 世纪末又发展出光学旗语系统。尽管这些传统信号传输方式在各自的时期发挥了重要作用，但它们都是依赖物理媒介的直接传递。现代意义上的电报采用电磁原理传输信号，开创了电磁学应用的新纪元。电报的发明标志着人类进入即时通信时代，当代智能手机等移动通信设备正是这一技术革命的延续与发展。

现代有线电报是利用电信号作为信息载体，通过特定的编码系统和配套电处理技术实现远距离信息传输与交换。英国科学家斯蒂芬·格雷在 1729 年通过实验发现了静电电荷能够在导体中传输，他成功地把电荷传送到约 300 码（约 274.3 米）外的位置，为电报发明奠定了基础。

莱顿瓶的发明也为电报发明奠定了基础。1745 年发明的莱顿瓶引起了全欧洲科学界对电现象的普遍兴趣。这是人类第一次实现电荷的可控存储。法国物理学家诺莱随后进行了更具影响力的大规模实验：他组织约 200 名参与者通过铁丝串联，构成周长约 1 英里（约 1609 千米）的闭合回路。当施加电击时，电流几乎瞬时传遍整个回路，所有参与者同时感受到电击。这个震撼性的实验直接推动了相关应用研究：实验后短短数年内，就有人提出了利用电力传送情报的完整方案。

法国工程师沙普开发的旗语电报系统非常成功，这一点早已为人所知。事实上沙普在开发旗语电报系统之前，于 1790 年便已对电报进行了广泛实验。他的方案是利用两台时钟，仔细调节钟摆，使其同步摆动。在秒盘的周围，他标记了数字 0—9。信号的发送是通过一个莱顿瓶放电完成的，接收方的操作员记下放电瞬间秒针指示的数字。但是，沙普似乎因在导线绝缘方面遇到困难而失去了信心，最终放弃了电信号传输方案，转而选择了旗语通信。①

在之后电报的研究与实践中，伏打、安培、亨利和莫尔斯等人的工作起到了关键作用。

1799 年，伏打发明伏打电堆，随即发现高速传导电流传输信号的可能性。此后，安培设计了一种电报系统，原理是利用 26 根导线分别对应 26 个字母，发送端通过开关控制电流，接收端则在每个字母旁设置磁针，通过磁针偏转检测对应导线是否通电。早期的电报正是基于这种电磁机制实现信息传递的。

美国物理学家亨利在电报技术的发展过程中起了重要的作用。当时电报系统面临的主要问题是电流太弱，很难将信息准确传递到较远的地方。亨利创造性地提出了“中继供电”方案，通过在传输线路中分段加装电源，以接力方式增强信号。

这项技术的进一步完善归功于美国人莫尔斯。他被称为“美国的达·芬奇”，是一个兼艺术家与科学发明家于一身的人物。莫尔斯本来是想通过自己的发明获得一笔丰厚的收入，以保证他全力以赴地从事艺术创作。但收入迟迟没有到来，他本人反而陷入电报的发明和改进之中不能自拔。在此期间，他结识了亨利，系统学习了电报理论和技术基础。莫尔斯最重要的创新是电报编码系统的革命性改进。他的新电码废除了 26 个字母的符号，只由点和横两种符号组成。利用莫尔斯电码，可以把这些点和横翻译成字母和数字，大大简化了电报系统复杂性。

1844 年，在莫尔斯的积极推动下，美国国会批准修建了华盛顿到巴尔的摩的电报线路。同年 5 月 24 日，电报线路开通，第一条实用化电报线路在美国诞生。莫尔斯在华盛顿写下了第一份长途电报报文：“上帝创造了何等奇迹？”当时恰逢民主党的全国代表大会正在巴尔的摩召开，会议产生的总统候选人名单很快就通过莫尔斯电码传到了华盛顿，其传输速度之快令美国政界人士大为震

---

① 辛格，霍姆亚德，霍尔，辛元欧. 技术史（第Ⅳ卷）：工业革命［M］. 上海：上海科技教育出版社，2004：441.

惊。① 一时间，莫尔斯的电报房被好奇的人们所包围，人们争相目睹这项改变人类通信方式的伟大发明。

在莫尔斯电报系统的成功示范下，美国各地掀起了建设电报线路的高潮。从此，电报由实验阶段进入实用阶段。由于电报通信明显的优越性，各国起而效之。1846 年，英国成立了第一家商业电报公司。在短短数年间，欧洲主要城市相继建立了各自的电报运营网络。随着社会经济的发展，国际电报事业也提上了日程。1851 年，英国和法国在英吉利海峡铺设了第一条海底电缆，建成了首条国际电报线路。1866 年，更长的海底电缆在大西洋底铺就，英美两国之间也建立了电报通信网。1869 年，印欧电报局开通连接伦敦与加尔各答（全程约 18520 千米）的洲际电报网络。

二、电话的发明与应用

随着工业革命的深入和城市化进程的加速，工厂、银行、铁路等机构之间的业务往来日益频繁。电报传递信息的成功激发人们去思考：电是否也可以直接传送人的声音？这种想法推动着研究者对电磁技术进行改进，以实现远距离通话的要求。

1860 年，英国物理学家惠斯通首次提出“电话”的概念，设想通过电流传输人声。1861 年，德国科学家莱斯成功研制出首个可工作的电话装置。他用猪肠衣膜做发话器的振动膜，薄膜上附着一块金属小片。当薄膜随着声音振动时，金属片就不断地和另一个触片接触，从而使电路随声音节奏而开闭。发话器是一个缠有线圈的钩针，钩针被放在共鸣箱中，当断断续续的电流通过线圈驱动钩针发出声音时，共鸣箱把声音加以放大。1861 年，莱斯把电话装置拿到法兰克福展出表演。莱斯的电话虽然能够传送声音节奏，但无法清晰还原语音。尽管如此，这仍是人类历史上首次实现电传语音的实验，为后续电话发明奠定了基础。

电话的真正发明者是美国发明家亚历山大·格雷厄姆·贝尔。他出生于英

① 吴国盛. 科学的历程（第二版）[M]. 北京：北京大学出版社，2002：418.

国爱丁堡，1870 年移居加拿大，1871 年移居美国。贝尔在大学期间主攻语音学，并曾担任聋哑学校教师，因此对人的发声机理和声波振动有深入研究。在爱丁堡大学求学时，他就对电磁发声装置很感兴趣。到美国之后，他又参与了电报技术的改良研究，对电讯技术有了一定的了解，逐步产生了发明电话的想法。原理很简单，只要将声波的振动转化成电流的振动，人声就可以通过电线传送出去。关键在于在物理上实现这种转化。

贝尔移居美国后，他的岳父希望他发明一种方法，使一根导线能够同时传输多封电报，以吸引电报公司的兴趣。在实验过程中，贝尔偶然发现，簧片在带铁芯线圈附近的振动可以导致线圈内电流的强弱变化，而反过来，同样的电流变化也可以引起磁铁线圈附近簧片的振动。根据这一物理原理，贝尔制造出了送话器与受话器。1876 年 2 月，他成功研制出了第一部电话。据记载，当时贝尔正在楼下调试送话器，一不小心将蓄电池中的酸液打翻了，他脱口叫道："华生，快来帮帮我！"他的助手托马斯·华生正在楼上的受话器旁，清晰地听到了这句话，并立即赶过来。世界历史上第一部电话就是这样接通的。

贝尔的电话在博览会上引起广泛关注，尤其吸引了政商界重要人物的兴趣，新闻界则推波助澜，加速了电话的推广。1877 年，部分报社开始用电话传送电讯稿。1880 年，美国的电话用户增加到了 5 万户。1881 年，贝尔成立了自己的电话公司，致力于开发和推广电话事业。

三、无线电的发明与应用

有线电报和电话依赖固定线路，造价高、机动性差。在无法铺设线路的沙漠、海上的应用受到限制，无线通信的设想被顺理成章提了出来。

1865 年，英国物理学家麦克斯韦从理论上预言了电磁波的存在。1886 年，德国物理学家赫兹在实验室里证实了电磁波的存在。由于赫兹英年早逝，没能在电磁波的应用技术方面做些工作。但是他关于电磁波传播和接收的实验指出了无线电报传送的可能性。

敏感的发明家们已经意识到电磁波可以用于无线电通信。英国物理学家洛奇在赫兹实验的基础上，采用法国物理学家勃兰利于 1891 年发明的金属屑检波器，使这一设想成为现实。该装置是一根装有金属屑的玻璃管，当有电磁波通过时，它的电阻随之改变。借助这种检波器，洛奇成功延长了电磁波的接收距离。他开发的电磁波接收器能够检测到 800 米以外的无线电信号，为后续无线电技术的发展奠定了基础。

俄罗斯物理学家亚历山大·斯捷潘诺维奇·波波夫仔细研究了勃兰利和洛奇的工作，他成功设计了高灵敏度的金属屑检波器，找出了用电磁铃小锤定期敲击金属屑检波器以恢复其灵敏度的方法。这项改进使他在 1894 年将无线电接收距离提升至数千米。波波夫发现了与检波器相连的垂直导线对接收距离有影响，从而发明了最简单的天线。1895 年，他设计了第一台无线电接收装置。1895 年 5 月 7 日，波波夫在俄罗斯物理化学协会会议上做报告时展示了自己的接收机。1896 年 3 月，波波夫成功实现了世界上首次距离达 250 米的无线电电报传输。1897 年，在波罗的海舰队的实验中，他实现了战舰间 5 千米的通信距离。在这些实验中，波波夫还观察到一个重要现象：当有船只经过发射舰和接收舰时，通信会受到干扰。这使他猜想：是否可以用无线电波来探测海洋中的船只？这就是现代雷达技术的原始设想。

意大利工程师古列尔莫·马可尼也参与到无线电通信的研究中。1894 年，他成功改进了金属屑检波器，又在发射机和接收机上引入天线和接地系统，使通信效率大大提高。1895 年，他已经能够实现约 1.6 千米距离的无线电通信。1896 年，通信距离扩展至 9 英里（约 14.4 千米），1897 年，通信距离又增加到 12 英里（约 19.2 千米）。1896 年他在英国获得了“电脉冲传送方法”的专利。马可尼于 1897 年发表的接收机方案和波波夫的类似，只是马可尼利用共振效应达到了更高的灵敏度。1898 年通信距离上升至 18 英里（约 28.8 千米），这时马可尼开始将自己的发明付诸商业化。1899 年，在英国与法国之间建立了跨海峡无线电通信，后于 1901 年，成功实现无线电信号跨大西洋传输。1909 年，因对无线电通信的贡献，马可尼获得诺贝尔物理学奖。

1906 年，美国物理学家雷金纳德·费森登发明无线电广播技术，使无线电波进入民用领域，为信息时代的到来奠定基础。

第三节 电力技术与日常应用

电磁理论的发展不仅推动了电气化进程，还在电子技术及其他领域发挥着重要的作用。现代生活中，电磁感应现象的应用十分广泛，基于该原理制成的设备更是种类繁多。在中学的物理教学中，对现代磁学和磁材料的讲述很少，但是现代家庭生活中却能经常见到各种磁性设备，如磁加热设备、磁记录设备、磁通信设备等。因此，有必要对这部分内容进行补充。

一、家庭生活的应用——电磁炉

电磁炉是利用电磁感应现象制成的现代厨房烹饪设备。1957 年，第一台家用电磁炉诞生于德国。1972 年，美国开始批量生产电磁炉。20 世纪 80 年代初，电磁炉在欧美及日本市场迅速普及。如今电磁炉作为电磁学在家居生活的应用已经走进许多家庭，它采用电磁感应加热原理，打破了传统的明火烹调方式。电磁炉通过电子线路板产生高频交变磁场，当把含铁锅具放置在炉面上时，锅具底部的金属部分会切割交变磁力线，从而在锅具底部产生涡流，涡流使锅具铁原子高速剧烈运动，通过摩擦而产生热能。因此，电磁炉煮食的热源来自锅具底部，而不是电磁炉本身发热传导给锅具，它是使器具本身自行高速发热，是一种高效节能的厨具。电磁炉在加热过程中没有明火，因此更加安全、卫生。

电磁炉对锅具的材料有特定要求。电磁炉的工作原理是通过电磁感应加热，因此锅具必须使用磁性材料，常见的锅具材质包括铁、铸铁等。铜、铝等其他金属不是磁性材料，放入磁场中对磁场的影响不大。而陶瓷、玻璃材料的锅和容器，因为它们的电阻太大，无法有效产生感应电流，热功率很低，因此不宜作为电磁炉的锅具。

二、交通应用——磁悬浮列车

磁悬浮列车的悬浮、导向、推进系统等重要机理都应用了电磁感应原理。

1922年，德国工程赫尔曼·肯佩尔首次提出电磁悬浮概念，并申请了专利。20世纪70年代后，德国、日本、美国等国家相继展开磁悬浮运输系统的研究。20世纪80年代，美国和苏联因技术或经济原因暂停研究，而德国和日本持续推进，并取得了令世人瞩目的进展。

众所周知，传统的铁路列车是通过蒸汽机车、内燃机车或电力机车提供牵引动力，依靠车轮和钢轨之间的相互作用实现导向和承载，借助车轮沿着钢轨滚动前进的运输系统。而磁悬浮列车则是利用电磁力实现列车悬浮和导向，并通过直线电机直接将电能转化为推进力的新型交通运输工具。

按照悬浮方式，磁悬浮列车可分为常导型磁悬浮列车系统（电磁吸引式，简称EMS式）和超导型磁悬浮列车系统（电动排斥式，简称EDS式）。常导型磁悬浮列车是利用异名磁极互相吸引的原理实现悬浮的，其结构如图7-1所示，它的整个结构就像列车下侧伸出了两排弯曲的“托臂”，将T型磁铁轨道环抱住，轨道与“托臂”上的悬浮电磁铁相互吸引，从而实现列车的悬浮。这种方式产生的悬浮力较小，悬浮间隙一般为1厘米左右，这种磁悬浮列车的运行速度通常在每小时300—500千米范围内，适合于城际及市郊的交通运输。因为电磁铁可以通过车载蓄电池获得稳定的电力供应，所以无论是在站点停靠还是在运行状态下，这种列车都能保持稳定的悬浮。

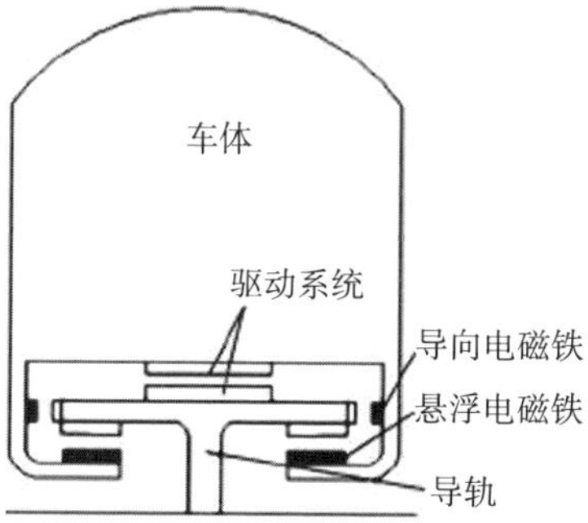

图7-1　结构示意图

超导型磁悬浮列车是利用同名磁极互相排斥的原理实现悬浮的，其结构如图7-2所示，其中铝环线圈分布在轨道的两侧，超导磁体被安装在车体的底部。

当列车运行时，铝环线圈就会切割磁感线，从而在线圈内部产生感应电流并形成磁场，轨道与列车相互排斥，从而实现列车的悬浮。超导产生的感应电流很大，可使列车悬浮到 10 厘米的高度。当列车高度降低（列车与轨道间隙减小）时，线圈的感应电流就会变大，产生的磁场增强，从而使列车又回到原来的高度，这种动态的平衡很好地维持了间隙的稳定。这个间隙与速度有关，速度越大，产生的感应电流也越大，所以为了实现稳定的悬浮，列车的速度需要达到 100 千米 / 时以上。

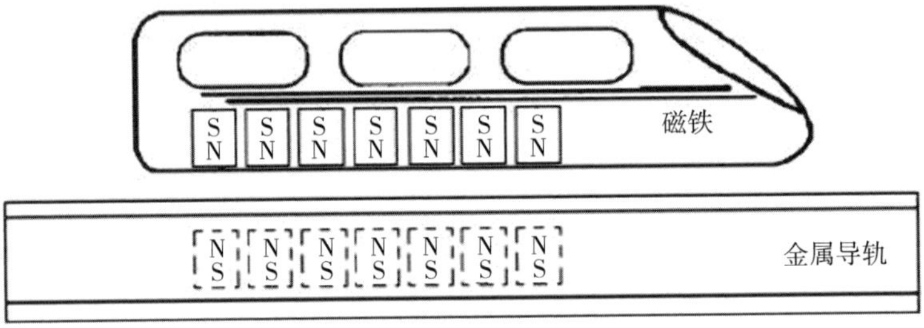

图 7-2 电动排斥式结构图

磁悬浮列车具有运行稳定、安全性高、污染小（不产生机械噪声、不排放任何废气、废物）、能效高等优点。因此，有人评价“磁悬浮列车是自约 200 年前斯蒂芬森的‘火箭号’蒸汽机车问世以来，铁路技术最根本的突破。”这一说法毫不夸张。①

① 陆一娣．磁悬浮列车的原理及应用［J］．现代物理知识，2009（6）：43-47.

第八章 世纪之交的物理学革命

第一节　经典物理学的发展及其面临的挑战

1. 新课标关于经典物理学的发展及其局限性的要求

必修模块：经典力学的局限性与相对论初步，知道经典力学的局限性，体会人类对自然界的探索是不断深入的。选修模块：19 世纪末物理学的发现对于近代物理学革命的意义。

2. 经典物理学的发展与两次物理学变革

从亚里士多德到伽利略、牛顿，物理学经历了思想与方法的变革，从基于常识的直观理解发展为模型化、抽象化的理论体系。从伽利略、牛顿到普朗克的量子力学、爱因斯坦的相对论，物理学又经历了一次深刻的思想变革，其研究范围得到极大拓展——小至微观粒子，大至宇宙尺度。这部分内容的重点在于理解第二次变革与经典物理学发展的关系，体会经典物理学家如何自觉运用经典力学的基本概念和原理构建理论体系。与物理学家的初衷相反，经典物理学的深入发展反而动摇了经典力学的基础，揭示了其在某些方面的局限性。

3. 了解经典物理学的发展及其面临的挑战的历史

这部分内容可以结合亚里士多德自然哲学被经典物理学取代的过程，以及经典物理学在发展过程中遇到的局限性与挑战来叙述，从而让学生体会人类对自然界的探索是不断深入的。

这部分内容总结了经典物理学在力学解释纲领下的发展，也分析了其面临的问题，所以是从宏观上理解物理观念、科学思维与科学探究在物理学发展中的作用的很好素材。

一、经典物理学的发展

1687 年，牛顿《自然哲学的数学原理》的出版标志着经典力学的正式建立，成为近代物理学发展的里程碑。经典力学的建立不仅代表了一种全新物理学体系的形成，更开启了一个崭新的科学时代：抛弃了亚里士多德的天地运动截然不同的信条，澄清了自亚里士多德以来一直模糊不清的力与运动的概念，明确定义了时间、空间、质量、动量等基本物理概念。

牛顿以运动三定律和万有引力定律为主线，运用微积分作为工具，巧妙地构建了一个逻辑严密的经典力学体系。这一体系不仅精确描述了天体（如行星、卫星和彗星）的运动，还完满解释了地球上的潮汐现象及其他物体的运动机制。从物理学发展历程来看，牛顿力学的辉煌成就使其成为后世力学、热学、光学、电磁学乃至原子物理学的基本概念框架，并且其思想深刻塑造了物理学家的思维方式与研究范式。

经典力学理论体系的完备性和强大解释力，使物理学家深信一切现象均能够用力学规律来描述。只要给出系统的初始条件，就能够毫无遗漏地把握它的因果关联。牛顿早在《自然哲学的数学原理》中就把宇宙看作符合力学原理的机械图像。他在该书第一版序言中写道："正如用万有引力推演出行星、彗星、月球和潮汐的运动一样，我希望能够用同样的方法从力学原理推导出自然界的其他许多现象。"惠更斯在 1690 年说："在真正的自然哲学中，所有自然现象的原因都应该通过力学原理来阐述——依我之见，这是我们必然的选择"。拉普拉斯则在 1812 年所著的《概率解析理论》绪论中，对机械决定论做出了经典表述："我们必须把目前的宇宙状态看作是它以前状态的结果及其以后发展的原因。如果有一种智慧能了解在一定时刻支配着自然界的所有力，了解组成它的实体的各自的位置，如果它还伟大到足以分析所有这些事物，它就能够用一个单独的公式概括出宇宙万物的运动，从最大的天体到最小的原子，都毫无例外，而且对于未来，就像对于过去那样，都能一目了然。”①

经典力学的成功使学界毫无保留地接受了这一理论体系，并把它看作是科学解释的最高权威和终极标准。直至19世纪末，经典力学始终作为物理学家在各个研究领域中的基本纲领。我们从物理学的多个分支学科的发展史中可以看到这一特征。

声学在早期几乎是独立地发展的，自牛顿时代起，力学原理开始被系统性地应用于声学研究。在这一理论框架下，声音被明确定义为弹性介质中传播的机械振动。热学是继经典力学之后发展起来的又一个经典力学框架下成功的理论体系。热现象的研究起初是以“热质”这一力学模型为先导的。19世纪中叶，克劳修斯、麦克斯韦、玻耳兹曼等人利用统计方法，把热学宏观物理量解释为相应微观分子或原子运动的统计平均值。由此，热力学与统计力学相继在经典力学的基础上得以建立和完善。光学的发展同样深受经典力学的影响。牛顿本人一开始就试图把他的力学观念用于光学研究，提出光是由惯性微粒组成的假说，用以解释已知的光学现象。虽然牛顿以后的200年间，光的微粒说和波动说始终存在争论，但是即便在波动说取得优势后，研究者仍需借助牛顿运动定律来描述连续介质中的光波传播。电磁现象

> 内容解读
>
> ★★★
>
> 这里概括提炼了前面几章的内容。目的在于了解经典力学在各分支学科上取得的成就。更重要的是体会力学解释纲领在各分支学科的应用。正像惠更斯所言：“所有自然现象的原因都应该用力学用语来思考”，而且取得了伟大的成就。
>
> 物理学家关于自然现象的探讨始于不同物理现象有不同的物质本质，终于各种力、热、光、电磁的本质上的统一。其中世界物质构成观点、力与相互作用观点、能量的观点贯穿物理学发展的整个过程。

① 李醒民. 激动人心的年代［M］. 成都：四川人民出版社，1984：7-8.

的早期研究是建立在“电流体”和“磁流体”两种力学模型的基础之上。电磁学从真正进入定量研究的第一天起就打上了力学的印记。库仑定律本身就是对万有引力定律的类比。后来，法拉第、麦克斯韦、赫兹在电磁学的发展史上谱写了动人的三部曲。1831 年，法拉第发现了电磁感应定律，并首次把“场”这一崭新的概念引入物理学。1864 年，麦克斯韦把法拉第等人的研究成果概括为一组优美的偏微分方程式，并由此预言存在着电磁波，其传播速度等于光速，而光不过是波长在某一狭小范围内的电磁波。1887 年，赫兹用实验证实了电磁波的存在，确认电磁波和光波一样，同样具有波动性。受力学思维影响，物理学家假设存在一种充满空间的特殊物质“电磁以太”，认为电磁波通过以太的机械振动传播。

经典物理学取得的辉煌成就使得当时多数物理学家确信物理学大厦已经基本完成。美国著名物理学家迈克尔逊就持有类似的观点。1888 年，在美国科学促进协会克利夫兰会议上，时任物理组副主席的迈克尔逊谈及光学领域时表示：“可以肯定地说，光学领域的重要事实和基本定律，以及其主要应用方向，都已被充分掌握。光学研究未来发展的动力已不复存在。”6 年后，他再次重申了这一观点：“虽然不能断言物理学未来不会出现比过去更令人惊奇的发现，但极有可能的是，绝大多数基本原理都已牢固确立，后续发展将主要集中于把这些原理系统地应用于各类现象的研究。”

1932 年，德国物理学会在柏林举行特别庆典，庆祝普朗克从事科学活动五十周年。普朗克在答谢致辞中回顾了自己的学术历程：“我的科学生涯始于慕尼黑大学时期。当时，我向导师约里表明立志投身理论物理研究的决心。约里教授却反问道：‘年轻人，你为什么要选择葬送自己的前途？理论物理学已经走向终结——基本微分方程早已确立，其解法体系也已完善，剩下的工作不过是计算一些特殊情形。这样的领域，值得你奉献一生吗？’”1894 年，正在攻读研究生的密立根也收到过师长们同样的职业忠告。

19 世纪末，不少物理学家都持有一种态度，即经典物理学已经完美无缺了，所有值得知道的东西都已经知道了。这种对经典物理学的笃信已超越理性认知范畴，呈现出类似科学崇拜的特征。

不过，这种情况很快遇到了挑战。首先是从哲学上，然后是从新理论、新实验的发现中对经典力学提出了挑战。哲学上，马赫看出了经典力学理论框架的局限性。他于1883年出版了他的历史性著作《力学及其发展的批判历史概论》，对经典力学进行了全面的、深入的批判，其核心是对经典力学先验论和机械自然观的批判，对认识经典力学的局限性有积极作用。① 与此同时，19世纪末一系列新的实验发现，如黑体辐射、光电效应等，直接冲击了经典物理学的理论基础使经典力学面临了严峻的挑战。

二、19世纪末的三大发现

19世纪末的物理学已经发展到了相当高的水平，经典物理学以经典力学、电磁场论和经典统计热力学为三大支柱，达到了完整、系统和成熟的阶段。当时，不少物理学家形成了这样普遍的看法：物理学的大厦已经基本建成，绝大多数重要的基本原理已经确立，物理学理论上一些根本性的、原则性的问题已经得到解决，今后的任务只是进一步精确化的问题，即在一些细节上做些补充和修正。

当物理学正沉浸于经典理论的辉煌成就时，一系列突破性的实验发现却打开了微观世界和高速领域的新视野。X射线、天然放射性现象和电子的发现，有力冲击了原子不可分、质量不可变的传统观念；原子光谱和黑体辐射等实验事实，表现出与经典物理学理论的尖锐矛盾。物理学的实验进展把经典物理学推向了严重的“危机”。

1. X射线的发现

物理学革命的序幕也许可以说是由X射线的发现揭开的。X射线的发现迅速引起了连锁反应，从此以后一系列发现纷至沓来。“原子不可分、不可变”的传统观念受到了严重的冲击。X射线的发现源于真空放电和阴极射线的研究。

我们现在知道，X射线是原子内层电子受激发产生的高能电磁辐射。1880年，主张以太说的戈德斯坦在研究阴极射线时就注意到阴极射线管壁上会发出一种特殊的辐射，使管外的荧光屏发光。由于他坚持“阴极射线是以太的波动”

① 李醒民. 激动人心的年代［M］. 成都：四川人民出版社，1984：49.

的错误理论，将此现象简单归因于以太效应，错失了深入研究的机会。1887 年，研制了阴极射线管（克鲁克斯管）的克鲁克斯也曾多次发现未曝光的底片异常变黑，却误判为底片质量问题而退还厂商。牛津大学物理学家斯密士注意到存放在阴极射线装置附近的底片会莫名变黑，仅采取更换存放位置的简单处理。1890 年 2 月 22 日，美国宾夕法尼亚大学的古茨彼德意外获得历史上首张 X 光照片（硬币影像），却未予重视，将底片丢弃。直到 1896 年伦琴公布发现后，古茨彼德才追忆起这一重要实验。1894 年，汤姆生在测量阴极射线的速度时，明确记录到放电管数英尺外的玻璃发出荧光，但因专注于主要实验目标，仅在论文脚注中提及此现象。

德国物理学家莱纳德发现了阴极射线可以穿透金属。这一重要发现引起了伦琴的关注，促使他开展系统的阴极射线研究。1895 年 11 月 8 日，伦琴偶然发现在操作阴极射线管时，附近一块亚铂氰化钡荧光屏放出了荧光。经过反复实验，伦琴认识到这种现象不是直接由阴极射线产生，而是一种新的射线，它具有极高的穿透力。由于当时无法确定其本质，伦琴依照科学传统将其命名为“X 射线”。

伦琴在 1895 年 12 月 28 日发表了题为《论一种新射线》的论文，总结了他的发现。他在论文中主要总结了 X 射线的穿透性，以及它与阴极射线和可见光的区别。文章记载，他将一个克鲁克斯管用黑色硬纸板包好，放在暗室中，在 1 米距离外观察到涂有亚铂氰化钡的荧光屏发光。伦琴发现，0.2 毫米厚的铂板可让这种新射线部分通过，铜板还可厚一些，而 1.5 毫米厚的铅板对它就完全不“透明”了。伦琴有一次把手放在阴极射线管和荧光屏之间，荧光屏上出现了清晰的手背阴影。他由此得出结论：物质的密度是限制这种射线通过的关键因素，原子量愈低的物质对于射线愈透明，如氢气比空气透明；反之就愈不易让射线通过，如铅可以有效地拦断它的道路。①

伦琴在初期实验中未能认识到 X 射线的辐射危害。他通过直接注视激活的阴极射线管，证实人眼视网膜无法感知 X 射线，并错误推断眼内介质对射线完

① 宋德生，李国栋. 电磁学发展史［M］. 南宁：广西人民出版社，1996：374.

全透明。这一结论在 1896 年中期被多位研究者的灼伤报告推翻，促使伦琴在后续实验中采取防护措施。

伦琴还发现，除亚铂氰化钡外，普通玻璃、岩盐、方解石及钨酸钙等物质在 X 射线照射下均会产生荧光。

为验证 X 射线是否属于阴极射线，他利用 3000 高斯磁场进行偏转实验，测得 X 射线的偏转角小于 0.1°，而阴极射线在同等条件下偏转超过 15°。伦琴由此得出结论：X 射线虽由阴极射线撞击玻璃壁产生，但其本质不同于阴极射线。

伦琴设想 X 射线很可能是像紫外线一类的不可见光，然而他却没有发现 X 射线具有光的一般特性，如反射、折射等。在无法用现有理论解释的情况下，他推测其可能属于以太的纵向振动。但他在正式论文中保持谨慎，仅确认该射线：由阴极射线撞击产生；具有强穿透性；能使荧光物质发光。

1896 年 1 月 1 日，伦琴将研究成果寄往欧洲主要实验室，某手部 X 光照片经维也纳《新自由报》1 月 5 日报道后引发公众轰动。1901 年，诺贝尔奖委员会基于该发现对物理学和医学的革命性影响，授予伦琴首届诺贝尔物理学奖。X 射线的发现标志着一个新时期的开始，伦琴幸运地成了这个时期的开拓者。①

2. 放射性的发现

伦琴的工作开拓了一个奇妙的新领域，它直接导致了放射性的发现，这是一种合乎逻辑的历史继续。公众被 X 射线的魔力所吸引，科学家开始冷静地思考一些更深刻的问题。

1896 年年初，彭加勒收到伦琴寄给他的论文和照片，并在 1 月 20 号的法国科学院会议上展示了这些资料。由于 X 射线的产生与真空管强烈的磷光有关，彭加勒提出：被日光照射而发磷光的物质也应发出一种不可见的、有穿透力的、类似于 X 射线的辐射。彭加勒的报告给他的同事贝克勒尔留下了深刻印象。会议之后，贝克勒尔立即开始进行这方面的研究，以检验彭加勒的假设。

① 李醒民．激动人心的年代［M］．成都：四川人民出版社，1984：105.

贝克勒尔在研究铀盐的实验中，首先发现了铀原子核的天然放射性。[①] 在进一步研究中，他发现铀所放出的这种射线能使空气电离，也可以穿透黑纸使照相底片感光。他还发现，外界压强和温度等因素的变化不会对实验产生任何影响。贝克勒尔的这一发现意义深远，它使人们对物质的微观结构有了更新的认识，并由此打开了原子核物理学的大门。

1898 年，居里夫妇又发现了放射性更强的钋和镭。因阐明放射性本质，居里夫妇和贝克勒尔共同获得了 1903 年诺贝尔物理学奖。此后，居里夫人历经 4 年提纯，于 1902 年获得 0.1 克纯氯化镭（放射性达铀的 260 万倍），这项成就使其又获得了 1911 年诺贝尔化学奖。在贝克勒尔和居里夫妇等人研究的基础上，后来又有人陆续发现了其他许多放射性元素。

那么，放射性现象的本质到底是什么？英国物理学家卢瑟福在 1899 年就发现，放射性物质放出的射线不是单一的，包含三种成分：带正电荷的 α 射线（+2e 电荷，后被证实为氦核）、带负电荷的 β 射线（高能电子，穿透力强），以及 γ 射线（中性电磁辐射）。如果让射线通过磁场或电场，那么这三种射线就分得一清二楚了：偏向另一方、偏转角度较小的是 α 射线；偏转角度很大的是 β 射线；不发生偏转的是 γ 射线。

1900 年，多恩在镭制剂中发现惰性气体氡，根据这一事实，卢瑟福和索迪于 1902 年提出了一个大胆的假说。他们认为，放射性元素的原子并非永恒稳定而是会自发地发生蜕变，释放能量并发射射线（α 射线或 β 射线）最终转变为另一种元素。该理论直接推翻了"原子不可分"的传统认知。

3. 电子的发现

电子发现源于 19 世纪气体放电研究。1858 年，德国物理学家盖斯勒发明了高真空放电管，其合作者普吕克研究气体放电现象时发现，在放电管正对阴极的管壁上发出绿色荧光，但他当时并没有对这一现象进行解释。1876 年，另一位物理学家戈德斯坦通过多孔阴极实验确认射线源自阴极，并将其命名为

① 放射性是指元素从不稳定的原子核自发地放出射线（如 α 射线、β 射线、γ 射线等），而衰变形成稳定的元素而停止放射（衰变产物），这种现象称为放射性。

"阴极射线"。①

对阴极射线的本质是什么一直存在争论，形成了电磁辐射说和带电微粒说两种对立观点。德国学派（赫兹、勒纳德等）基于射线穿透金属箔等实验主张电磁辐射说，但其理论无法解释克鲁克斯 1879 年的动量测量。英国学派（汤姆生等）通过改进真空技术和精确测量，最终在 1897 年测定射线荷质比，发现电子。这场争论虽因德国学派固守以太理论而延长，但催生了真空技术、粒子探测等关键方法，为现代粒子物理学奠定了基础。下面具体介绍两种不同的观点发展过程。

多数德国物理学家认为阴极射线是电磁辐射。

戈德斯坦认为阴极射线是电磁辐射，他的依据是阴极射线能引起化学反应，与紫外线作用相同，并且在阴极和管壁间放置物体，阴极射线在管壁上会形成影像，并且阴影区的边界较模糊。

赫兹在 1887 年曾发现电磁波，他把阴极射线看作电磁辐射。赫兹的核心依据有三：射线连续发射、电场不偏转、可穿透金属箔。这些结论因当时技术限制（真空度不足、缺乏电荷检测手段）和理论假说（电磁以太说）而存在根本缺陷。

多数英法物理学家认为阴极射线是带电粒子流。

1871 年，英国物理学家瓦尔利基于阴极射线在磁场偏转的事实，提出此射线是由带负电的物质微粒组成的猜想。他的主张得到本国物理学家克鲁克斯和舒斯特等人的赞同。克鲁克斯通过云母风车实验证实阴极射线具有动量，却错误地认为阴极射线是残余气体分子撞到阴极，因而带上了负电，又在电场中运动形成的"分子流"。

1894 年，勒纳德对阴极射线管做了重大改进，发明了"勒纳德窗"，可以将阴极射线引出窗外研究，但其观测到的微弱穿透被错误解读为波动性证据。1895 年，法国物理学家佩兰的改进实验直接捕获射线携带的负电荷，证实其粒子性。

① 宋德生，李国栋. 电磁学发展史［M］. 南宁：广西人民出版社，1996：366.

英国剑桥大学卡文迪什实验室教授汤姆生从1890年起就带领自己的学生研究阴极射线。克鲁克斯和舒斯特的思想对他影响很大。他认为带电微粒说更符合实际，决心用实验进行周密考察，找出确凿证据。为此他进行了以下几个方面的实验：

（1）直接测阴极射线携带的电荷。用磁场使射线偏折，当磁场达到某一值时，接收器接收到的电荷猛增，说明电荷确是来自阴极射线。

（2）使阴极射线受静电偏转。汤姆生重复了赫兹的静电场偏转实验，起初也得不到任何偏转。后来经仔细观察，注意到在刚加上电压的瞬间，射束轻微地摆动了一下。他马上领悟到，这是由于残余气体分子在电场的作用下发生了电离，正负离子把电极上的电压抵消了。显然，这是由于真空度不够高的原因。于是，他在实验室技师的协助下努力改善真空条件，并且减小极间电压，终于获得了稳定的静电偏转。

（3）用不同方法测阴极射线的荷质比。证明电子存在的普遍性。汤姆生用不同材料的阴极和不同的气体做实验，所得的荷质比数值都是相同的，这说明不同物质都能发射同样的带电粒子，与电极材料无关，与气体成分也无关。他在这里第一次突破了克鲁克斯关于阴极射线是由阴极材料发射出的同类带电原子的思想局限。

（4）根据实验推测了阴极射线粒子的质量小于氢原子质量，而电量与氢离子的大致相同。

1897年4月30日，汤姆生向英国皇家研究所报告了自己的工作，随即又以《论阴极射线》为题发表论文，其中写道“阴极射线的载荷子比起电解的氢离子，荷质比值小得多。”只有把阴极射线的载荷子看成比普通分子小得多，才能解释阴极射线透过薄铝片的事实。接着，汤姆生和他的学生们用几种方法直接测到了阴极射线载荷子所带的电量，证明的确跟氢离子的带电量相同。1899年，汤姆生采用斯坦尼的“电子”一词来表示他的“载荷子”。“电子”原是斯坦尼在1891年用于表示电的自然单位的。①

① 郭奕玲，沈慧君. 物理学史［M］. 北京：清华大学出版社，1993：184-186。

电子的发现打破了原子不可分的经典的物质观，向人们宣告原子不是构成物质的最小单元，它具有内部结构，是可分的。19 世纪末的三大发现打开了原子的大门，开辟了原子物理学的崭新研究领域。

三、“以太漂流”实验和“紫外灾难”

1. 以太漂移实验——判决性实验

理论批判固然对深刻认识经典力学有重要的作用，但是物理学的正确与否，必须用实验来检验。

1900 年 4 月 27 日，英国著名的物理学家威廉·汤姆森做了题为《在热和光动力理论上空的 19 世纪乌云》的长篇讲演，指出经典物理学本来十分晴朗的天空上出现了两朵乌云。

汤姆森所称第一朵乌云指的是迈克尔逊－莫雷实验对以太漂移的零结果测量。经典物理学统一诸种物理现象的主要方式，是找出该类物理现象的一个力学模型。例如，当我们把声音看成是声源振动在介质中的纵向传播时，就将声学统一在关于振动的力学之中；当我们把热看成是微观粒子的运动之后，就将热学统一在关于大量分子运动的力学之中。电磁学似乎与力学距离较远，但也有统一它们的方式。比如，我们同样可以将电磁波看成是某种电磁振荡在假想的“以太”中的传播，如果这种模型是成立的，那么，电磁学与力学之间也可以统一起来了。事实上，19 世纪的物理学家就是这么做的，因为在他们看来“一切物理现象都能够从力学的角度来说明，这是一条公理，整个物理学就建造在这条公理之上”。① 汤姆森也说：“我的目标就是要证明，如何建造一个力学模型，这个模型在我们所思考的无论什么物理现象中，都将满足所要求的条件。在我没有给一种事物建立起一个力学模型之前，我是永远也不会满足的。如果我能够成功地建立起一个模型我就能理解它，否则我就不能理解。”②

力学模型的研究方法在 19 世纪已经深入人心，但是用力学振荡模型来解释

① 李醒民. 激动人心的年代［M］. 成都：四川人民出版社，1984：28.
② 李醒民. 激动人心的年代［M］. 成都：四川人民出版社，1984：27.

电磁现象面临的一个主要问题是，电磁波在什么介质中传播。我们知道，声波的传播需要具体介质，如空气、水或固体物质等，没有这些介质声波便无法传播。然而，电磁波的传播介质种类长期未能确定。赫兹在 1887 年的实验表明，电磁波在真空中也能传播，这说明其介质不同于常规物质。关于这种特殊介质的理论探索可追溯至古代，亚里士多德在《论天》中提出，天上的物质构成与地上的四元素构成不同，是由第五种元素“以太”构成。17 世纪，笛卡尔曾经借用“以太”一词，提出过一种处处充满以太流体的宇宙模型。到 19 世纪，物理学家将这一概念发展为电磁以太理论，认为电磁波是通过假想的“以太”介质传播的。

从 19 世纪初光的波动说重新确立以来，物理学家一直对传播光的介质——以太争论不休，其中核心问题是以太的物理属性：是否具有质量？是否会对运动物体产生阻力？其密度如何估算？这些问题都难以解答。例如，行星运动中未观测到阻力迹象，这与以太阻力假说产生矛盾。

更关键的问题是以太漂移问题。如果确实有以太存在，那么最好是假定它相对于太阳静止而相对于地球运动，因为只有这样才能很好地解释光行差现象。然而，如果以太相对于地球运动，那么理论上应该可以通过某种方式探测出来。1879 年，著名物理学家麦克斯韦提出了一种探测方法：让光线分别在平行和垂直于地球运动的方向等距离地往返传播，由于地球的运动推测平行于地球运动方向所花的时间将会略大于垂直方向的时间。

1881 年，美国实验物理学家迈克尔逊根据这一思路设计了第一代干涉仪实验，但未发现任何时间差。1887 年，迈克尔逊与美国化学家莫雷合作改进实验装置，以更高精度重复实验，得到的却依然是“零结果”。

那么，纳入经典力学框架中的光的波动理论该如何解释？按照波动理论，光被解释为宇宙空间的以太中的振动，而以太漂移实验的

> **内容解读**
>
> ★★★
>
> 经典力学遇到的最大困难：在经典力学的框架下电磁波的传播如同声波等机械波的传播一样需要介质——以太，但是实验又无法证明以太的存在。理论与实验产生了巨大的矛盾。

"零结果"，则意味着没有以太。实验与理论之间存在着巨大的矛盾。

2. 紫外灾难

"紫外灾难"是经典热力学在解释黑体辐射能量分布时出现的理论困境。那么什么是"黑体"？

"黑体"是指理想化的吸收体，能够在热平衡状态下吸收所有入射的电磁辐射（无论频率、偏振或入射方向）。例如一个空心的球体，内壁涂上吸收辐射的涂料，外壁上开一个小孔。那么，因为从小孔射进球体的光线无法反射出来，这个小孔看上去就是绝对的黑色，即是我们定义的"黑体"。

19 世纪末，黑体辐射问题成为理论物理研究的核心课题。其实，热辐射与温度的关联早在 18 世纪就已引起注意。比如金属，把一块铁放在火上加热，到了一定温度，它会变得暗红起来（其实在这之前有我们看不到的红外线辐射），温度再高些，它会变得橙黄，而到了极度高温的时候，如果能想办法不让它汽化，那么可以看到铁块将呈现蓝白色。也就是说，物体的辐射能量、频率和温度之间有着一定的函数关系。问题是，物体的辐射能量和温度究竟有着怎样的函数关系呢？德国物理学家威廉·维恩在一个偶然的机会中开始了相关研究。

威廉·维恩 1864 年 1 月 13 日出生于普鲁士王国东普鲁士省的菲施豪森（今俄罗斯普里莫尔斯克），是当地一个农场主的儿子。1882—1886 年，他先后就读于哥廷根大学、海德堡大学和柏林洪堡大学。1886 年，他在赫尔曼·冯·亥姆霍兹指导下获博士学位。1890 年，维恩受聘为柏林帝国物理技术研究所的研究员就是在柏林的这个实验室里，他准备一展自己在理论和实验物理方面的天赋，彻底解决黑体辐射这个问题。

维恩从经典热力学的角度出发，假设黑体辐射由服从麦克斯韦 - 玻尔兹曼速率分布的分子发射，通过精密的理论推导，于 1896 年提出了他的辐射能量分布公式。实验验证表明，该公式在短波（高频）区域与观测数据符合得很好，但在长波（低频）区域，实验观测和理论数据存在显著偏差。实验得出的结论是在长波范围内能量密度与绝对温度成正比，当波长趋近无穷大时，能量密度与温度无关。

维恩辐射定律在长波区的失效引起了英国物理学家瑞利和金斯的兴趣。二人基于经典电磁理论与能量场分定理，推导出热平衡下的辐射公式（即瑞利－金斯公式）。但是，该公式呈现出严重的理论矛盾：在长波区与实验数据高度吻合，弥补了维恩公式的缺陷；在短波区，当波长趋于0，也就是频率趋向无穷大时，能量密度趋于无穷大。这意味着，黑体在高频段将释放无限能量。

这一推论显然是与物理现实矛盾的。1908年，奥地利物理学家埃仑费斯特将这一矛盾命名为“紫外灾难”。① 这一戏剧性术语后来成为经典物理学危机的标志性符号。至此，黑体辐射理论陷入两难：维恩公式虽能精确描述短波（高频）行为，但在长波区失效；瑞利－金斯公式虽符合长波实验，却在短波区预测出无限能量。

黑体辐射引发的“紫外灾难”带来了量子论革命的爆发。

四、经典物理学潜在的局限性

经典物理学是物理学家基于牛顿力学体系的核心概念（如绝对时空、质点运动）构建的理论体系。但是，随着研究的深入，经典物理学的发展反而动摇了其自身的基础，逐步暴露出经典力学的某些局限性。

18—19世纪，经过反复检验，牛顿力学在每次挑战面前都站住了脚，一直准确到定量的细节。事实上，它如此强有力、如此精确，使得科学家开始把它作为终极和绝对意义上的真理接受下来。但是科学从来不是绝对的。即使一个科学原理经过了反复证实，它仍有待新实验的不断检验。

19世纪末，开始有与经典物理学不调和的实验结果出现。经典物理学在四种极端情况下，即在高速领域（速率接近光速）、强引力场、宇宙学尺度（距离超过10亿光年）、微观尺度（距离小于1埃）时，给出的预测与实验结果出现显著偏离。1905—1915年间，物理学界相继建立了三个革命性理论，分别是狭义相对论、广义相对论和量子力学。

① 曹天元. 上帝掷骰子吗？量子物理史话［M］. 北京：北京联合出版公司，2017：37.

实验观测表明，牛顿运动定律和牛顿时空观在高速下失效。牛顿理论与实验之间的不一致在低速情况下不明显，但随着速率增大，误差变得越来越大。非牛顿效应在汽车、喷气式飞机，甚至在以大约 10 km/s 的速率沿轨道运动的人造地球卫星的运动中，都难以发现。但是，当速度达到 30 000 km/s（约光速的 1/10）时，牛顿力学的预测结果与实际结果偏差大约为 0.5%；在接近光速时，牛顿力学的偏差会更大，科学家在很长一段时间内都没有注意这些非牛顿效应，主要是因为日常生活中常见的物体运动速度远低于光速，而且牛顿力学在低速宏观领域具有很高的准确性和实用性。狭义相对论在一切速率（包括低速和高速）下都给出正确的预言。在速率明显小于光速时，狭义相对论的预言变得与经典物理学的预言没有什么差别。

实验观测同样表明，牛顿万有引力定律、牛顿运动定律和牛顿时空观，对于受到很强的引力作用的天体以及在很大尺度宇宙中的物体的预测都是不准确的。例如，水星轨道近日点的进动现象无法完全用牛顿引力理论解释。在中子星和黑洞附近的强引力场中，非牛顿引力效应十分明显。广义相对论将引力视为时空弯曲的表现，能够更好地解释这些极端条件下的物理现象。

实验观测还表明，牛顿运动定律在分子及更小尺度的微观世界中完全失效。量子力学的理论框架则能准确描述从微观粒子到宏观物体的所有物理现象。不过，对于足球、苹果这类日常宏观物体，量子理论的预言结果与经典牛顿力学几乎完全一致。

图 8–1 是用图示法表示力学有效范围的一种方式。纵轴代表单个物体运动速率。狭义相对论预言物体运动速率不能比光速更快，所以大于这个数值的速率是不容许的。横轴表示单个物体的特征尺寸（大小和距离）。因为一条叫作“量子不确定性”的原理预言，物体不能既小又运动得慢，所以在图的小尺寸和低速率的一角还有另一个禁区。从图上可以看出宇宙并不完全是牛顿式的。牛顿力学在描述地球上的普通物体运动时极为成功，但在量子世界中，因果关系呈现出概率性而非绝对确定性。牛顿力学并非完全失效，而是在特定条件下需要被更广泛的理论（如相对论和量子力学）所替代。

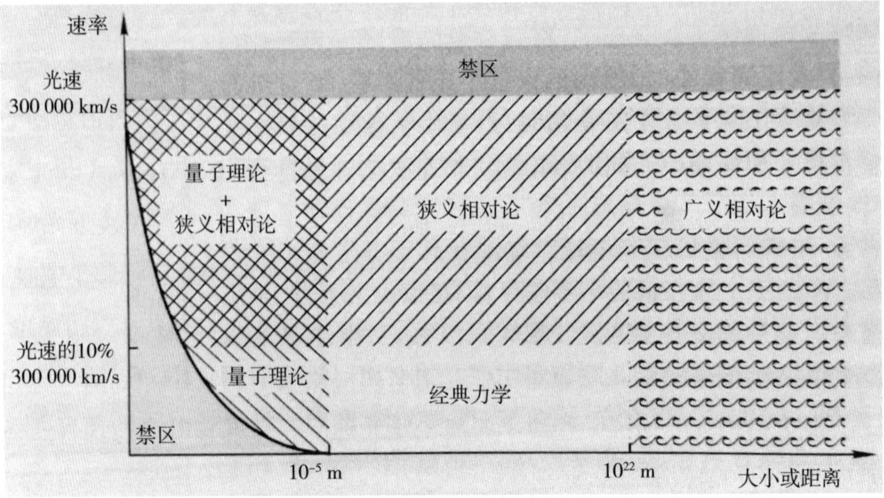

牛顿物理学对地球上通常现象是正确的，而对很小的物体，很大的物体和很快的物体都失效，牛顿物理学对很强的引力（如中子星和黑洞附近）也失效。量子论和相对论适用于迄今观察的全部现象。这个图是示意性的和近似性的。图与这部分内容均来源于霍布森和秦克诚等译的《物理学的概念与文化素养》。

图 8-1　力学有效适用范围

第二节　爱因斯坦与相对论

1. 新课标关于量子论与相对论历史的要求

相对论部分的新课标要求如下：了解经典力学的局限性与相对论的基础知识；初步理解相对论时空观，知晓质能关系的意义，把握相对论与量子论对人类认识所产生的影响；了解广义相对论的核心思想、主要结论以及观测证据。量子论新课标要求：知道光是一种电磁波，知道光的能量是不连续的，通过关于波粒二象性的讨论，初步了解微观世界的量子化特征。体会量子论的建立对人们认识物质世界的影响；了解量子概念相关史实，思考具有革命性的物理观念的提出对人类认识自然的影响。

2. 中学生为什么要了解量子论与相对论简要历史

量子论和相对论是现代物理学的两大支柱理论，反映了20世纪物理学的最伟大成就，也是当今科技和工业发展的重要理论基础。高中生学习近现代物理的一些初步知识是颇具裨益的，不仅有助于学生建立完整的物理知识体系、了解现代物理思想方法，而且有助于学生理解科学、技术、社会之间的关系。同时，通过学习经典物理学、现代物理学发展的简要历史更能体会经典物理学的局限性，更能体会人类认识是不断深入的。量子论与相对论比经典物理学更抽象，更难于理解。再加上中学物理学在内容设置上，经典物理与相对论、量子力学的内容之间的联系不够紧密，教师在知识的衔接和过渡上可能出现断层，甚至使得教师感到无从下手。物理教学上的这些特殊困难，使得认识这部分历史有特别重要的意义和作用。另外，结合物理学史教学还有助于避免学生对概念的理解陷入误区。

3. 了解量子论、相对论的历史

从课标的要求来看，高中对现代物理知识的要求绝大多数处于“了解”的层次。因此，在教学中一定要讲得通俗、浅显，但应讲解清晰、透彻，不失其科学性。这部分内容需要结合经典力学的局限性，从历史发展的逻辑线索追溯概念、理论产生的背景及其方式，让学生真正理解相对论与量子论的基本思想。

为解释以太漂流实验的“零结果”，1889年爱尔兰物理学家菲茨杰拉德首次提出运动物体收缩假说。该假说认为：在运动方向上，物体的长度会发生收缩，收缩比例恰好抵消光学实验中的以太漂移效应。1892年，荷兰物理学家洛伦兹也独立提出相同假说，并进一步建立了完整的数学形式——洛伦兹变换。该变换使运动与静止参照系中的麦克斯韦方程组保持不变，并且在保留以太概念的前提下，为经典物理体系提供了暂时的自洽解释。而且洛伦兹引入新的理论，如运动物体质量随速度增加，将光速视为速度极限。

法国数学家、物理学家彭加勒是相对论发展史上的先驱者。1895年，在《论

> 核心素养的培养
>
> ★★
>
> 这部分内容的重点在于体会基于事实证据和科学推理对已有观点和结论提出质疑、批判、检验和修正的过程，进而提出创造性见解。这一过程有助于加强科学思维的训练。

拉摩的动力学理论》一文中，他已经以其深刻的物理直觉和哲学洞见，为以太问题的解决指出了新的方向。他认为，像洛伦兹这样为实验不断引入特殊假设是不合适的，以太漂移实验的零结果应该被看成是如下原理的自然结果，即用任何实验手段都不可能测量到物质的绝对运动，所有实验都只能揭示物质的相对运动。

1902年，在《科学与假设》中，彭加勒把这个原理称为“相对性原理”。此外，他提出“光速不变”是一个不能诉诸实验检验的公设，同时还讨论了同时性问题。①

洛伦兹的工作主要是对旧体系的修正，彭加勒的工作也只给出了一个概念框架，真正揭开物理学革命序幕的是爱因斯坦。

一、狭义相对论

早在16岁时，爱因斯坦就在思考如果一个人以光速运行，他将看到一幅什么样的世界景象。电磁波是否会像凝固了那样静止不动呢？如果是那样，电动力学就无法成立。然而，电动力学的麦克斯韦方程似乎只对一个绝对静止的参考系（即以太参考系）成立，这与牛顿力学的惯性系等效原理相矛盾。牛顿定律在所有惯性系中都成立，而伽利略将这种等效性称为相对性原理。他指出，一个坐在船舱里的人无法通过任何物理实验判断船是否在做匀速直线运动。可是，电动力学为什么不遵从伽利略的相对性原理呢？这些问题引起了爱因斯坦的关注，并促使他深入思考，形成了自己独特的见解。1905年，爱因斯坦在德国《物理学年鉴》上发表了5篇论文，其中的3篇具有划时代意义。

第1篇论文发表在《物理学年鉴》，是关于光电效应的。当时人们已经发现，金属在光的照射下可以发射出电子，但奇怪的是，能发射出的电子数量与

---

① 吴国盛. 科学的历程（第二版）[M]. 北京：北京大学出版社，2002：427-429.

光的频率而不是光的强度有关，这与经典物理学的解释相矛盾。爱因斯坦在论文中提出光是由能量量子化的粒子（光子）组成，成功解释了光电效应现象。由于这篇论文，爱因斯坦获得了 1921 年的诺贝尔物理学奖。

第 2 篇论文也发表在《物理学年鉴》，是关于布朗运动的。布朗运动是 1827 年英国植物学家布朗发现的显微镜下花粉颗粒的无规则运动，长期以来得不到解释。爱因斯坦在论文中从数学上详细解释了布朗运动，认为这是由液体分子的不规则运动撞击花粉颗粒引起的。

最伟大的成就是第 3 篇论文《论动体的电动力学》。在这篇论文中，爱因斯坦提出了举世闻名的相对性理论，即狭义相对论。这是他多年来思考以太与电动力学问题的结果。他把同时性的相对性这一点作为突破口，建立了全新的时间和空间理论，并在新的时空理论基础上给动体的电动力学以完整的形式。以太概念不再是必要的，以太漂移问题也不再存在。迈克尔逊 - 莫雷实验的零结果证明了所谓以太漂移是虚幻的。

> **内容解读**
>
> ★★★
>
> 相对论时空观与经典力学时空观的根本区别。
>
> 牛顿力学认为存在一个普适的时间，它对不同地点、不同参照系都同样适用，因此，说两个事件同时发生就带有绝对性。但是绝对时间是不可观测的，时间与空间不再是独立不倚的两个东西，而是相互不可分割的统一体中的两个方面。

何谓同时性的相对性？不同地方的两个事件我们何以知道它们是同时发生的呢？这个问题看似平常，却至关重要。一般来说，我们会通过信号来确认。为了得知异地事件的同时性，我们就得知道信号传递的速度。为了测出一个信号的传递速度，我们必须测出两地的空间距离以及信号传递所需的时间。测量空间距离当然简单，麻烦在于测时间。我们必须假定两地各有一个已经校对好了的钟，从两个的读数差可以知道信号传播的时间。但问题在于，为了将两个处在不同地方的钟校对好又需要一种信号。这个信号能否将钟对好，这个问题也不好轻易回答。如果按我们先前的思路，它还需要一种新信号。这样无穷后推，两地事件的同时性就无法确认。但是在上述思路中，有一点是明确的，即同时性必定与一种信号相联系，否则我们说两件事情同时发生是没有意义的。

光信号可能是用来校对钟的最合适的信号，但光速不是无限大，这就会产生一个新奇的结论：对于静止的观察者同时发生的两个事件，对于运动的观察者就不是同时的。设 A、B 两地各发生了一个事件（比如发生了一次闪光），在 A、B 两地的中点 C 处的观察者由 A、B 两地发来的光信号同时到达这一点，推测两个事件是同时发生的。按定义，它也的确是同时发生的。因此地面上的每一位静止的观察者均会同意。但一个由 A 地向 B 地运动的观察者却不同意，因为也是在 C 点，他却发现 B 点的闪光先于 A 点到达，于是按定义，B 事件先于 A 事件，它们是不同时的。也就是说，同时性不是绝对的，而取决于观察者的运动状态。这一结论否定了牛顿力学所引以为基础的绝对时间和绝对空间框架。

同时性的相对性带来了一系列的物理后果，其中广为人知的是钟慢效应和尺缩效应。钟慢效应指的是，对于两个相互运动的参照系来说，处在某参照系中的观察者会发现另一参照系中的时钟走慢了。尺缩效应则是指，对于两个相互运动的参照系来说，处在某参照系中的观察者会发现另一参照系中的物体在其运动方向上缩短了。这两个效应都只是相对论效应，在本参照系中的观察者看不出这种效应。而且，相对论效应是相互的，你看见我的尺缩钟慢，我也看见你的尺缩钟慢。

爱因斯坦相对论所引起的物理学革命首先是时间和空间观革命。这场革命的本质是恢复了物理时间作为测度时间的测度本性：时间必须是一个可观测量。时间作为一个可观测量，具体体现在“同时性”和“可操作性”方面。牛顿力学认为存在一个普适的时间，它对不同地点、不同参照系都同样适用。因此，说两个事件同时发生就带有绝对性：不论两个事件发生在同一地点还是发生在不同地点，不论是从与事件相对静止的惯性系看还是从与事件相对运动的惯性系看，都是同时的。经典力学主张同时性的绝对性，但是这种同时性却缺乏一个操作定义，绝对时间是不可观测的。相对论恢复测度时间的测度本质，将时间、空间与物质运动重新联系在一起，特别是从测度的角度看，时间与空间不再是独立不倚的两个东西，而是相互不可分割的统一体中的两个方面。

钟慢效应意味着一切周期现象的节奏都变慢了，包括人的生命周期，这就引出了一个十分有趣的双生子宇航难题。假定有一对孪生兄弟，其中的一个要以接近于光速（为了充分显示相对论效应）的速度做一次宇宙航行，按照相对论效应，待在地球上的那位就会发现其兄弟的生命周期放慢，比如，自己活了 10 年，对方才过了 1 年。当然，按照相对论，在宇宙飞船上的那位，也会发现待在地球上的兄弟的生命周期放慢。因为在他看来，地球以一个与飞船速度相等的速度反向运动。现在假定，宇航结束了，两兄弟又相遇在一起了，那么他们究竟谁更老、谁更年轻？在狭义相对论的范围内，这个难题是不能解决的。但我们必须注意到，在前述问题中，地球与飞船的运动状态并不相同。飞船离开地球及最后回到地球，都需要经历一段加（减）速时期，而这是狭义相对论所不能处理的。

> 内容解读
>
> ★
>
> 这一部分需要学生注意的关键点是狭义相对论的两条基本假设。从这两条基本假设出发可以导出“同时的相对性”这一重要结论，由此，才有了“钟慢尺缩”。

只有最后引入广义相对论，这个问题才有一个最后的答案：历经加速度的那位生命周期更慢些。广义相对论将引力与加速度等效起来，而在引力场中，生命周期将会慢下来。

根据爱因斯坦的理论推出的这些结论过于离奇，一开始并未引起科学界的注意。爱因斯坦的论文最初只在德国有所反响。幸运的是，德国物理学的权威人物普朗克高度赞扬这篇论文，认为爱因斯坦的工作可以与哥白尼的相媲美。

1913 年，应普朗克之邀，爱因斯坦担任新成立的威廉皇帝物理研究所（现马克斯・普朗克研究所前身）所长，并兼任柏林大学教授。这个时期，爱因斯坦在考虑将已经建立起来的相对论进行推广。原先的理论只涉及惯性参考系，没有考虑到加速运动，因此被称为狭义相对论。

二、广义相对论

正当人们忙于理解狭义相对论时，爱因斯坦的广义相对论也快完成了。

1915 年 11 月，爱因斯坦在老同学格罗斯曼的帮助下，运用黎曼几何完成了广义相对论的最终形式。1916 年，爱因斯坦在德国《物理学纪事》上发表了总结性论文《广义相对论基础》，正式向世人展示了这一伟大理论。在这个理论中，引力是被考虑的主要问题。按照牛顿力学，物体既有惯性质量，也有引力质量。牛顿第二定律中的质量是惯性质量，而万有引力定律中的质量是引力质量。人们通常理所当然地认为它们是相等的，把它们统称为质量。可是，这种相等是偶然的吗？

狭义相对论与牛顿的万有引力理论实际上存在矛盾。在牛顿力学中，引力被视为一种“超距作用”，即引力的传递是瞬时的。这种看法与时空的相对性观念相冲突。为了解决这一矛盾，爱因斯坦将相对性原理推广到引力场中，提出了等效性原理。等效性原理指出，在局部范围内，引力场与加速度所产生的效果是完全等效的，无法区分。惯性质量与引力质量相等是等效原理的一个重要基础。

广义相对论还指出，由于有物质的存在，空间和时间会发生弯曲，引力场实际上是一个弯曲的时空。

广义相对论首先解释了水星近日点的进动。这个进动曾被预测过海王星的法国天文学家勒维耶用行星摄动的方法来解释。他根据牛顿理论推测水星附近存在一个新的行星“火神星”，就像海王星的预测一样。可是，许多年过去了，谁也没有发现什么“火神星”。爱因斯坦用太阳引力使空间弯曲的理论，很好地解释了水星近日点进动的现象。

广义相对论还预言了引力红移，即在强引力场中，光谱应向红端移动。20 世纪 20 年代，天文学家在天文观测中证实了这一点。

广义相对论的另一个预言是引力场会使光线偏转。离地球最近的大质量引力场是太阳的引力场。爱因斯坦预言，当遥远的星光掠过太阳表面时，将会产生可测量的偏转。这个预言很难验证，因为白天太阳太亮，看不到星光，而晚上能看到星光时太阳又下山了。但也有机会，那就是日全食的时候。1919 年 5 月 29 日，这个关键时机终于来了。在英国天文学家爱丁顿的推动下，英国皇家学会派遣了两支观测队：一支到非洲西部的普林西比岛，由爱丁顿本人率领；

另一支到巴西的索布拉尔，由另一位天文学家戴森带队。两支队伍成功拍摄了日全食期间的太阳照片。经过细致的测量对比，最终确认星光在太阳附近的确发生了 1.75 角秒左右的偏转与爱因斯坦的理论高度吻合。

1919 年 11 月 6 日，英国皇家学会与皇家天文台联合召开历史性会议，正式公布了两支观测队的测量结果，确认了广义相对论的结论是正确的。时任皇家学会会长汤姆生致辞说："爱因斯坦的相对论是人类思想史上最卓越的成就之一，或许是最伟大的成就。它不是发现一个孤岛，而是发现了新的科学思想的新大陆。"①

狭义相对论和广义相对论的诞生，革新了物理学的基本概念框架。近代世界图景主要由经典物理学提供，因此也可以说相对论革新了世界图景。世界图景不再是"筐子装东西"式的"时空 + 物质"模式。由于时空与物质及其运动之间发生了关联，经典物理学中时空与物质之间的二分消解了，物质运动与时间、空间成为一体。

相对论在时空观方面的革命并非完全奠基于对希腊古典科学精神的再度弘扬，而是基于对经典物理学时空观念的深刻反思和对新实验现象的解释需求。

1919 年 11 月 7 日，英国《泰晤士报》等新闻媒体广泛报道了英国天文学家的观测结果。爱因斯坦一下子成了世界名人。记者们蜂拥而至，索求签名照片的信件像雪片一样飞来。各国纷纷向他发出访问邀请。爱因斯坦每到一地，均受到国王般的礼遇。②

三、广义相对论——理解宇宙的新理论

宇宙学是对宇宙中最大的事物的研究，而粒子物理学研究的是最小的事物；科学的内在的统一性，没有比宇宙学和粒子物理学之间的相互作用表现得更清楚的了。

——爱德华·科尔布

1. 大爆炸

宇宙学是对宇宙起源、大尺度结构和演化的研究，我们正生活在宇宙学的

① 秦关根. 爱因斯坦［M］. 北京：中国青年出版社，1979：176.

② 吴国盛. 科学的历程（第二版）［M］. 北京：北京大学出版社，2002：429-435.

新课标要求

★

宇观世界中要求了解大爆炸宇宙论的理论模型及观察证据，并初步了解探索宇宙起源的其他理论。

内容解读

★★★

正如“宇宙暴胀”理论的奠基者古斯所言：“人们说，世界上没有免费的午餐这种事情。但是宇宙却是最盛大的免费午餐。”宇宙暴胀理论解释了大爆炸怎么从真空中创生出我们的宇宙。

黄金时代。宇宙学的黄金时代始于1992年，那一年“宇宙背景探测者卫星（COBE）”绘制出了早期宇宙第一幅详尽的微波背景辐射温度涨落图。做出这些宇宙学新发现的关键是那些奇妙的新观测仪器，而理解这些新发现的关键，则是广义相对论。

在把广义相对论应用于整个宇宙时，这个理论为宇宙的起源和演化提供了理论框架。这一理论的主要观点包括：大约138亿年前，宇宙从一个无限小、无限密集、无限热的奇点开始，经历了一次大爆炸，随后不断膨胀和冷却。这一过程创造了不同形式的能量和物质，从一个极小的初始状态膨胀到今天可以观测到的宇宙。大爆炸的真实性得到了多个独立观测证据的强烈支持。

第1个证据是星系退行。1929年，美国天文学家埃德温·哈勃通过观测发现所有星系都在相互远离，其退行速度与距离成正比（哈勃定律）。这一现象表明宇宙正在膨胀。若将时间倒推，约138亿年前所有物质应聚集在一个极高温高密的状态，这成为大爆炸理论的重要依据。

第2个证据是宇宙微波背景辐射。1964年，射电天文学家彭齐亚斯和威尔逊意外探测到了宇宙微波背景辐射。这是大爆炸的“余辉”，现在仍然充满整个宇宙。这个辐射的温度现在已冷却到约 –270℃。其近乎完美的黑体谱特征与大爆炸预言高度吻合。

第3个证据是宇宙微波背景辐射中的涨落。1992年，美国国家航空航天局的“宇宙背景探测者卫星（COBE）”首次探测到微波背景中十万分之一的温度起伏，2003年，“威尔金森微波各向异性探测器（WMAP）”进一步精确测量。这些微小的密度涨落正是后来形成星系和星系团结构的种子，为大爆炸理论提供了关键支持。

第 4 个证据与宇宙的初始化学元素生成有关。在大爆炸后的最初的几秒内，质子和中子开始形成。在爆炸后的 3 分钟内，宇宙的温度和密度条件适合于质子和中子聚合成更复杂的原子核。在这最初的 3 分钟结束时，大约 75% 的质子仍然以氢的形式存在，而 25% 的质子和中子结合生成了氦。此外，还产生了极少量的锂和其他轻元素。最终，宇宙中大约 75%的物质是氢，25%是氦。这些比例与现代观测结果高度一致。

2. 宇宙暴胀和宇宙简史

1979 年，美国物理学家阿兰·古斯提出了宇宙暴胀假说，把广义相对论、量子物理学和高能物理学里的观念结合起来，解释宇宙中的物质和能量如何能够通过一次发生在近于“真空”的空间中的一次高能亚微观事件，从近于一无所有的情况下被创造出来。古斯的暴胀理论假说并不直接解释宇宙的起源，但是它成功解决了标准大爆炸模型中的多个问题，例如视界问题（宇宙为何在大尺度上如何均匀）、平坦性问题（宇宙为何如此接近平坦）等。简而言之，古斯的暴胀假说认为宇宙在早期经历了一次极为迅猛的膨胀，这一过程解决了大爆炸理论的多个疑问。

首先，它对我们在今天的宇宙中所看到的大尺度成团的现象（恒星“成团”结成星系，星系结成星系团，星系团还要结成超星系团）提供了一个令人信服的解释。在暴胀假说之前，大爆炸模型无法解释是什么造成了初始的团块结构。宇宙暴胀给出的答案是：量子涨落在大爆炸初期产生了微观不均匀性，随后这些微观涨落被宇宙膨胀过程急剧放大。具体来说，暴胀空间的指数暴胀将最初的量子涨落拉伸到宇宙学尺度。没有暴胀，这种拉伸的总量将太小，不足以解释今天我们观测到的巨大结构（如星系团等）。暴胀解决了这个问题：它先将量子涨落剧烈放大，随后引力不稳定性对这些放大的密度扰动进行加工，最终形成了我们今天观测到的星系、星系团等大尺度结构。

其次，古斯的假说还预言并解释了为什么我们观测到的宇宙是平直的。理由其实很简单：暴胀把宇宙拉伸得这么厉害，使得任何原始曲度都被拉平了。就像气球膨胀时，表面在一个小蚂蚁看来会变得越来越平坦一样。除了暴胀理论，我们找不到其他令人信服的解释来说明为什么宇宙会如此精确地保持平衡。古斯早在 20 世纪 80 年代就预言宇宙应该是平直的。10 多年后，1992 年对宇宙微波背景辐射的图样的首次精确观测证实了宇宙确实是平直的。2001 年更精确的观测进一步验证了古斯的预言。

我们看到，如果没有最初的能量涨落和暴胀过程，我们的宇宙就绝不可能演化出今天观测到的星系层级结构。那些横跨宇宙的巨大星系团中，依然保留着起源于一个小得无法想象的能量团（这团能量开创了这一切！）的初始量子涨落的微观印记。这一切听来是太奇怪了，简直不像是真的，但真正奇怪的事是，它在一些细节上已经得到了具体观测的检验。

按照暴胀假说的观点，有可能在我们的宇宙中，各个物理常数的值取得恰到好处，使得可以演化出智能生物。在其他可能的宇宙中，这些物理常数取值可能非常不一样，使得生命和智能在物理上成为不可能。也许，我们自身的存在正是最好的解释，解释这些常数为什么取现在它们所取的值。我们的宇宙必须按这样的方式组织，因为任何别种组织方式都不允许有智能生物在这里提出这个问题。大爆炸和地球上我们的生命之间的这个联系是奇特的，但是是言之成理的。①

第三节　量子论

如果谁不为量子论而感到困惑，那他就是没有理解量子论。

——尼尔斯·玻尔

一、量子的诞生

在研究黑体辐射时，物理学家得到了两个经验公式：维恩公式和瑞利－金斯公式。可惜，一个只对长波范围内有效，而另一个只对短波有效。正当物理学家束手无策的时候，马克斯·普朗克登上了历史舞台。

---

① 霍布森. 物理学的概念与文化素养［M］. 秦克诚，等译. 北京：高等教育出版社，2016：254-256，264-269.

> **内容解读**
>
> ★★★
>
> 体会能量观念对普朗克的影响。能量的观念是“物理观念”之一。“物质观念”是从物理学视角形成的关于物质、运动与相互作用、能量等的基本认识，是物理概念和规律等在头脑中的提炼与升华，是从物理学视角解释自然现象和解决实际问题的基础。
>
> 这一部分需要学生注意的关键点是理解量子的概念并清楚量子概念对经典物理学造成的重大冲击。

普朗克于1858年4月23日出生于德国基尔的一个学术世家。他的父亲威廉·普朗克是一位著名的法学教授，曾经参与《德国民法典》的制定。1867年，普朗克一家移居到慕尼黑，普朗克在此完成中学教育，并于1874年进入慕尼黑大学攻读物理学。尽管普朗克自幼展现出文学和音乐的天赋，尤其擅长钢琴和歌剧，但最终选择了自然科学作为毕生事业。

在中学的课堂里，他的老师形象地给学生讲述一位工人如何将砖头搬上房顶，而工人花的力气储存在高处的势能里，一旦砖头掉落下来，能量便又随之释放出来……能量这种神奇的转换与守恒极大地吸引了好奇的普朗克，使得他把目光投向了神秘的自然规律，这也成为他一生事业的起点。德国失去了一位优秀的音乐家，但却因此得到了一位开天辟地的科学巨匠。不过，当时从事理论物理研究看起来并不是一份十分有前途的工作。普朗克在大学里的导师祖利曾直言不讳地指出，物理学的体系已经建立得非常成熟和完整了，没有什么太的发现可以做出了，让他不必把时间浪费在这种没有多大意义的工作上面。普朗克却平静回应，他研究物理是出于对自然和理性的兴趣，只是想把现有的东西搞清楚罢了，并不奢望能够做出什么巨大的成就。历史证明，正是这种对理论基础的执着，使他在1900年提出量子假说，彻底改写了物理学范式。

1879年，普朗克获得慕尼黑大学的博士学位。经过五年无薪讲师生涯后，他于1885年受聘为基尔大学副教授。1888年，柏林大学理论物理研究所主任基尔霍夫逝世，原定接任者赫兹因健康原因婉拒并赴波恩大学。于是幸运之神降临到普朗克的头上，经亥姆霍兹推荐，普朗克于1889年正式接任该职位，成为理论物理研究所的主任。普朗克的研究兴趣本来只是集中于经典热力学领域，但是1896年德国物理学会委派他系统评述黑体辐射研究。在普朗克看来，维恩公式体现出来的这种物体的内在规律——和物体本身性质无关的绝对规律——代表了某种客观的永恒不变的东西。它独立于人和物质世界而存在，不受外部世界的影响，是科学追求的最崇高目标。在那个风云变幻的世纪之交，普朗克决定彻底解决黑体辐射这个困扰人们多时的问题。摆在他面前的全部事实就是维恩公式和瑞利－金斯公式，它们分别只在一个有限的范围内起作用。但是，如果从根本上去追究那两个公式的推导，却无法发现任何问题。而普朗克的目标在于找出一个普遍适用的公式来。在柏林大学那间堆满了草稿的办公室里，普朗克为了那两个无法调和的公式而苦思冥想。终于有一天，他决定，不再去做那些根本上的假定和推导，不管怎么样，先凑出一个可以满足所有波段的普适公式来，其他的问题之后再说。于是，利用数学上的内插法，普朗克想方设法让维恩公式的影响在长波的范围里尽量消失，而在短波里继续发挥作用。1900年10月，他构建了一个内插表达式，使其在短波时逼近维恩形式，长波时退化为瑞利－金斯关系。

1900年10月19日，普朗克在德国物理学会会议上提出其辐射公式。鲁本斯团队当夜验证发现，该公式在其测量的全部波段（3—60 μm）与实验数据误差小于0.3%。普朗克在次日信中承认："这一结果迫使我承认，公式背后存在尚未发现的普遍原理。"

但是普朗克也发现自己处于一个相当尴尬的地位：知其然，但不知其所以然。他的新公式管用，但为什么呢？它建立在什么样的基础上，它到底说明了什么？这些问题却没有一个人可以回答，连公式的发现者自己也不知道。多年以后，普朗克在给人的信中说："当时，我已经为辐射和物质的问题奋斗了6年，但一无所获。但我知道，这个问题对于整个物理学至关重要，我也已经找到了确定能量分布的那个公式。所以，不论付出什么代价，我必须找到它在理论上的解释。而我非常清楚，经典物理学是无法解决这个问题的……"。①

---

① 曹天元. 上帝掷骰子吗？量子物理史话［M］. 北京：北京联合出版公司，2017：44-48.

为了能够解释他的新公式，普朗克已经决定抛却他心中的一切传统成见。他反复地咀嚼新公式的含义，体会它和原来那两个公式的联系以及不同。我们已经看到了，如果从玻尔兹曼运动粒子的角度来推导辐射定律，就得到维恩的形式；要是从纯麦克斯韦电磁辐射的角度来推导，就得到瑞利－金斯的形式。那么，新的公式，它究竟是建立在粒子的角度上，还是建立在波的角度上呢？在种种尝试都失败了以后，普朗克发现，他必须接受他一直不喜欢的统计力学立场，从玻尔兹曼的角度来看问题，把熵和概率引入这个系统里来。

但普朗克发现，仅仅引入分子运动理论还是不够的。在处理熵和概率的关系时，为了使得新方程成立，他必须做出一个关键假定：假设能量在发射和吸收的时候，不是连续不断的，而是一份一份的。正是这个假定，推翻了自牛顿以来200多年一直被认为坚不可摧的经典物理学观念。这个假定以及它所衍生出的意义，彻底改变了自古以来人们对世界的最根本的认识。

那么，能量不是连续不断的，是什么意思呢？这有什么了不起呢？很了不起。因为它与有史以来物理学家的观念截然相反。自从伽利略和牛顿用数学规则描述自然规律之后，所有的自然过程都被认为是连续的。例如，如果中学物理老师告诉你，一辆小车沿直线从A点行驶到B点，却不经过两点中间的C点，你一定会觉得不可思议。自然的连续性是如此不容置疑，以致几乎很少有人会去怀疑这一点。当天

内容解读

★★★

注意量子论的研究方法，是从数学推导中得到只有“量子”的概念才能解决所谓的黑体辐射问题，并不是简单地从经验事实建构物理模型，是经验事实、分析综合、推理论证等方法的综合应用。体会这种科学思维方法。

经典力学是以微积分和牛顿运动定律为基础的，其核心假设之一是能量是连续的。这种经典力学的基础成为我们日常思考的一部分。能量的不连续与经典力学的基础产生冲突，这一点对物理学家来说无疑是非常震撼的。量子概念是理解量子论的关键所在。也是理解现代物理学与经典力学区别的关键所在。

> 内容解读
>
> ★★★
>
> 这里用形象的例子解释能量不连续究竟是什么含义。这一点对理解“量子”的概念非常有帮助。

气预报说气温将从20℃上升到30℃时，你会毫不犹豫地认为，在这个过程中，气温会在某个时刻达到25℃、28℃、29.5℃、29.6℃、29.7℃……总之，所有在20℃到30℃之间的值，气温肯定会在某个时刻精确地等于这些值。对于能量来说，也是如此。当我们说某个化学反应总共释放了100焦耳的能量时，我们潜意识里会认为，在反应过程中，曾经有某个时刻，体系释放的能量等于50焦耳、32.233焦耳、3.14159焦耳……总之，能量的释放是连续的，它会在某个时刻达到范围内的任何可能的值。这种观念是如此深入人心，显得天经地义。

这种连续性的、平滑性的假设，是微积分的根本基础。经典力学，包括牛顿运动定律和万有引力定律，都建立在微积分的数学框架之上。当物理学遇到困难时，人们纵有怀疑的目光，也最多盯着那巍巍大厦，追问它是不是在建筑结构上有问题，却从未有丝毫怀疑它脚下的土地是否坚实。而现在，普朗克的假设引发了一场大地震，物理学所赖以建立的根本基础开始动摇了。1900年12月14日，当人们还在忙着准备欢度圣诞节时，普朗克在德国物理学会上发表了他的大胆假设。他宣读了那篇名留青史的《黑体光谱中的能量分布》的论文。普朗克把一份一份传播的能量称作“能量子”，但随后很快，在另一篇论文里，他就改称为“量子”。这个单词来自拉丁文quantus，本来的意思就是“多少”和“量”。量子就是能量的最小单位，一切能量的传输，都只能以这个量为单位来进行。它可以传输1个量子、2个量子、任意整数个量子，但不能传输1.5个量子。

$$E = h\nu$$

其中E是单个量子的能量，ν是频率，h是“普朗克常数”。普朗克常数约等于6.626×10^{-34}焦耳·秒。这个值是构成我们整个宇宙最为重要的3个基本物理常数之一。

利用这个简单公式，可以进行一些基本计算。比如对于频率为10^{15}赫兹的辐射，对应的量子能量约是6.63×10^{-19}焦耳。也就是说，对于这个频率的辐射，最小的“量子”是 6.63×10^{-19} 焦耳，能量必须以此为基本单位来发送。当然，这个值非常小，也就是说量子非常精细，难以察觉。因此由它们组成的能量自然也十分“细密”，以至于我们通常看起来，能量的传输就好像是平滑连续的一样。

1900 年 12 月 14 日是量子的诞辰日。当然，它是一个破坏者，但更是一个前所未有的建设者。

二、光电效应

> 内容解读
>
> ★★★
>
> 光电效应的现象是赫兹发现的。但是解释光电效应现象是爱因斯坦利用“光量子”即量子概念完成的，为当时饱受质疑的量子理论提供了首个实验与理论的双重验证。

量子论的思想是如此反叛，而它显示出来的潜在力量又是如此巨大，这一切使得所有的人都对它怀有深深的惧意。而在怀有戒心的人中间，最有讽刺意味的就要算量子的创始人——普朗克自己了。虽然他鼓起了最大的勇气做出了量子的革命性假设，但随后他便被这个离经叛道的思想而深深困扰。在黑体辐射问题上，普朗克本希望找到一个积极的结果，但最后导出的能量不连续性的图像却使得他大为吃惊和犹豫，甚至变得畏缩不前。

如果能量是量子化的，那么麦克斯韦的电磁理论便首当其冲站在应当受质疑的地位，这在普朗克看来是不可思议、不可想象的。事实上，普朗克从来不把这当作一个问题。在他看来，量子的假设并不是一个物理真实，而纯粹是一个为了方便而引入的假设而已。普朗克压根也没有想到，自己的理论在历史上将会有着多么大的意义，当后来的一系列事件把这个意义逐渐揭露给他看时，他简直不敢相信自己的眼睛，并为此惶恐不安。有人戏称普朗克就像是童话里的那个渔夫，他亲手把魔鬼从封印的瓶子里放了出来，自己却反而被这个魔鬼吓个半死。直到 1915 年，当玻尔的原子模型取得了空前的成功后，量子理论才逐渐被普朗克所接受。

这也表明在量子初生的那些日子里，物理学的境遇并没有得到明显的改善。但是，历史已经将量子论推上了物理学新纪元的开路先锋的位置，量子论的发展已是势不可当。第一个意识到量子概念的普遍意义，并将其运用到其他问题上的是爱因斯坦。他建立了光量子论，并圆满地解释了光电效应现象。

正如我们已经提到过的那样，赫兹用实验证实了电磁波的存在，但他同时也发现光与电的关联，即在实验中一旦有光照射到电极上，电火花便出现得容易一些。但赫兹当时没有深究其中的原因。在那个激动人心的伟大时代，要做的事情太多了，而且赫兹英年早逝，他没有机会追究每一个遇到的问题。但是，别人随即在这个方面进行了深入的研究，不久事实就很清楚了。原来是这样的：当光照射到金属表面时，会从金属表面打出电子来。原本束缚在金属表面原子内的电子，在暴露于一定频率的光线下时，会吸收光子的能量并逸出金属表面。这种现象被称作“光电效应”。

很快，关于光电效应的一系列实验在各个实验室陆续展开。虽然在当时，这些实验的条件相对粗糙和原始，但实验结果依然清晰揭示了光和电之间存在一些关联。人们不久便知道了两个基本的事实：首先，对于某种特定的金属来说，光是否能够从它的表面打出电子，只与光的频率有关。频率高的光线，比如紫外线，能够打出能量较高的电子，而频率低的光，比如红光、黄光等则一个电子也打不出来。其次，能否打出电子和光的强度无关。再弱的紫外线也能够打出金属表面的电子，而再强的红光也无法做到这一点。增加光线的强度，能够做到的只是增加打出电子的数量。比如，强烈的紫光相对微弱的紫光，可以从金属表面打出更多的电子。

总而言之，对于特定的金属，能否打出电子由光的频率决定。而打出多少电子，则由光的强度决定。但科学家很快就发现，他们陷入了一个巨大的困惑中。因为这个现象没有道理（不符合经典物理学理论）。

我们都已经知道，光是一种波动。在经典物理学中，波的强度被认为代表了它的能量。因此很容易理解，电子是被某种能量束缚在金属内部的，如果外部给予的能量不够，便不足以将电子打出。但是，如果我们增加光波的强度，那便是增加了它的能量，可为什么对于红光来说，再强烈的光线都无法打出电子呢？而频率无非是波振动的频繁程度而已。如果频率高的话，便是说波振动得频繁一点，那么照理说频繁振动的光波应该打击出更多数量的电子才对啊。然而，所有的实验都指向相反的方向：光的频率，而不是强度，决定它能否从金属表面打出电子；光的强度，而不是频率，决定打出电子的数量。

科学家发现，在光电效应问题上，麦克斯韦的电磁理论面临了巨大的挑战。根据经典电磁理论，光的强度应与电子获得的能量成正比，但实验却显示，光的频率和打出电子的能量之间有着密切的关系。具体来说，每一种特定频率的光线打出的电子的能量都有一个对应的上限。例如，紫外光可以激发出能量较高的电子，而紫光只能激发出能量较低的电子。这在波动说看来是非常不可思议的。此外，根据麦克斯韦理论，电子的激发，如果是建立在能量吸收上的话，应该是一个连续的过程，能量可以累积。因此，如果用很弱的光线照射金属，电子应该需要一定的时间来吸收足够能量才能跳出表面。这样的话，在光照和电子飞出这两者之间就应该存在着一个时间差。但是实验表明，电子的跃出是瞬时的，光一照到金属上，立即就会有电子飞出，哪怕再暗弱的光线也是如此，区别仅在于飞出电子的数量多少。这些现象表明，光电效应是一个涉及整个物理体系基础的根本性困难。

1905 年，爱因斯坦阅读了普朗克的论文。量子化的思想深深地打动了他。凭着一种深刻的直觉，他感到对于光来说，量子化也是一种必然的选择。虽然有麦克斯韦理论高高在上，但爱因斯坦并没有为之而止步不前。相反，他倒是认为麦克斯韦理论只能对于一种平均情况有效，而在瞬间能量的发射和吸收等问题上，麦克斯韦理论与实验相矛盾。这从光电效应中已经可以看出端倪来。

让我们再重温一下光电效应和经典电磁理论的矛盾之处。

经典电磁理论认为，光作为一种波动，它的强度代表了它的能量。因此，增加光的强度应该能够打出更高能量的电子。但实验表明，增加光的强度只能打出更多数量的电子，而不能增加电子的能量。要打出更高能量的电子，必须提高照射光线的频率。

根据爱因斯坦的光量子理论，光的能量是量子化的，因此，提高频率，意味着提高单个量子的能量，而更高能量的量子，能够打出更高能量的电子。提高光的强度只是增加了光量子的数量，所以结果是打出更多数量的电子。这样，光电效应就能够得到圆满解释。

爱因斯坦指出："……根据这种假设，从一点所发出的光线在不断扩大的空间中传播时，它的能量不是连续分布的，而是由一些数目有限的，局限于空间中某个地点的‘能量子’所组成的。这些能量子是不可分割的，它们只能整份地被吸收或发射。”

组成光的能量的这种最小的基本单位，爱因斯坦后来把它们叫作“光量子”。一直到了1926年，美国物理学家刘易斯才把它换成了现在通用的“光子”。

从光量子的角度出发，一切变得非常简明易懂了。频率更高的光线，比如紫外光，它的能量要比频率低的光线更高，因此当它的量子作用到金属表面时，就能够激发出电子。光量子的能量和光线的强度没有关系，强光只不过包含了更多数量的光量子而已，所以能够激发出更多数量的电子。对于低频光来说，每个光量子的能量不足以激发出电子，因此即使含有再多的光量子也无济于事。

这里面关键的假设是：光以量子的形式吸收能量，没有连续性，不能累积。一个光量子只能激发出一个对应的电子。于是，实验揭示出来的光电效应的瞬时性难题也迎刃而解：量子作用本身就是瞬时的，不存在能量积累的过程。

三、量子力学的建立

量子力学起源于对原子结构的研究。元素的放射性和电子的发现促使人们去研究原子的内部结构。当时出现了不少原子结构模型，其中最著名的是汤姆生提出的“葡萄干布丁”模型（即面包之中嵌有葡萄等物），以及卢瑟福提出的“土星环模型”。大约在1909年，实验表明“葡萄干布丁”模型的某些理论预言与实验观测不符。1911年，新西兰物理学家卢瑟福提出了原子的有核模型。1913年，一系列 α 粒子轰击金箔的散射实验，完全证实了有核模型所提出的理论预言。

卢瑟福的有核模型假定，原子的质量基本上集中于原子核上，绕核旋转的电子所带负电正好与核所带的正电相等，因此原子表现出电中性。但是根据经典电磁理论，旋转的电子必定向外发射电磁波，从而损失能量，最终使电子落入原子核中。这样，卢瑟福的原子模型就是一个不稳定的模型。而现实中的原子却比卢瑟福模型中的稳定得多。

正在卢瑟福的实验室里从事研究工作的丹麦物理学家玻尔解决了这一问题。

玻尔本来想去剑桥的卡文迪许实验室随汤姆生研究电子，但汤姆生对电子已经不感兴趣，于是他来到了卢瑟福这里。他在卢瑟福实验室虽然只待了 4 个月，但却做出了一生最重要的工作，即提出了一种量子化的原子结构理论。他认为，电子只能在一些特定的圆轨道上绕核运行。当它在这些特定的轨道上运行时并不发射能量，只有从一个较高能量的轨道上向一个较低能量的轨道跃迁时才发出辐射，反之则吸收能量。这个理论不仅在卢瑟福模型的基础上解决了原子的稳定性问题，而且用于氢原子时，与光谱分析所得的实验结果完全符合。玻尔的理论在物理学界引起了震动，因为在此前，光谱研究一直停留在经验层面，还没有过系统的理论解释。更重要的是，玻尔模型首次引入了一系列量子化条件，使整个体系呈现出鲜明的量子化特征：玻尔假设电子在围绕原子核运转时，只能处于一些特定的能量状态中。这些能量状态是不连续的，称为定态。电子可以处在定态 E1，也可以处在定态 E2，但是不能处在 E1 和 E2 之间的任何能态上，两个定态之间没有缓冲地带，那里是电子的禁区。玻尔特别规定：当电子处于某个定态时，将保持稳定状态，不会放射出任何形式的辐射而失去能量。这样，就不会出现原子不稳定的问题了。

由于玻尔的量子化的原子结构理论明显违背经典理论，因此遭到了许多科学家的质疑和不满。不过，玻尔理论在解释氢原子光谱分布的经验规律方面取得了巨大成功，这使它赢得了很高的声誉，并大大推动了量子理论的发展。当时，玻尔的理论只能用于氢原子这样比较简单的情形，对于多电子的原子光谱尚无法完全解释。为此，玻尔后来又提出了一些方法来弥补这些缺陷，但这些方法却使理论基础变得更加逻辑上不一致，以致当时部分物理学家认为量子理论本身面临严峻危机。

1923 年，法国物理学家路易 · 德布罗意提出了物质波理论，将量子论推向一个新的高度。德布罗意原本主修历史，因其兄长（著名 X 射线物理学家莫里斯 · 德布罗意）的影响，大学毕业之后改学物理，并与其兄一起研究 X 射线的波粒二象性。德布罗意经过长期的思考，突然意识到爱因斯坦的光量子理论应该推广到一切物质粒子，特别是电子。1923 年 9 月至 10 月，他连续发表了 3 篇论文，首次提出电子也具有波动性。他还预言，电子束穿过小孔时会产生衍射现象。1924 年，德布罗意在其博士论文《关于量子理论的研究》中，更系统地阐述了物质波理论。爱因斯坦读到这篇论文后，十分赞赏。短短几年后，实验物理学家就观测到了电子的衍射现象，证实了德布罗意物质波的存在。

沿着物质波概念继续前进并创立了波动力学的是奥地利物理学家薛定谔。他在研究热力学中的统计问题时，从爱因斯坦的一篇报告中得知了德布罗意物质波的概念。他马上接受了物质波的观点，并提出“粒子是波场中的波包”这一形象比喻。1925 年，在一次苏黎世大学的学术研讨会上，德国物理学家德拜向在座学者提出了一个问题：“如果电子确实具有波动性，那么它将服从什么样的波动方程？薛定谔经过反复思考，于 1925 年推导出了一个相对论性的波动方程，但与实验结果不太符合。1926 年，他转向研究非相对论性电子问题，最终提出了著名的薛定谔方程。这个方程不仅与实验观测完美吻合，而且为解释原子结构提供了全新理论框架。

1925 年，德国青年物理学家海森堡写出了题为《关于运动学和力学关系的量子论的重新解释》的论文，创立了解决量子波动理论的矩阵方法。它完全摒弃了玻尔理论中的电子轨道、运行周期等经典但却不可观测的概念，代之以可观察量如辐射频率和强度。论文完成后，海森堡请他的老师玻恩进行审查。玻恩发现海森堡的方法正是数学家早已创造出的矩阵运算。同年 9 月，玻恩与另一位物理学家约丹合作，将海森堡的思想发展成为系统的矩阵力学理论。而在英国，另一位年轻人狄拉克则进一步优化了矩阵力学的数学形式，最终使矩阵力学与薛定谔波动力学共同构成量子力学的理论基础。

波动力学和矩阵力学的创始者们最初互相质疑，认为对方的理论存在根本性缺陷。这种对立状态一直持续到 1926 年 3 月，直到薛定谔发现这两种理论从数学上是完全等价的，矛盾才缓和了一些。从此以后，物理学界将这两个理论体系统称量子力学。值得注意的是，由于薛定谔的波动方程在形式上更为直观，且更接近经典物理学的数学语言，最终被广泛采纳为量子力学的基本方程。

量子力学虽然建立了，但关于它的物理解释却众说纷纭，莫衷一是。波动方程中的所谓波究竟是什么？薛定谔本人认为它就是一种物质波，而其粒子性只是波的某种密集，即“波包”。玻恩则认为，电子的粒子性是基本的，它的波函数表征的是电子这种粒子在某时某地出现的概率。1927 年，海森堡提出了微观领域里的测不准关系，即任何一个粒子的位置和动量不可能同时准确测量，要准确测量一个，另一个就完全测不准。海森堡称它为“测不准原理”。玻尔敏锐地意识到它正表征了经典概念的局限性，因此以之为基础提出了“互补原理”，认为一些经典概念的应用不可避免地排除另一些经典概念的应用，而这“另一些经典概念”在另一条件下又是描述现象不可或缺的，必须而且只有将所有这些既互斥又互补的概念汇集在一起，才能而且定能形成对现象的详尽无遗的描述。玻尔的互补原理被称为正统的哥本哈根解释，但爱因斯坦表示坚决反对。他始终认为统计性的量子力学是不完备的。爱因斯坦与玻尔之间的争论持续了半个世纪，直到他们本人各自去世也没有完结。

量子理论是一个极为复杂且难以完全理解的谜题。它像一个神秘的少女，我们天天与她相见，却始终无法猜透她的内心世界。今天，我们的现代文明，从计算机到激光，从核能到生物技术，几乎没有哪个领域不依赖于量子理论。但量子理论究竟是什么？这个问题至今却依然难以回答。在自然哲学观上，量子理论也带给了我们前所未有的冲击，甚至改变了整个物理世界的基本思想。它的观念是如此独特，乃至最不保守的科学家都在潜意识里对它怀有深深的惧意。现代文明的繁盛是理性的胜利，而量子理论无疑是理性的最高成就之一，但是它被赋予的力量太过强大，以致连它的创造者本身都难以驾驭——量子理论的奠基人之一玻尔都要说：“如果谁不为量子论而感到困惑，那他就是没有理解量子论。”①

量子理论极大地改变了我们对世界图景的构造。如果说相对论只是把时空框架与物质运动融为一体，还保留了牛顿力学中严格的决定论微分方程、因果律和定域性（拒绝超距作用），那么在量子世界图景中，这些经典概念都受到了挑战。量子概念是量子力学的核心，它的引入导致了一系列基本概念的改变：连续概念被打破，代之以不连续的量子跃迁概念；严格决定论被打破，代之以概率决定论；定域性被打破，代之以整体论的概念。伴随着这些基本概念的变化，量子世界出现了许多奇妙的现象，如波粒二象性、测不准原理等。

① 曹天元. 上帝掷骰子吗？量子物理史话［M］. 北京：北京联合出版公司，2017：序言.

如果要评选物理学发展史上最伟大的那些年代，那么有两个时期是一定会入选的：17 世纪末和 20 世纪初。前者以牛顿《自然哲学的数学原理》的出版为标志，宣告了近代经典物理学的正式创立，而后者则为我们带来了相对论和量子论，并彻底地推翻和重建了整个物理学体系。所不同的是，今天当我们再次谈论起牛顿的时代时，心中更多的是对那段光辉岁月的怀旧和祭奠，而相对论和量子论至今仍然深深地影响和困扰着我们，就像两颗青涩的橄榄，嚼得越久越有滋味。[①]

① 曹天元. 上帝掷骰子吗？量子物理史话［M］. 北京：北京联合出版公司，2017：序言 .

第九章
20 世纪的物理学

1. 新课标关于探测微观粒子及其应用的历史要求

新课标要求：了解人类探索原子及其结构的历史，关注核技术应用对人类生活和社会发展的影响；了解人类对物质结构的探索历程；了解人类探索基本粒子的大致历程，知道这种探索将不断深入；了解核技术的应用对社会发展的影响。

2. 人类关于原子结构的认识

从古希腊时期认为原子不可分，到 19 世纪末打开原子大门，进而对原子核结构的探索，以及后续的基本粒子的探索与研究，表明人类认识的不断深入，认知方式向多元化发展。其中，不断构建模型，通过实验检验模型，发现模型的缺陷，再构建新的模型等一系列过程，是物理学思想、方法发展的典型案例。这部分内容对于学生理解物理学构建模型的方法有重要作用。

3. 如何使用这部分历史

第一，这部分历史可以了解人类探测基本粒子的简要历程，以及前面反复强调的理解世界的物质构成的物理学观念；第二，可以体会建构物理模型的思维方式，认识物理模型在探索自然规律中的作用；第三，可以培养学生的“科学态度与责任”。新课标要求认识科学本质，在理解科学、技术、社会、环境关系的基础上，逐渐形成应有的科学态度和社会责任感，认识到物理研究与应用应考虑道德与规范的要求，认识到人类在保护环境和促进可持续发展方面的责任。

第一节 探测微观世界

> 内容解读
>
> ★★
>
> 由于微观粒子太小，即使借助实验仪器也无法观察到，对微观粒子的研究使用间接的研究方法。因此，这部分内容的核心素养培养注重把握从物理学视角对客观事物的本质属性、内在规律及相互关系的认识方式，要体会基于经验事实建构物理模型的抽象概括过程。

原子物理学主要研究原子尺度内的物质组成、相互作用和运动规律等，是研究物质微观结构的一门学科。由于原子物理学所涉及的领域空间尺寸很小（一个原子的直径大约是 10^{-8} 厘米，原子核就更小了，只有原子直径的万分之一那么大），用普通的光学显微镜是看不见的，即使使用威力大上千倍的电子显微镜也难以直接看到，因此需要借助特殊的仪器。物理学家已经发明了云室、气泡室、火花室，用以记录粒子的运动轨迹，还发明了盖革计数器、闪烁计数器，用以记录粒子的数量。正是借助这些仪器，物理学家揭开了原子世界一个又一个的奥秘。

19 世纪末至 20 世纪初，三大发现打开了原子大门，打破了原子不可分的神话。对放射性现象的进一步研究，推进了对原子核结构的探索。这部分我们将重点介绍原子核内结构的发现及核能的应用。

一、中子、质子的发现

在早期放射性研究中，卢瑟福已经发现放射性物质所发出的射线实际上属于不同的几种。他把带正电的命名为 α 射线，把带负电的命名为 β 射线，把那些不受磁场影响的电磁波称为 γ 射线。在卢瑟福研究 α 射线的散射现象过程中，他发现了原子核的存在，并提出了原子的核式结构模型。

如果原子有核，那么原子核是由什么构成的呢？由于原子表现出电中性，原子核一定是带正电的，其带电量应与核外电子所带负电量一样。1917 年至

1919 年间，卢瑟福用 α 粒子轰击氮原子，结果观察到氮原子核被打碎并释放出带正电的粒子。该粒子即为氢原子核。卢瑟福于 1920 年将其命名为质子。

卢瑟福的这一发现是人类首次实现的人工核反应，也是首次通过实验观察到元素的人工转变。到 1924 年，卢瑟福已经从许多种轻元素的原子核中打出了质子，进一步证实了质子的存在。

发现了电子和质子之后，人们一开始猜测原子核由电子和质子组成，因为 α 粒子和 β 粒子都是从原子核里放射出来的。但卢瑟福的学生莫塞莱注意到，原子核所带正电数与原子序数相等，但原子量却比原子序数大。这说明如果原子核仅由质子和电子组成，它的质量将是不够的，因为电子的质量非常小，甚至可以忽略不计。因此，卢瑟福就猜测可能还存在一种电中性的粒子。

按照这种思路，卢瑟福的另一位学生查德威克在卡文迪许实验室里致力寻找这种电中性粒子。从 1921 年起，他一直在设计一种加速办法使质子获得高能，从而撞击原子核，以发现有关中性粒子的证据。

从 1928 年开始，德国物理学家瓦尔特·波特及其学生赫伯特·贝克尔已经开始了对铍原子核的轰击实验。他们发现，当用钋发射的 α 粒子轰击铍原子核时，会产生一种穿透力极强的射线。由于该射线呈电中性，他们将其误判为一种特殊的 γ 射线。与此同时，在法国，居里夫人的女儿伊雷娜·约里奥－居里和女婿弗雷德里克·约里奥－居里也在进行类似的实验。他们很快证实了波特的实验结果，但同样错误地认为新射线是一种 γ 射线。

1932 年，在看到德国和法国同行的实验报告后，查德威克敏锐地意识到这种新射线很可能就是多年来苦苦寻找的中子。他立即着手实验验证，并在短短三周内取得突破性成果，发表了《中子可能存在》的论文。他通过实验在云室中观测到这种与质子相当的电中性粒子，并以动量守恒角度排除了 γ 射线的可能性，最终确证了中子的存在。约里奥·居里夫妇后来坦言，如果他们当时听取了卢瑟福关于中子猜想的演讲，或许就不会错失这一发现。查德威克因发现中子而获得 1935 年诺贝尔物理学奖。

二、原子能的发现

自古以来，人类所使用的大部分能源都来自太阳。煤炭等新能源的大力开采，本质上也是利用了远古时期通过光合作用储存下来的太阳能。人类一直致力于开发各种各样的太阳能利用方式。

> 内容解读
>
> ★★★
>
> 原子能的发现与利用把自然的神秘力量释放了出来，这个能量的巨大及其破坏作用是当时的物理学家也未曾料到的。原子能的利用与滥用与科学家的社会责任密切相关。通过这部分内容的学习，可以培养学生的社会责任感。

什么是太阳能，太阳为何能发出如此巨大的能量？这个问题直到20世纪初还是一个未解之谜。天文学家大致猜测到，太阳能可能来自引力收缩，但具体的产能机制直到原子物理学诞生之后才真正搞清楚。

1919年，卢瑟福用α粒子轰击氮原子核，使氮原子嬗变成了氧原子，首次实现了原子核的人工嬗变。这一被誉为“现代炼金术”的突破性成果记载于其著作《新炼金术》中。1932年，卢瑟福的学生查德威克发现中子。由于中子是电中性的，不受静电力的影响，科学家们立即意识到这种电中性粒子很适合作为“炮弹”去轰击原子核。

1934年，约里奥－居里夫妇用α粒子轰击铝箔时，首次合成了一个自然界不存在的放射性磷同位素。这个同位素是不稳定的，产生之后很快转变为稳定元素硅，并放出正电子。这一开创性实验不仅首次实现了人工放射性元素的制备，还发现了正电子发射这一新型衰变方式，为约里奥－居里夫妇赢得了1935年诺贝尔化学奖。

在20世纪初期，虽然原子物理学取得了飞速发展，但科学界普遍低估了原子能实际应用的可能性。卢瑟福在1933年的一次演说中表示：“把原子嬗变看成是一种动力来源，只不过是纸上谈兵而已。”爱因斯坦也持有类似观点。1935年，当被问及原子能是否可能被实际利用时，他比喻说：“这就像在黑暗中射鸟，而此地仅仅有几只鸟。”即使最伟大的科学家也未曾料到，原子能时代已经近在咫尺。

约里奥－居里夫妇的实验激励了实验物理学家们致力于轰击原子核的工作。1934 年，意大利物理学家费米随即领导团队开展系统性实验：用新发现的中子去逐个轰击元素周期表上的元素的原子，成功制备出包括氟放射性同位素在内的 37 种新同位素。费米还意外发现，在中子源与被轰击的银金属之间放一块石蜡后，所激发的核反应更为强烈。这就是说，经过减速后，中子引致核反应的能力更强了，这就是著名的慢中子效应。这一发现被认为是原子时代的“真正起点”。费米因此而获 1938 年诺贝尔物理学奖。

费米的研究小组在轰到铀时，观察到了无法用既有理论解释的异常现象：他们原预测会产生一个原子序数为 93 的超铀元素，但实验结果却出现了多种放射性产物，其化学性质与邻近元素不符。德国化学家诺达克在 1934 年提出铀核可能分裂的假说（《应用化学》第 47 卷）。但这一革命性观点因两个关键性质疑而未引起重视：第一，当时理论认为慢中子能量不足以破坏重核结合能；第二，缺乏直接的质量亏损测量证据。

1938 年，德国物理学家哈恩受约里奥－居里夫妇实验报告的启发，重做了相关实验。通过精确的化学分析，他确信铀原子核在轰击后确实转变成了钡、镧等与铀相距甚远的元素。哈恩对实验结果感到十分迷惑，便将这些结果和疑问写信告诉了奥地利女物理学家迈特纳。迈特纳当即提出了一个大胆的猜想：铀核在俘获了中子后分裂成两个质量相近的碎片，她将这一过程称为“核分裂”，玻尔后来将其改称为“核裂变”。根据爱因斯坦的质能方程，她计算出这一过程将释放出巨大的能量。迈特纳的侄儿弗里希将这个理论告诉了玻尔，并表示将着手验证。就在玻尔启程前往美国参加物理学会之际，弗里希成功完成了验证实验，并通过电报告知了刚抵达美国的玻尔。玻尔随即在会议上宣布了这一重大发现，引起与会物理学家的强烈反响，许多人甚至中断会议赶回实验室进行验证。很快，核裂变现象就获得了科学界的普遍认可。哈恩因这一发现荣获 1944 年诺贝尔物理学奖。

核裂变的发现很自然促使人们想到链式反应的可能性。所谓链式反应就是，当中子轰击铀核使核发生分裂时，又有新的中子产生从而再轰击别的铀核，使这一反应像链条一样一环扣一环地持续下去。费米在得知核裂变的消息后，当即提出了链式反应的概念，并预言一个重核裂变成两个轻核时一定会出现多余的中子。约里奥－居里夫妇率先证实了链式反应的可能性。他们发现链式反应速度非常之快，反应时间尺度可达微秒级。

1939 年 8 月 30 日，就在第二次世界大战爆发前两天，玻尔和惠勒指出，铀 235 的裂变概率比铀 238 高约 1000 倍，而且慢中子最易引发铀 235 裂变。到此为止，关于释放原子核能的理论和实验依据已经齐备。科学家已经清楚地认识到，只要链式反应一开始，无比巨大的能量就会在极短的时间内爆发出来。

第二节　原子能的利用

第二次世界大战前，全球原子物理学研究中心主要集中在欧洲的 3 个地方：一是卢瑟福领导下的剑桥大学；二是玻尔领导下的哥本哈根大学；三是德国哥廷根大学，那里有玻恩、弗兰克和希尔伯特“三巨头”坐镇。第一次世界大战之后，原子物理学处在飞速发展的黄金时期。在欧洲，无论资深学者还是青年才俊都投身于层出不穷的新发现中，而同时期的美国大学仍在讲授传统物理内容。这种学术落差促使 1924—1932 年间包括奥本海默在内的几乎所有日后成名的美国原子物理学家都选择“逆向哥伦布”之路——横渡大西洋赴哥廷根求学。

> 新课标要求
>
> ★
>
> 物理学与社会变革：1.2.5 了解核技术的应用对社会发展的影响。

20 世纪 30 年代初，随着希特勒在德国掌权，纳粹排犹浪潮席卷德国学术界。在哥廷根这座大学城，反犹风暴尤为猛烈，仅哥廷根大学就流失了 17 位顶尖学者。这些被迫流亡的学者起初大多到了尼尔斯・玻尔那里，哥本哈根一时人才济济。但随着纳粹铁蹄席卷欧洲（1939 年入侵波兰），哥本哈根也难以为继，流亡学者们最终纷纷转赴美国。1933 年秋，爱因斯坦定居普林斯顿高等院所时，法国物理学家朗之万评价：“这如同将梵蒂冈迁往新大陆。现代物理学中心已转移至美国”，至 1941 年，美国已接收超过 100 位欧洲顶尖物理学家。

一、科学家的责任与原子能应用的开端：西拉德

在流亡到美国的物理学家中，有一位匈牙利籍的犹太物理学家名叫利奥·西拉德。他在核武器发展史上占有特殊的地位。早在 1933 年，像卢瑟福这样的大科学家还否定原子能利用的可能性时，西拉德就已经敏锐地意识到原子能的开发可能会带来政治军事后果。1935 年，西拉德向许多原子物理学家建议，鉴于原子能开发可能会带来意想不到的严重后果，是否应该暂缓发表他们的研究成果。科学家拒绝了西拉德的建议，认为是操心过早。直到 1939 年，玻尔还开列出 15 条理由，认为核裂变反应的实际应用是不可能的。当时链式反应的可能性尚未被证实，因而客观上阻止了科学家对后果的设想和警惕。

但西拉德一点儿也没有气馁，继续向同行们建议对他们的研究采取某种程度的保密措施，因为他日益忧虑地发现，类似链式反应的实验在欧洲各地同时展开，非常像是研制原子武器的竞赛。科学共同体的确遇到了新问题。几个世纪以来，近代科学一直奉自由探索、自由交流为科学研究的最高原则，也正是这种自由精神使得近代科学保持活力。但到了 20 世纪，科学已经不由自主地卷入政治。对科学的后果，科学家无法置身事外。

1939 年初，欧洲的战争虽然尚未全面爆发，但战争的阴云密布，纳粹德国的侵略野心路人皆知。当时，链式反应的可能性正在进行实验研究，人们均倾向于相信它是可能的。西拉德非常担心，希特勒敢于挑起战争，除了他在空军和坦克方面的优势，是否还有什么新的超级武器。他非常清楚地知道，链式反应一旦实现，其释放的巨大能量就完全可能被用来制造大规模的杀人武器。

虽然大家也知道希特勒政府与德国物理学家的关系不太好，比如劳厄公开批评法西斯制度，海森伯等人受到攻击，但谁能担保在纳粹的威胁利诱之下，德国原子科学家不会被迫从事原子武器的研制呢？要知道，在德国国内的还有普朗克、海森伯、劳厄、哈恩、盖革等一大批第一流的原子物理学家。在美国，西拉德成功地说服原子科学家自动承担起“自我出版检查”的制度，对敏感的实验结果，特别是导致链式反应可能发生的核裂变后是否会出现多余中

子的实验结果，自动保守秘密。意大利的物理学家费米因为反感法西斯，也于 1938 年 11 月从意大利逃到了美国。他因人工放射和慢中子方面的工作获得 1938 年诺贝尔物理学奖，他去斯德哥尔摩领完了诺贝尔奖后就没再回去。他本来不同意西拉德提出的限制自由发表的“自我出版检查”制度，但最后还是接受了。

在欧洲推行“自我出版检查”制度更难。西拉德给法国原子物理学家约里奥·居里写信，建议欧洲的原子物理学家也能接受这一保密约定。但约里奥·居里没有予以重视，还是继续发表实验报告。西拉德也面临在美国的同行的反对。迫于压力，西拉德一度同意发表自己的研究材料。但是，他日益感到，这个问题必须提交美国当局，引起他们的重视，以便应对有可能来自希特勒的潜在原子威胁。

西拉德等人曾试图与美国政府接触，讨论原子弹的可能性，但最初并没有成功。这时，他们接到秘密情报说，德国政府正在加紧研究链式反应。1939 年，德国当局召集原子物理学家秘密开会，讨论制造铀设备的问题。与会者中没有核裂变现象的发现者哈恩，因为哈恩公开反对为纳粹制造铀弹。但开会的消息被泄露给了哈恩的一个同事。这个同事也担心希特勒会制造原子弹，但与西拉德的思路相反，他认为只有公开发表一切最新研究成果，才会避免原子研究可能带来的政治后果。于是，他写了几篇文章向大众通俗地介绍链式反应的有关情况。阴差阳错，这些文章让在美国的西拉德等人非常担忧。他们认为，既然德国允许发表这样的实验报告，那说明他们在核研究方面必定已经掌握了很多知识。随后，从欧洲传来的秘密情报显示，德国又召开了一次原子能的秘密会议，而且这一次是由军事部门主持的。最后，美国方面得知，德国突然禁止了被其占领的捷克的铀矿石出口。

敏感的西拉德马上意识到德国可能正在研制原子弹。要是让希特勒这样的战争狂人拥有了原子弹，那人类的未来将不堪设想。西拉德想的第一件事是如何保护好欧洲的另一个铀矿出产地比属刚果。他知道爱因斯坦与比利时女王伊丽莎白有很好的私人交情，便想通过他向比利时政府发出适当的警告。1939 年 7 月炎热的一天，西拉德在长岛好不容易找到了正在度假的爱因斯坦。爱因斯坦本来并不知道铀有可能发生链式反应，听到西拉德等人的解释之后，立即意识到事情的严重性。他在给比利时政府的信上签了字。离开爱因斯坦的住地之后，西拉德又找到了罗斯福总统的朋友和顾问、国际金融家亚历山大·萨克斯。萨克斯很支持西拉德的行动，决定再起草一封信，除了建议美国政府与比利时政府就铀储备问题进行商谈外，还希望政府拨款支持原子物理研究。

1939 年 8 月 2 日，西拉德再次前往长岛。爱因斯坦在一封已经起草好了的信上签了名。1939 年 9 月 1 日，德国入侵波兰，第二次世界大战全面爆发。1939 年 10 月 11 日，萨克斯亲自将爱因斯坦签署的信交给了罗斯福。据说筋疲力尽的罗斯福一开始并没有特别在意，只是说，这是个有意思的想法，但现在政府没有精力考虑这个事情。但在萨克斯的多次努力下，罗斯福最终同意支持原子能的研究。

二、曼哈顿工程——第一颗原子弹的研制

曼哈顿计划是美国陆军部于 1942 年 6 月开始实施的核武器研制工程，旨在利用核裂变反应来研制原子弹。

1941 年 12 月，费米率领团队在芝加哥大学启动建设美国第一个核反应堆。这是一个可控的链式反应装置，用石墨作为中子的减速剂，用镉棒来吸收中子以控制裂变反应的速度。经过近一年的努力，反应堆于 1942 年 12 月 2 日正式开始运转，标志着核能时代的来临。

费米反应堆的成功运行为原子弹的研制提供了大量有用的数据，但武器化还有许多技术方面的困难。最主要的问题是铀的提纯问题。当时认为，最好的裂变材料是铀 235，但这种铀的天然含量很低，只有 0.7%，必须用某种方法将铀 235 分离出来，获得高含量的铀 235。当时有好几种分离方法可供采用，包括气体扩散法、离心分离法和电磁分离法等。美国政府决定不惜工本，同时采用几种方法进行试验，以尽快分离出足够的高纯度铀 235。

分离铀 235 的成本太高，后来科学家发现了元素钚 239 也是一种良好的裂变材料。钚 239 是由铀 238 经中子轰击发生嬗变而来，因此，可以用分离铀 235 过程中剩下的大量铀 238 来制造钚 239。

原子弹的研制工作由美国物理学家奥本海默负责，在新墨西哥州一个叫洛斯阿拉莫斯的荒凉高地上秘密进行。1942 年 11 月 25 日，美国陆军正式征用洛斯阿拉莫斯建立秘密实验室。1943 年 3 月，以汉斯 · 贝特为首的第一批原子物理学家入驻此地。同年 7 月，从全国各大学拆运的关键设备陆续抵达。在此期间，奥本海默被正式任命为洛斯阿拉莫斯实验室主任。

1945 年 7 月 12 日和 13 日，原子弹的内部爆炸机械部件陆续运到了被称作“死亡地带”的试验地点。这是一片偏远的沙漠地带，原子弹就装配在沙漠中心一座高大的钢架上。1945 年 7 月 14 日和 15 日两天，在洛斯阿拉莫斯工作的全体人员被召集起来开会，他们被告知原子武器实验即将开始。他们中的很多人还是第一次知道他们工作的真正用途。会后，与会者乘车经 4 小时的路程到达试验场。他们聚在离原子弹 16 千米的地方。他们每人都穿着特制的衣服，戴上了黑色保护镜，脸上涂上防辐射油膏。爆炸原定在 16 日凌晨 4 点钟，因气候恶化推迟了一些。5 时 10 分，奥本海默的副手发出了倒计时信号。所有的人立即伏卧在地上。人们安静地等待着但内心十分紧张。5 时 29 分 45 秒，第一颗铀原子弹成功爆炸。巨大的冲天火球和蘑菇云将天空照亮。有些人激动得忘了戴面罩就下了汽车，但只有两三秒，他们就暂时丧失了视力。这令人心悸的一幕，使在场的每个人都感到异常恐惧。

爆炸大约 30 秒后，强烈的暴风向观察者袭来，可怕的吼叫声惊天动地，仿佛世界末日来到了。由于亲身领略了这具有毁灭性的力量，许多科学家在这惊心动魄的场面面前感到手足无措。据说，费米事后连开汽车的力气都没有了。这场爆炸的威力相当于 2 万吨 TNT 炸药，远远超过了他们的预期。住在 200 千米外的居民也看到了空中的强烈闪光。为了保密，军事当局发布新闻称一个弹药库不幸爆炸，但没有人员伤亡。

在不到 4 年的时间里，美国成功试制了原子弹，这一成就主要取决于两个因素：一是一大批极有才华的欧洲核物理学家流亡到了美国，使美国拥有了当时世界上最强大的科学家阵容；二是美国政府迫于战争的需要，投入了巨大的人力和物力。为了完成曼哈顿计划，美国政府动员了 50 多万人（其中科研人员 15 万），耗费 22 亿美元，占用了全国近三分之一的电力。

三、科学家对使用原子弹的态度

原子物理学家认为，应该让全人类知道这种武器的可怕性质，并避免它被某个不文明的大国秘密制造出来危害人类。要达成这一目的，唯一的办法就是将它公开制造出来，并将之置于全人类的监督之下。

美国原子弹的成功试制使军方对新式武器的使用很感兴趣。1945 年春天，美国军方已经在部署原子弹的投弹计划。然而，以西拉德为首的一群科学家却心情沉重，他们就像那个从瓶子里放出妖怪的渔夫一样无奈，再想放回去却已无可能。西拉德又去找爱因斯坦，向他说明情况已经发生了改变，令人担心的不再是德国人用原子弹轰炸我们，而是美国政府可能会用原子弹去轰炸别国。爱因斯坦又写了一封信给罗斯福总统，连同西拉德的建议报告一并递给了总统。但罗斯福没有来得及读就突然于 1945 年 4 月 12 日去世了。新任总统杜鲁门上台后，任命了一个专家委员会讨论原子弹的使用问题，但据说需要专家们讨论的不是要不要使用的问题，而是如何使用的问题。曼哈顿计划负责人格罗夫斯十分强硬地指出，每天都有大量的美国青年死于对日作战，而反对对日本使用原子弹的科学家没有一个亲人是在战场上作战的。最终，委员会的报告建议迅速对日本使用原子弹。

> 核心素养的培养
>
> ★★
>
> 选修 1–3 的学业要求：通过对新材料和核能等内容的学习，能认识到科学技术对人类生活和社会发展的积极影响，同时也知道科学技术的应用在造福人类的过程中也会带来社会问题，科学活动必须遵循普遍接受的道德规范。

1945 年 6 月，以西拉德为首的 7 名科学家联名给美国防部长写信，指出原子弹的使用可能会引发核军备竞赛，建议通过在无人区域进行核试验来展示其威力，而不是直接用于战争。1945 年 7 月 16 日原子弹首次试爆成功之后，西拉德又起草了给白宫的紧急请愿书，征集了 69 位著名科学家的签名，反对在战争中使用原子弹。但这一切根本无法改变原子弹被使用的命运。处于芝加哥的反原子弹情绪最为激烈。1945 年 6 月，由康普顿主持，物理学家们就原子弹使用问题进行了一次民主投票表决，结果显示，多数科学家认为可以在向日本发动新武器的军事示威之前，先给日本一次投降的机会。

1945 年 7 月 26 日，中、美、英三国联合发布《波茨坦公告》，要求日本无条件投降，否则将面临“迅速而彻底的毁灭”。在通牒期限届满未获答复后，美国按计划执行原子弹轰炸。1945 年 8 月 6 日，一颗重约 4 吨、外号“小男孩”的铀弹在广岛 600 米高空引爆，摧毁了这座有 35 万人口的城市。1945 年 8 月 9 日，另一颗重 5 吨、外号“胖子”的钚弹在长崎上空爆炸，使长崎在瞬间化为废墟。1945 年，面对毁灭性打击，裕仁天皇于 8 月 10 日召开御前会议，14 日通过《终战诏书》宣布接受《波茨坦公告》，9 月 2 日在密苏里号战列舰签署投降书，正式结束二战。

四、核能的和平利用

第二次世界大战结束之后，原子能的和平利用提上了议事日程。核能的效率是惊人的，1 千克核燃料（如浓缩铀）所释放的能量相当于 2500 吨煤或 2000 吨石油燃料，如果将它用于和平事业，那将大大地造福人类。实际上，有了反应堆就可以建设核电站，这在技术上是可行的。1954 年，苏联建成了世界上第一座小型的原子能发电站，装机容量为 5 兆瓦。1956 年和 1957 年，英国和美国也相继建成了核电站。

经过 20 世纪 60 年代的发展，核电技术已呈现出明显优势：发电成本比火电低，正常运转时产生的环境污染也比火电的小得多。然而其风险亦不容忽视，一旦出事故，如发生爆炸，其危害性将非常严重。另外，目前的核电站都是依靠核裂变反应获得能量，但裂变反应会产生大量的核废料，而这些核废料会产生严重的放射性污染。

为了克服核裂变反应的诸多问题，科学家正在积极探索利用核聚变反应获取清洁能源。核聚变是轻原子核（如氘和氚）结合成较重原子核时释放巨大能量的过程。这一原理最早由美国物理学家汉斯·贝特在 1938 年阐明，他提出的质子－质子链反应理论完美解释了太阳的能量来源：在太阳核心 1500 万摄氏度高温下，氢核通过三步聚变最终形成稳定的氦核，并释放巨大能量。

核聚变反应需要极高的温度和压力条件下才能实现。在地球上，要使氢的同位素发生聚变，通常需要数千万摄氏度的高温。1944 年，费米指出用氢的同位素氘和氚做燃料，只需 5000 万摄氏度就可以发生核聚变。但是，这样的极端条件在实验室中至今难以实现。第一颗原子弹爆炸之后，人们想到，可以用裂变反应所产生的超高温来实现核聚变反应，这也就是氢弹的原理。

与裂变反应不同，聚变反应的原料氘广泛存在于普通海水中，而海水在地球上几乎是取之不尽，用之不竭的。据计算，一升海水中能提取的氘经过聚变反应所释放的能量相当于 300 升汽油。可见，一旦核聚变能被利用起来，将使人类彻底摆脱能源危机。现在的关键问题是高温问题和控制问题。科学家已经发展了几种有效的方法来实现这些条件，例如用电流通过电阻体的热效应、激光或粒子束加热，用强磁场约束反应材料等，但这些方法还在进一步发展之中。

第三节　电子技术与信息时代

1. 新课标中关于电子技术与信息时代的历史要求

了解集成电路的进展，了解微电子技术的应用对社会发展的影响，了解信息技术的应用对社会发展的影响。

2. 电磁学的技术应用带给世界的巨大变革

电磁场及电磁感应现象的发现与研究推动了电力技术的发展及其应用，给世界带来了电力技术革命。微电子技术的发展与应用则带来了信息技术革命。因此，有必要了解这部分的简要历史，让学生体会科学、技术与社会的互动关系，理解科学的本质及其价值。

继以蒸汽机为代表的第一次技术革命和以电动机为代表的第二次技术革命后，世界近代史上的第三次技术革命于 20 世纪中叶爆发，其核心技术是电子计算机技术。电子计算机不仅运算速度快、处理数据量大，而且能部分模拟人的智能活动。它的出现使人类社会的信息处理方式发生了翻天覆地的变化，从而在根本上改变了现代社会的运作结构。为电子计算机奠定基础的是电子技术，而计算机的出现则带动了一大批高新技术的发展，使人类进入了信息时代。

一、电子管、晶体管和集成电路

电子元器件是电子技术的重要组件，最早的电子器件是真空电子管。

1883年，美国发明家爱迪生在研制灯泡时无意中发现了一个有趣的现象：把一块金属板与灯丝一起密封在灯泡内，给灯泡通电后，如果给金属板加正电压，则发热的灯丝与金属板之间就会有电流流过；相反，如果给金属板加负电压，则没有电流流过。这一现象后来被称为“爱迪生效应”。但当时爱迪生没有更多地去研究它。直到1897年，约瑟夫·约翰·汤姆生发现了电子，人们才逐渐明白，原来灯丝加热后有电子射出，这些电子在金属板加正电压时会被吸引过去，从而形成电流回路。

1904年，英国发明家弗莱明打算利用“爱迪生效应”制造一种高性能的电磁波检波器，以提高无线电通信效果，结果研制成了真空二极管。他在真空管中放置两个电极，一个是正极，另一个是负极，当加热负极时，就有电子流入正极。当正极加上无线电信号时，通过的电流会随之发生波动，这样，二极管就能够起到检波作用。美中不足的是，电信号过于微弱，主要原因是当时人们无法有效控制二极管内的电子流大小。

1906年，美国物理学家德福雷斯特把弗莱明的二极管发展成为三极管，实现了信号的放大功能。三极管是在热的灯丝和冷的阳极之间安置一个栅极，栅极的作用是控制由灯丝到阳极所通过的电子流。但是栅极的控制作用可以用来实现信号放大：在栅极上微小的电势变化能可调控阳极电流大幅波动，较二极管检波灵敏度提升约数十倍。

电子管元件在三极管发明后又有了很大的发展，四极管、五极管、微波管相继问世，使可利用的电波频率区段大大扩展、电子设备功率大大增加。

20世纪初，一些无线电爱好者发现某些半导体矿石具有单向导电性，因此很适合做检波器。这使科学家们想到，用半导体可以制作与电子管同样性能的晶体管。然而，由于当时许多理论和技术问题没有解决，真正发明晶体管时已经到了 20 世纪 40 年代末。美国贝尔电话实验室的肖克利、巴丁和布拉顿经过多年的努力，终于在 1947 年 12 月 23 日研制成功了以锗为材料的晶体管。三人因此获得了 1956 年度的诺贝尔物理学奖。1951 年，肖克利等人进一步改进了晶体管的设计，发明了更稳定、易量产的晶体三极管。锗相对稀少，因此早期的锗晶体管价格很贵。20 世纪 50 年代初，科学家发现了更合适的半导体材料——硅之后，晶体管实用性大幅提升。

与电子管相比，晶体管具有体积小、重量轻、耗能低、寿命长、制造工艺简单、使用时不需预热等优点，它的问世大大加速了电子技术的发展。用高纯硅制作的晶体管可缩小至米粒大小，进一步提升了器件密度与能效。晶体管率先在收音机领域取得突破，1954 年，首款便携式晶体管收音机问世，其体积仅为电子管收音机的五分之一。晶体管出现后，20 世纪 50 年代人们又推出了集成电路。所谓集成电路，就是将电子元器件（即晶体管）与电子线路组合起来，构成一个整体，做在同一块硅晶片上。它能完成之前需要几个分立电子元件才能完成的功能。集成电路是在晶体管的微型化基础上出现的，它开创了晶体管微型化的新思路和新方向。随着工艺水平的不断提高，集成电路的集成度不断上升，价格则不断下降。1958 年 9 月，美国得克萨斯仪器公司的杰克・基尔比率先研制出了第一块集成电路原型。1959 年 1 月，美国仙童公司的罗伯特・诺伊斯提出基于硅平面工艺的集成电路设计，解决了量产难题。

集成电路今日也称“芯片”。它在一块硅晶片上埋管铺线。其铺线方式是利用半导体再掺杂一些特殊的杂质来使其导电，其埋（晶体）管的方式是高温熔化。集成电路的制作有如头发丝上刻字，微电子技术有如微雕艺术。在邮票大小的芯片上，早期的集成电路只能容纳几个晶体管，但到了 20 世纪 60 年代中期，已经达到 10 个。

20 世纪 60 年代以来，集成电路从小规模集成电路向大规模集成电路，甚至超大规模集成电路发展，其集成度越来越高，功能也越来越强。到了 20 世纪 70 年代中期，出现了在一块硅片上包含超过 10 万个晶体管的超大规模集成电路。由于电子元件的变革，电子产品的性能价格比急剧上升，达到了空前的普及，使人类进入了电子化时代。美国仙童公司的创始人之一戈登·摩尔于1965年对微电子技术的发展做了一个预言，认为每过18到24个月，集成电路芯片上所集成的晶体管数量将翻一番，性能也将提升一倍。这一预言后来被称为摩尔定律，并且在过去的几十年中被历史事实所验证。

电子技术的突飞猛进扶持了一大批高精尖技术的发展，其中包括航空航天技术、自动化技术、激光技术等。电子计算机是电子技术的重要成就之一。

三极管的发明为无线电通信和广播的发展开辟了道路。美国物理学家费森登是无线电广播的先驱之一。1906年的圣诞夜，他使用一台功率为1千瓦、频率为50千赫兹的发射机，借助麦克风将语音和音乐进行调制，首次成功地实现了无线电广播。同年，由于一种特别简单的高频振荡检波装置即矿石检波器被发明出来，使得大量的无线电接收机和大量听众的出现成为可能。任何无线电爱好者，只要花上几块钱买一个耳机和矿石等元件，就可以自己安装一台简易的收音机。第一次世界大战期间，无线电技术主要用于军事通信，但地区性的广播实验得以在比利时、荷兰和德国出现。

由于早期的三极管真空度不高，收音质量不好，直到1914年，高真空管问世，无线电广播才开始大规模发展。1920年11月2日，美国威斯汀豪斯公司在匹兹堡建成了世界上首个获得商业广播执照的电台，定时播送音乐节目、新闻消息和广告。1922年，美国的广播电台数达到约600个。大致与此同时，英国的广播公司也开始发展。1922年5月，马可尼无线电报公司在伦敦创办了广播电台，使用的波长为360米。同年11月14日，英国广播公司成立，并于1922年12月15日开始全国广播。在德国，广播初期受到严格限制，私人使用收音机需政府批准。但无线电爱好者通过自制设备突破禁令。1923年9月，德国政府解除广播限制。同年10月29日，柏林广播电台成为德国首个正式广播电台。到了1930年，美国广播电台数量超过600家，收音机家庭用户约1200万户，覆盖了约40%的美国家庭，而收音机总量突破了1300万台。

尽管无线电广播一开始的飞速发展得益于商业运作，大多数电台也都是商业电台，但是无线电广播的进一步发展超越了早期的商业用途，深刻改变了公众的生活方式。

首先，业余无线电运动的兴起培养了大量技术爱好者。他们的目的不在于收听电台的内容，而是在技术上改善收音机的接收能力和收音的质量。这些业余爱好者成为无线电技术发展普及的特殊力量。

其次，广播突破空间距离的限制，将娱乐带进了家庭，使小小的收音机替代餐桌、壁炉成为家庭新的娱乐中心。随着这种中心的转移，广播所携带的教化功能更趋强大。广播的内容由早期以广告为主，逐步过渡到以音乐戏剧、新闻、时事评论为主。广播正式成为大众传媒，主导着大众的喜怒哀乐。

20 世纪中叶，不少人开始研究立体声。1961 年，美国实现了立体声广播，最早的立体声采用的是双声道技术。随后，随着技术的进一步发展，四声道立体声技术也逐渐被开发出来。

二、电视——尼普科夫、兹沃里金

在出现无线电广播这样的大众传媒之后，电视无论从技术意义上，还是从社会学意义上，都只是一种可以预料到的量的延伸和覆盖。

电视的基本原理早在电报发明时代就已初现雏形：把图像分解成像素，再把像素转换为电信号，电信号传送到远方后再通过接收机把它还原为图像。到了 20 世纪 20 年代，电信号传输经历了从有线到无线的转变，传输的内容也由简单的电报码发展到复杂变化的声音信号。更加复杂的图像信号传输技术脱颖而出，而且越过了有线阶段，直接用无线方式传输。

最早的电视技术采用的是机械扫描方式。1873 年，英国科学家约瑟夫·梅·史密斯发现了硒的光敏性，即硒在有光照射的情况下导电性会显著增加。这种光敏材料的出现使像素转换成电信号成为可能。1884 年，当时还是一名大学生的德国发明家尼普科夫提出了一种图像分解方案，即著名的尼普科夫扫描圆盘。该圆盘上有一系列沿螺旋线排列的孔，当转动圆盘时，每个小孔依次扫描图像的不同部分，从而产生明暗程度不同的光信号。把这些光信号引到光电池上，在光电池上产生的光电流就会随着被扫描部分的变化而变化。整个圆盘的转动相当于对图像整体进行逐步扫描。如果在接收端设置一个同样的尼普科夫扫描圆盘，并使其与发射端的圆盘同步旋转，那么，通过发射端圆盘的光电调制，可以再现原来的图像。尼普科夫扫描圆盘利用了人眼的“视觉暂留”现象，当圆盘的转速达到某一个值之后，复原的图像就不再是断续的图像片段，而是一个看起来连续的完整图像。然而，尼普科夫扫描圆盘在发明初期只是一个理论方案，很难付诸实际应用。当时的光电流和电压的变化太小，而且电子信号放大技术还未出现。1897 年，德国物理学家布劳恩发明了一种带荧光屏的阴极射线管，当电子束撞击荧光屏时，荧光屏会发光。1907 年，俄国发明家鲍里斯・罗辛将尼普科夫扫描圆盘与布劳恩管结合起来，设想了一种由前者发射信号，后者接收信号的电视系统。1908 年，苏格兰工程师坎贝尔・斯温顿进一步设计出了发射端和接收端均采用阴极射线管的方案：发射端的阴极射线管由多个互相绝缘的光敏元件组成，有待传输的图像投射到阴极管时，对不同光敏元件产生不同的电荷存贮量，当用电子束对这些带电光敏元件进行扫描时，它们放电产生不同强度的电流。坎贝尔・斯温顿设计的发射端的阴极管，正是现代摄像管的雏形。

20 世纪 20 年代，无线电广播的成功提供了研制电视的基本技术条件和经验，也唤起了公众对电视的巨大期望。当时的阴极管寿命较短，扫描精度和速度均有限，因此早期研制主要沿着尼普科夫的机械扫描思路进行。

电视的研制工作在多个国家由多位著名发明家同时开展。英国发明家约翰・洛吉・贝尔德从 1923 年开始研制电视系统，并于 1925 年取得了初步成功，可以进行公开演示。他的电视装置采用了尼普科夫扫描圆盘进行扫描，扫描精度为 80 行，频率为每秒 5 帧。他还采用了电子管对图像信号进行放大。尽管复原的图像分辨率较低且很不稳定，但确实能大体看出图像的轮廓。1929 年，贝尔德实现了每秒 12.5 帧、每帧 30 行的电视传输，并开始与英国广播公司合作进行公共电视广播。据说，“电视”（television）一词就是贝尔德最先使用的。与此同时，在美国，贝尔实验室的赫伯特・艾夫斯于 1927 年实现了每秒 17.5 帧、每帧 50 行的图像传输。1932 年，美国无线电公司的电视图像质量已经达到了每秒 24 帧、每帧 120 行的水平。从 1930 年开始，电视机逐渐进入市场。①

① 吴国盛. 科学的历程（第二版）[M]. 北京：北京大学出版社，2002：534.

20 世纪二三十年代，电视技术的发展受制于机械扫描固有的限度。高质量的图像传输需要高速度和高精度的扫描技术，但尼普科夫扫描圆盘难以胜任，因此人们又想起了布劳恩管。从 20 世纪 30 年代开始，人们逐步认识到坎贝尔－斯温顿方案是电视技术发展的必由之路。早在 1923 年，美籍俄国发明家维拉蒂米尔·兹沃里金就开始研制电子显像管，并于 1928 年获得成功。1933 年，他公开发表了他的光电摄像管成果，标志着电子扫描技术的诞生。自从电子扫描技术取代机械扫描技术后，图像分辨率就大大提高了。1935 年，英国政府将每秒 50 帧、每帧 405 行作为国家标准。美国采用每秒 30 帧、每帧 525 行标准，一些欧洲国家则采用每秒 25 帧、每帧 625 行标准。第二次世界大战结束后，电视机工业进入突飞猛进的发展时期。英国 1948 年生产了 10 万台电视机。美国的电视机产量增加得最快：1946 年是 6500 台，1948 年是 97500 台，1949 年一下子生产了 300 万台，而 1950 年则增加到 746 万台。此时，电视机的清晰度已经达到了电影放映机的质量水平。20 世纪 50 年代以后，电视有取代无线电广播成为新的娱乐中心的趋势。

黑白电视成熟之后，下一个技术攻关的目标是彩色电视。彩色电视的原理并不复杂：所有的彩色都可以通过三原色（红、蓝、绿）调配出来。与黑白电视不同的只是原先的 1 种信号增加到 3 种信号。这 3 种信号是同时发射还是顺序发射决定了彩色电视不同的发展方向。“同时发射”的方式可以与黑白电视机兼容，是当时公众能够接受的方式。1953 年，美国国家电视系统委员会推出了自己的彩色电视调制标准（NTSC 制式），为彩色电视系统的发展奠定了基础。1954 年，美国正式采用 NTSC 制式发布电视信号。后来，在 NTSC 基础上相继推出了改进型的 PAL 制式和 SECAM 制式。1960 年日本宣布采用 NTSC 制式。1967 年，英国和德国采用 PAL 制式。同年，法国和苏联采用 SECAM 制式。到了 20 世纪 70 年代，3 种制式三分天下的局面固定下来。到 20 世纪 70 年代初期，全世界已有 4000 万台彩色电视机。进入 20 世纪 80 年代后，中国逐步发展成为一个彩电大国。中国的彩电工业飞速发展，电视迅速成为家庭新的娱乐中心和最大的传播媒介。

20 世纪 80 年代，高清晰度的电视出现了，其扫描线数量显著增加。1988

年，法国汤姆生公司与荷兰菲利浦公司合作研制成功了 16∶9 的宽屏幕显像管。日本于 1991 年开始了模拟式高清晰度电视的广播。与此同时，美国专注于研发成本低、图像稳定、抗干扰能力强的数字化高清晰度电视。20 世纪 80 年代后，液晶背投电视机、等离子电视机、场致发射电视机亦被相继研制成功并投放市场。

三、电子计算机——巴贝奇、莫克利、冯·诺伊曼

电子计算机是 20 世纪人类最伟大的发明之一，它的出现导致了 20 世纪中叶发生了一次重大的技术革命和产业革命，它的推广应用极大地解放了人的脑力劳动，成为推动生产自动化、管理自动化和生活自动化的核心装备。

计算机从出现以来经历了机械式、机电式和电子式三大阶段。最早的机械式计算机是 17 世纪法国科学家帕斯卡造出的一台能进行加减法的机械计算装置。他意识到计算机的深远意义，在《思想录》中写道："数学机器得出的结果，要比动物所做出的一切更接近于思想。"德国数学家、哲学家莱布尼茨也是计算机研制的重要先驱。

18 世纪曾出现了一股研制计算机热，但所造出的都不是自动计算机。这一时期的计算设备与中国古代的算筹及算盘并没有本质上的区别。第一个提出自动计算机设计思想的是英国数学家巴贝奇。1822 年他设计制造了一台"差分机"模型。这台机器能够自动完成一系列算术运算。1834 年，巴贝奇借用提花机中穿孔卡片的自动控制功能，进一步提出了"分析机"的设计概念。然而，由于当时技术条件的限制，巴贝奇的模型都没能实现完全的机械制造和运行，但他关于自动计算机的设计思想为现代计算机的发展奠定了理论基础。

19 世纪末期，由于电动技术的发展，计算机的动力方式得以改进。在美国统计局工作的工程师霍勒里斯为了应付繁重的人口统计工作，对手动机械计算器进行了改进，于 1884 年造出了第一台电动计算设备。1890 年，他又用电磁继电器部分替代机械元件控制穿孔卡片，造出了第一台机电式自动计算机。1941 年德国工程师楚泽全部使用继电器，造出了一台完全程序控制的机电式计算机。美国科学家艾肯先后于 1944 年和 1946 年造出了 2 台全继电器操作的计

算机。它用穿孔卡片进行输入和输出，2 个 23 位的加减法只需 0.3 秒，而乘法运算则需 6 秒。

机电计算机在程序自动控制和数据存贮方面为计算机的进一步发展奠定了基础。但它速度还是很慢，也容易出错。到了第二次世界大战后期，盟军与轴心国进入决战阶段，许多新式武器为了提高命中率需要进行大量复杂的计算，并且要求在极短的时间内得出结果。这时原有计算机的速度已经无法满足需求，研制更高速的计算机变得迫在眉睫。实际上，早在电子管问世后不久，一些目光敏锐的发明家和科学家就意识到它可以被用于制造计算机，因为它的开关速度比继电器快一万倍，性能也可靠得多。而且电子管能被方便地控制，易于实现复杂的运算。因此，制造电子计算机几乎是与制造机电计算机同步进行的。只是由于电子技术本身还不成熟，加上缺乏足够的资金支持，电子计算机在早期的发展速度相对慢一些。

第一台通用电子计算机（ENIAC）是由美国宾夕法尼亚大学莫尔电子工程学院的莫克利和埃克利领导研制成功的。第二次世界大战期间，莫克利受命为美国阿伯丁试炮场制订火力表，每天需要用计算机不停地计算各种弹道，深感改进计算机的必要性。1942 年 8 月，莫克利提出了试制电子计算机的 ENIAC(电子数值积分计算机）方案，1943 年，该方案得到美国陆军的支持。随后，莫克利和埃克利领导的莫尔研制小组正式成立。经过近 3 年的努力，耗资约 48 万美元，终于在 1945 年年底研制成了世界上第一台电子计算机。1946 年 2 月 15 日研制团队举行了公开演示，1947 年，计算机被运往阿伯丁试炮场用于科学计算。ENIAC 使用了 1.8 万个电子管，每秒能进行 5000 次加法运算，比当时最好的机电计算机快了数千倍。1949 年，经过 70 小时的运算，ENIAC 把圆周率 π 计算到了小数点后 2037 位，创造了当时远远超出手工计算的成绩，显示了电子计算机的巨大优越性。1955 年 10 月 2 日，ENIAC 在运行 10 年后正式退役。据说，在其运行期间，ENIAC 的总运算量超过了人类有史以来全部手工计算的总和。

ENIAC 计算机有一个最大的问题是没有存储程序的概念，改变程序需要通过重新插拔大量的电缆和设置成千上万个开关来完成，这个过程非常耗时，大大影响了运算速度。这一弱点也是早期机电计算机所共有的问题。1946 年，美国数学家冯·诺伊曼提出了一个新的改进方案。这个被称为 EDVAC（离散变量自动电子计算机）方案主要有两大改进：一是用二进制代替十进制，进一步发挥电子元件的速度潜力；二是将“程序”本身当作数据存储起来，使运算的全过程均由电子自动控制，进一步提高运算速度。这两大改进是划时代的天才的发明，构成了现代电子计算机的基本架构，即“冯·诺伊曼”架构。基于这种架构的计算机被称为“冯·诺伊曼机”，又称通用计算机。许多科学史家认为，冯·诺伊曼架构是可以与夸克模型、宇宙大爆炸模型、DNA 双螺旋模型、板块构造理论相并列的 20 世纪第五大科学模型。

EDVAC 方案提出之时，ENIAC 已经投入运行，难以半途而废。所以，EDVAC 计算机最终在美国建造成功是在 1952 年。但是冯·诺伊曼提出的存储程序计算机方案在英国率先取得了成果。1949 年 5 月，第一台基于冯·诺伊曼架构的 EDVAC 在英国剑桥大学试制成功。以莫里斯·威尔克斯为首的剑桥大学的数学实验室团队利用水银传声延迟线做存储器，首次实现了冯·诺伊曼的存储程序计算机方案。从此以后，电子计算机进入了工业生产阶段，世界各国相继都推出了自己的电子计算机。我国在 20 世纪 50 年代末也成功研制出了第一台电子计算机。

随着电子技术的发展，计算机出现了数次重大的变革。电子真空管计算机是第一代，晶体管计算机是第二代，而集成电路和大规模集成电路计算机则分别为第三代和第四代。

ENIAC 体积大、重量大、功耗大。乍一看，它根本就不像是一台机器，而像是一个大车间。一屋子机器，共配备有 17 468 个真空管（电子管），7 200 个继电器，70 000 个电阻器，10 000 个电容器，总重达 27 吨。冯·诺伊曼机的改革方案也没有直接解决计算机体积、重量和功率过大的问题。

晶体管问世后，迅速被用于研制新一代的电子计算机。1956 年，美国麻省理工学院研制出了第一台晶体管电脑 TX-0，即“晶体管试验计算机”。与此同时，发明晶体管的贝尔实验室也开发了自己的晶体管计算机。1959 年，比较早介入计算机生产的美国 IBM（国际商用机器）公司推出了第一代晶体管计算机 IBM 620 和第二代 IBM 7090。这些晶体管计算机的运算速度大大提高。1961 年，

IBM 公司生产了一台大型的晶体管计算机 IBM 7030，使用了超过 16.9 万支晶体管，运算速度达每秒百万次以上。

由集成电路和大型集成电路组成的第三代和第四代电子计算机，其运算速度更快、存储容量更大、体积更小、价格更低。1996 年，宾夕法尼亚大学为了庆祝第一台计算机 ENIAC 诞生 50 周年，把 ENIAC 计算机功能在一块芯片上完全复原了。这块芯片只有 7.44 × 5.29 平方毫米大，却集成了 174 569 个晶体管，完全具备了当年近 30 吨重的 ENIAC 的功能。1964 年 4 月 7 日，IBM 公司生产的“360 型系统计算机”标志着第三代计算机的开始。为了研制和开发这个系列的计算机，IBM 公司历时 5 年，投入了约 50 亿美元，其规模和成本甚至超过了美国研制第一颗原子弹的曼哈顿计划。IBM 的第三代计算机的运算速度达到了每秒数百万次，内存量可达几百 KB。第三代计算机的划时代意义还在于其通用性和标准化。在此之前，计算机大多是专门从事某一方面工作的“专家”，程序无法在不同机器间通用。IBM 的新型计算机引入了“兼容性”概念，使任何一台计算机既能进行专业的科学计算，也能从事商业数据的处理。

1968 年，戈登 · 摩尔和罗伯特 · 诺伊斯离开了他们亲手创办的仙童半导体公司，创立了另一家名叫“集成电子”的公司。这个公司就是后来享誉世界的英特尔公司。从 20 世纪 50 年代中叶开始，加利福尼亚州旧金山南部的一条狭长地带逐步兴盛起来。这里北邻著名的斯坦福大学，原本是斯坦福的工业园区。越来越多的科技公司拔地而起：先是 IBM 公司和惠普公司，再后来越来越多的计算机公司来这里置地买房，创立基业。如今，这里已成为信息技术产业的圣地，它就是名闻遐迩的“硅谷”。

硅谷的发展与“晶体管之父”肖克利有关。这里本来是肖克利的故乡。1955 年，肖克利从贝尔实验室回到故里，创办了“肖克利半导体实验室”。1956 年，肖克利获诺贝尔物理学奖之后，一大批有才华的青年电子工程人员被吸引到他的实验室里来。1957 年，从肖克利的公司里 8 个人同时离职组建了仙童半导体公司，而仙童又孕育了包括英特尔在内的众多科技公司。

1969 年 7 月，IBM 宣布将计算机产品线从传统的电子元件、硬件设备、外部设置、操作系统和程序五大类，重新划分为硬件和软件两大类，并首次对两类产品实施独立计价。同年，英特尔公司开发出了容量为 1KB 的动态随机存取存储器芯片，宣告了过去磁芯存储器时代的终结。1971 年 11 月，英特尔公司推出了世界上第一个微处理器“英特尔 4004”芯片。上面集成了 2300 个晶体管，每个晶体管之间的距离是 10 微米，每秒运算量为 60 000 次，售价 200 美元。随后在 1972 年，英特尔公司又推出了 8008 微处理器芯片。这两个芯片的问世标志着微电子时代的真正到来。

1974 年，英特尔公司推出了著名的 8080 微处理芯片，其功能是 8008 的 10 倍，售价 360 美元。正是这个芯片敲开了个人计算机时代的大门。同年，美国的微型仪器和遥感系统公司率先将 8080 微处理芯片应用于其开发的“Altair 8800”计算机。该产品一上市就获得了巨大的成功。

但是，这台计算机只提供硬件不提供软件，程序需要用户自己来编写。当时还是哈佛大学法律系二年级学生的比尔·盖茨和他的朋友保罗·艾伦见到 8080 计算机的广告之后非常激动。两人自中学起就是计算机爱好者，微型计算机出现后，他们一直希望开发软件，但一直没有机会。这为他提供了很好的机会。比尔·盖茨从哈佛大学休学，开始同艾伦一起，为 8080 计算机开发软件。1975 年，两人决定成立一家专注于微计算机软件的公司，名字就叫作“微软”（Micro-Soft）。与此同时，微处理芯片的问世激发了一大批计算机“发烧友”自己组装计算机的热情。他们自发组织起来，定期交流技术和经验。在这群计算机爱好者中，有两位后来组建了自己的“苹果电脑公司”，他们是史蒂夫·沃兹尼亚克和史蒂夫·乔布斯。他们看着“Altair 8800”卖得火热，决定自己也组装计算机。1976 年 4 月 1 日，也就是西方的愚人节，他们自己宣布成立苹果公司，在一间废旧的车库里组装他们的“苹果 I 型”电脑。不久，英特尔公司原来负责销售的迈克·马库拉加入了他们的阵营，1977 年 1 月正式注册成立“苹果公司”。1977 年 4 月，苹果公司推出了“苹果 II 型”计算机。这台计算机包括显示器、键盘和主机，支持多种语言，可用于商业管理、科学计算和数据处理等多方面，而售价只有 1298 美元。“苹果 II 型”计算机一问世就令整个科技界震惊，订户蜂拥而至。此后，苹果公司的销售额快速增长。1980 年年底，苹果公司上市时，第一天就由每股 22 美元上涨到 29 美元。这款产品的成功标志着“个人计算机”即所谓 PC（Personal Computer）时代的到来。

20 世纪 70 年代，随着大规模集成电路技术的突破，微型计算机进入快速发展阶段。微型计算机进入了各个生产环节，并开始向办公室和家庭渗透。1980 年，全美电脑总数约为 100 万台，到 1984 年，这一数字猛增至 1000 万。到 1989 年，这一数字增至 5000 万。同期全球计算机总量突破 1 亿台大关。进入 90 年代，发达国家的个人计算机已经像彩色电视机一样普及了。到 1996 年，全世界大约有 1.7 亿台个人计算机。个人计算机像潮水一样地涌进千家万户，计算机不再是军事工业和大企业的专利品，也不再是“计算机发烧友”们小圈子里鼓捣的东西。它成了一种时尚消费，也成了一种巨大的产业力量。计算机开始无声无息地改变着人类文化。

微型机发展的同时，巨型机也取得了令人瞩目的成就。巨型机即超级计算机，专门用于数据量极大的科学计算之中。美国的西蒙·克雷是“超级计算机之父”。他于 1957 年创办控制数据公司（CDC），并担任 CDC 系列大型机的总设计师。1969 年，公司推出的 CDC-7600 每秒运算能力超过 1000 万次。1975 年，克雷研究所推出的“克雷 1 型”超级计算机，随即主宰了世界超级计算机市场。1983 年，“克雷 2 型”机达到每秒 10 亿次浮点运算。1987 年，克雷 3 型达到 14 亿次。中国于 1982 年由国防科技大学研制出了每秒浮点运算达到 1 亿次的“银河 1 号”，1992 年的“银河 2 号”达到 10 亿次。1995 年，中国国家智能计算机中心推出“曙光 1000”大规模并行机，每秒浮点运算速度为 25 亿次，1998 年推出的“曙光 2000”型机更达到每秒 200 亿次。到 20 世纪 90 年代末，全球最先进的巨型机运算速度已超过每秒万亿次。

电子计算机的出现使人类认识自然和改造自然的能力大大提高。由于它能模拟人脑的部分思维功能，使人的智力得以物化和放大，解决了从前只靠人的脑力根本无法解决的问题。依靠快速的运算能力，计算机能基于大量数据进行统计分析，从而提供更准确的预报，可以模拟科学实验，节省财力、物力和人力。然而，计算机智能的发展也给人类提出了新的挑战。人们开始思考计算机是否能够在智能上超出人类，从而成为一种人类无法控制的技术力量。

计算机的出现不仅在数学和科学技术研究方面发挥了重要作用，还开辟了一个信息化时代，对人类社会的政治、经济、法律、教育等产生了重大影响。信息的传输、接收和处理过程是一个社会的基本运行方式之一，计算机在这方面具有高效能和通用性。它可以准确迅速处理大量信息，极大提高社会运行效率。难怪美国的未来学家阿尔文·托夫勒称电子计算机掀起了人类历史上的第三次浪潮。计算机铺天盖地地风行，意味着一个信息时代的来临。

计算机的未来发展趋势是从非智能化慢慢向智能化过渡的过程，这也是人类对计算机追求的过程。早期的计算机很初级，信息的输入要靠打纸带穿孔等烦琐方式。后来，键盘和鼠标的应用使人机交互变得更容易一些。如今，很多人开始慢慢地使用语音、手写输入，使人机交互更接近自然。在过去，计算机更多地要求用户去适应其操作方式，它没有办法听懂人说什么，没有办法看人在干什么，没有办法与人进行语言的交流，没有办法进行独立思考和判断。我们希望未来的计算机能够具备更高的智能水平，能看、能听、能说、能思考等，从而建立更加和谐的人机交互环境。

计算机发展的另外一个趋势就是个性化。早期的计算机体积庞大，功能分散，后来的计算机逐渐小型化，可以放在桌子上、放在提包里，甚至可以带在身上。

计算机硬件的进化过程到现在为止已经经历了电子管、晶体管、大规模集成电路、超大规模集成电路四代。那么第五代计算机是什么？可能是超导计算器件构成的计算机，也可能是光学计算器件构成的计算机，也可能是量子计算器件构成的电子计算机，也可能是生物计算器件构成的计算机。将来一定会有一种器件要取代今天的大规模集成电路，谁最先完成了这个研究，谁在未来将占有主动权。①

① 高文. 计算机技术发展的历史、现状与趋势［J］. 中国科学基金，2002（1）：33-36.